支持老年认知症人群
自主生活的环境设计

—————— 李佳婧 著 ——————

中国建筑工业出版社

图书在版编目（CIP）数据

支持老年认知症人群自主生活的环境设计 / 李佳婧
著. —北京：中国建筑工业出版社，2023.3（2023.12重印）
ISBN 978-7-112-28319-4

Ⅰ.①支… Ⅱ.①李… Ⅲ.①老年人住宅—环境设计
Ⅳ.①TU241.93

中国国家版本馆CIP数据核字（2023）第017341号

责任编辑：刘　丹
书籍设计：锋尚设计
责任校对：李辰馨

支持老年认知症人群自主生活的环境设计
李佳婧　著
*
中国建筑工业出版社出版、发行（北京海淀三里河路9号）
各地新华书店、建筑书店经销
北京锋尚制版有限公司制版
北京中科印刷有限公司印刷
*
开本：787毫米×1092毫米　1/16　印张：14¼　字数：354千字
2023年3月第一版　　2023年12月第二次印刷
定价：58.00元
ISBN 978-7-112-28319-4
（40690）

目录

第一章

绪论：自主性与照料环境

　　自主性是人类最基本的需求之一。日常生活中，我们每时每刻都在根据自己的意愿作出选择和行动，小到晚餐吃些什么、何时就寝，大到选择何种类型的工作、在哪座城市定居。我们理所当然地行使着自己的决策权，掌控着自己当下和未来的生活安排。为自己做决定、做自己想做的事不仅是一个人尊严的体现，也是个人完整感、价值感、控制感甚至生命意义感的重要来源。在一些特定情境或场所中，人的自主性可能受到不同程度剥夺，例如卧病在床时，行动的自由和独立性都将受到一定限制；而身陷囹圄时，自主性则遭到较大程度的制约。毫无疑问，自主性丧失极易使人感到不适、无助甚至绝望。

　　伴随人口老龄化，我国认知症患病人数正在迅速增长，认知症已经不再是遥远的话题，而是一千多万家庭正在面临的挑战。由于照护难度大，一些家庭将认知症老人托付给养老机构护理。在对国内养老机构的调研中看到，越来越多的机构设置了认知症专区，也有一些设施专为认知症老人提供照料服务。然而，在我国一些号称"以人为本"的"专业"认知症照料设施中看到，为确保安全，许多认知症老人被束缚在轮椅上整日呆坐；长长的走廊上，老人漫无目的地来回踱步；封闭式管理的认知症单元中，老人们被动地随着护理人员安排，日复一日进行做操、唱歌等一成不变的集体活动。无聊、无助、孤独，正肆虐着这些等早餐、等午餐、等晚餐的老人们。在这些机构中，老人们的眼神是绝望或呆滞的，气氛是压抑甚至恐怖的，偶尔试图挣脱束缚或逃出门禁的挣扎被视作"问题行为"，并被施以更加严苛的约束以让老人"冷静冷静"，老人们的生活毫无品质可言。在这些机构中，老人低迷的状态也常使照护者日渐麻木，认为老人们所需要的不过是温饱与安全，而忽视了他们对爱、归属、被尊重、自我实现的需求。仅仅是因为得了认知症、需要一定的照护，老人就必须丧失尊严、丧失自主安排生活的权利，丧失人最基本的行动自由吗？在一所机构的调研中看到，一位老人面对着门禁无奈地说："我被关起来了，我没有犯罪，他们为什么要把我关起来？"这样的问题，我们又该如何回答？

　　通过对日本、美国、澳大利亚、欧洲等认知症照护体系较为发达的国家和地区的考察、文献查阅以及与相关专家学者的交流发现，"以人为中心"的照护文化（Person-centered Care）是这些国家和地区认知症照护乃至老年照护体系中的核心理念。推行30年来，它掀起了许多国家养老机构的"文化转变"（Culture Change）：从以医疗护理为中心的模式，转变为以居住者为中心的模式。在"以人为中心"的照护模式中，每位老人是独一无二的个体，拥有有意义的选择，自主性被充分尊重。尽管他们存在不同程度的能力缺损，但仍被鼓励和引导充分利用尚存的能力，根据自己的兴趣和意愿，持续、积极地参与到社交生活当中，拥有有意义的生活。支持性的空间环境营造是这些机构帮助老人实现自主性的重要途径之一。

　　那么，认知症老人的自主性到底是什么？在养老机构中认知症老人能否实现自主性？哪些因素影响着入住老人自主性的实现？空间环境能否帮助生活在其中的认知症老人利用尚存能力实现最大程度的自主？这些问题都值得深入探讨。

第一节 研究背景

一、认知症老年人群快速增长，迫切需要专业照料设施

认知症又称"失智症"，是由脑部疾病所导致的一系列以记忆和认知功能损害为特征的综合征，在我国，该病症的医学名词为"痴呆症"。2019年，全球认知症患者约为5000万，并以每年1000万的速度迅速增加[1]。在我国，约有6%的老年人患有认知症；2021年我国患者超过1500万，是世界上认知症患者最多的国家[2]。

绝大多数类型的认知症发病率随年龄增长呈指数型增长。据国际阿尔茨海默病协会统计，东亚地区老年人年龄每上升6.3岁，罹患认知症的概率即翻一倍，90岁以上的高龄老人患病率高达40.5%（图1-1）。随着我国人口老龄化程度不断加深，老年人中认知症的患病率将不断提高，患病人数将以每年5%~7%的速度快速增加[3]。

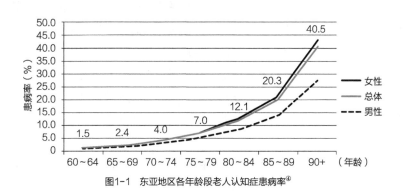

图1-1 东亚地区各年龄段老人认知症患病率[4]

随着我国人口老龄化程度的加深，不断扩大的认知症老人群体对专业化照料设施提出了迫切需求。认知症老人存在认知能力、身体机能的双重衰退，且常常出现精神行为症状，对生活照料、护理的需求极高。目前，绝大多数患者在家庭中接受照料，其家庭照护者往往承担着巨大的身心负担，亟待社会照护资源的支持。并且，随着家庭规模的缩小、老年家庭的空巢化，传统的家庭照料功能弱化，认知症老人社会化照护需求越来越大。机构养老是我国社会养老服务体系中，除居家养老、社区养老之外必不可少的支撑。认知症老人是家庭照料者最难护理的，也应是

① https://www.who.int/zh/news-room/fact-sheets/detail/dementia.

② JIA L, DU Y, CHU L, et al. Prevalence, risk factors, and management of dementia and mild cognitive impairment in adults aged 60 years or older in China: a cross-sectional study[J]. The Lancet Public Health, 2020, 5(12): e661-e671.

③ 陈传锋，何承林，陈红霞，等. 我国老年痴呆研究概况[J]. 宁波大学学报（教育科学版），2012, 34（2）：45-50.

④ Alzheimer's Disease International. World Alzheimer Report 2015: The Global Impact of Dementia[EB/OL]. (2015-08) [2020-03-07]. https://www.alzint.org/u/WorldAlzheimerReport2015.pdf.

照料设施服务的主要对象。

目前，我国十分缺乏专业的认知症照料设施。我国照料设施的建设曾长期作为政府福利事业，以供养低收入、失独老人为主，对照料设施的专业化设计关注不足。许多照料设施拒绝接收认知症老人，或者护理品质较差，大部分认知症老人只能在家中由配偶、子女照料。尽管近几年，随着国家对社会力量投入养老服务业的鼓励与支持，大量民办照料设施兴起，其中也建设了一些能够为认知症老人提供专业护理的照料设施。但由于数量少且价格较高，能够入住这类设施的老人十分有限。

二、当前认知症照料设施空间环境难以满足老人身心需求

在笔者对我国20余所认知症照料设施的调研中看到，许多照料设施空间环境品质较差，没有考虑到老人的特殊身心需求，甚至可能加重老人的认知障碍。由于认知症老人在认知、行为能力上有所衰退，相比于其他老人对空间环境更加敏感，有更特殊的需求。例如：空间格局需要能够支持自主定向，环境需要为老人提供适宜水平的刺激，氛围尽可能使老人感到亲切、安心等，这些都要求空间环境设计中进行专业化的考虑。然而，对现有认知症照料设施的调研发现，一些照料设施虽然以"专业认知症照护"为宣传口号，其空间环境方面却存在许多不适合认知症老人使用的情况。例如空间格局过于复杂或可识别差、容易使老人感到迷惑，缺少自然采光易引发老人昼夜节律失调，空间设计对个体与隐私感不够重视等（图1-2）。这主要是由于许多运营管理者、建筑设计者对认知症老人的生理、心理特点了解不足，缺乏空间环境设计相关知识所致。

部分高端认知症照料设施在空间设计上照搬国外案例，却在使用中"水土不服"。美国、日本等发达国家在认知症照料设施建设方面有许多先进经验。在调研中看到，我国一些新建认知症照料设施在设计中借鉴了国外的空间模式、设计手法，但投入使用后，许多空间存在不实用、不适用的问题（图1-3）。我国在经济发展水平、养老保险制度、护理人才储备、照护模式、老人生活习惯等各方面与发达国家差异显著，国外已有空间环境设计理念、经验能否适合我国实际情

（a）过长的重复性的走廊容易使认知症老人空间定向困难　　（b）一致化布置的多人间易使认知症老人丧失个人身份感

图1-2　现有认知症照料设施空间环境设计不能满足认知症老人身心需求

（a）昂贵的机械浴缸由于老人不适应而闲置　　　（b）单元中的开放式厨房不符合老人的生活习惯与运营管理模式，成为摆设

图1-3　我国认知症照料设施空间设计照搬国外经验不适用

况？当前，从空间环境设计角度的研究还很少。需要在充分了解我国老人生活习惯、机构管理模式与照护方法的基础上，有选择性地借鉴国外的空间环境设计经验。

相关设计标准与评价指标的缺失，导致许多认知症照料设施在规划设计时无据可依。在照料设施设计标准方面，2018年发布的《老年人照料设施建筑设计标准》JGJ 450—2018中，涉及认知症照料设施空间环境方面的要求仅有四点：①失智老年人的照料单元应单独设置，每个照料单元的设计床位数不宜大于20床；②失智老年人使用的交通空间、线路组织应便捷、连贯；③失智老年人的照料单元宜设门禁系统；④应设防走失装置。这些仅是认知症老人照料环境的底线要求，无法指导专业认知症照料设施的建设或改造。在认知症照料设施空间环境评价标准方面，目前尚未有统一的国家标准，各地出台的照料设施等级或星级评定标准中，均没有涉及针对认知症老人的空间环境相关的要求。值得注意的是，2018年，上海市、广东省民政部门先后出台了认知症机构的地方标准或工作方案：上海市《认知症照护床位设置工作方案（试行）》、广东省《养老机构失智老人照顾指南（试行）》，对认知症老人护理环境的空间温馨感、可识别性、安全性等方面提出了更细化的要求，对设施的环境布置有一定的指导作用。可以看出，虽然目前国家层面对认知症照料设施空间环境的设计和评价标准尚有缺失，个别地方已经开始积极出台相关标准或指南，足见其需求之迫切。

综上，照料设施设计者、运营者对认知症老人空间环境需求的认识不足、盲目模仿国外案例、缺少相关设计标准和评价指标等原因导致了当前认知症照料设施空间环境良莠不齐，难以满足认知症老人的身心需求。

三、认知症老人在设施中消极被动、自主性被严重忽视

基于笔者的调研和已有文献可以看出，目前许多认知症老人在照料设施中精神状态消极、被动，自主性等心理需求被严重忽视、生活质量低下。行动自由受到约束是造成该现象的重要原因。认知症老人对环境中的安全隐患不敏感、空间认知能力减弱，容易发生跌倒、走失等风险。许多照料设施以保障老人安全为由，长期将认知症老人约束在床、椅上，导致老人行动自主性

图1-4   某认知症照料设施中，老人被约束带束缚在座位上呆坐   图1-5   某认知症照料设施中，老人反复尝试暴力打开门禁

严重受限，陷入痛苦和无助（图1-4）。除了身体上的约束外，许多认知症专门照料单元设置了门禁，老人长期被"软禁"在小单元中，很少有机会外出。调研中看到，常有老人寻找出口、反复摇门，或表达想要外出的愿望而无法得到满足，自尊心蒙受巨大伤害（图1-5）。此外，许多设施为方便管理，将老人聚集在公共空间中，老人或是呆坐，或是被迫参与难以引发兴趣的"康复活动"，生活内容单调、行动受限。由于缺少有意义的活动选择与环境刺激，老人常因无聊表现出重复动作、徘徊。笔者对北京两所认知症照料设施的调研发现，老人白天30%～40%的时间均处于呆坐、打瞌睡状态[1]，而在笔者对广州市某认知症照料设施的调研中发现，部分老人白天呆坐或睡眠的比例甚至高达90%。长期消极被动、缺少自由与选择的生活状态会加速认知症老人的认知能力、活动能力、社交能力的衰退，并容易造成老人的抑郁情绪、加重老人不良精神行为症状和照护负担。可以看出，照料设施中认知症老人的自主性和生活参与度亟待提升。

四、认知症老人自主性的重要性日益凸显

自主性是人类共同的基本需求。伴随生理的老化，不可控制的因素逐渐增多，老人对自主的需求更加凸显。无论老人处在何种健康状况下，都希望自己是自由、拥有隐私和决定权的个体。大量研究表明，老人能够维持高质量生活的决定性因素便是自主性[2]。在照料设施中,老人的自主性主要表现为是否能自我掌控、组织其护理生活。然而，在集体生活、注重效率、有严格制度和风险管理体系的照料设施中，老人对生活的控制往往急剧下降，自主性很容易受到侵犯。特别是对于认知能力有所下降的认知症老人，家人、护理人员等往往会忽略甚至剥夺老人的自主权利、替代老人做决定。在世界阿尔茨海默病组织2019年的调查报告中显示，85%的认知症老人认为自

① 李佳婧，周燕珉. 失智特殊护理单元公共空间设计对老人行为的影响——以北京市两所养老设施为例[J]. 南方建筑，2016（6）：10-18.

② KANE R A, KLING K C, BERSHADSKY B, et al. Quality of Life Measures for Nursing Home Residents[J]. The Journals of Gerontology Series A: Biological Sciences and Medical Sciences, 2003, 58(3): M240-M248.

己的意见被忽略①。越来越多学者和照护从业者开始关注如何更好地支持设施中的老人，尤其是认知症老人的自主性，以保障老人在设施中的生活质量。

半个世纪以来，尊重被照护者的自主性一直是医疗护理领域的重要课题之一。以人为中心（Person-centered Care）是目前全球最主流的认知症照护模式，该模式肯定个人的价值和偏好，以支持个人的自主行为为核心原则②。在欧美国家，照料设施也正逐渐从传统的机构化照护模式，转而追求更加积极的护理文化，即"文化转变"（Culture Change）。文化转变的核心之一，便是权利重心的改变，机构从出于管理需要替代老人进行护理决策的模式，转化为支持和尊重老人为自己做决定的模式。许多研究均表明，护理服务人员使用适当的服务策略时，能够更好地帮助老人提升掌控感和自主性③。

除了护理服务之外，空间环境也能够支持认知症老人的自主性。例如，蒙台梭利认知症照护模式（Montessori for Dementia and Ageing）中，通过有准备的环境支持老人发挥尚存的功能。采用自主模式的认知症老人日间照料设施，能够通过空间环境的适应性设计更好地支持老人的行动自主性、对活动的选择等④。英国学者莎拉·巴恩斯（Sarah Barnes）针对英国护理院中老人环境需求的研究表明，私密、自主和个人空间选择是老人最看重的环境维度。居住者需要有机会去选择他们可以待的地方，减少个人空间的被侵犯感，建筑空间需要为个人提供自主与选择。众多研究与护理实践表明，空间环境是支持认知症老人自主性的必要条件。然而，当前针对支持认知症老人自主性的空间环境尚未有系统的研究。

第二节　我国认知症照料设施空间环境现状问题

目前，我国认知症老人在机构中以混合居住模式为主，即认知症老人与其他老人共同生活，少数机构中设置了认知症老人特殊护理单元（也称"认知症专区"），也有少量专门的认知症老人照料设施。针对上述几种模式，笔者对北京、上海、广州、香港等多地的认知症老人照料设施进行了实地调研，对机构运营管理者、护理员、社工、老人家属进行了访谈，并对部分机构中老人的生活、行为进行了实态记录与分析，发现了许多共性问题。对应认知症老人照料设施疗愈性空间环境的8个设计目标，可以将主要问题归纳为如下8个方面。

① Alzheimer's Disease International. World Alzheimer Report 2019: Attitudes to dementia[EB/OL].(2019-09-21)[2020-01-04].1 https://www.alzint.org/u/WorldAlzheimerReport2019.pdf.

② JACOBS M L, SNOW A L, ALLEN R S, et al. Supporting autonomy in long-term care: Lessons from nursing assistants[J]. Geriatric Nursing, 2019, 40(2): 129-137.

③ WELFORD C, SWEENEY C. AUTONOMY [M] //KAZER M. W, MURPHY K. Nursing Case Studies on Improving Health-Related Quality of Life in Older Adults. Springer Publishing Company, 2015: 29.

④ SANBORN B. Dementia day care: A prototype for autonomy in long term care[J]. American Journal of Alzheimer's Care and Related Disorders & Research, 1988, 3(4): 23-33.

一、安全性设计不足，老人有被监禁感

出入口设计不够隐蔽带来一定安全问题。在调研中看到，为了避免老人走失，大部分照料设施设置了门禁系统，多在出入口、楼电梯间门、电梯等位置。然而，由于大部分出入口并未进行特殊设计，位置往往比较醒目，护理人员反映有些老人仍会尾随来访家属或者通过没有完全关严的门出走。同时，暴露而关闭的出入口也使老人有"被监禁"的消极感受，部分家属反映"不愿意让老人住在认知症区，感觉像把他们关起来"，一些认知症老人甚至会经常强行摇动门把手，或者推电梯门，试图出去（图1-6）。

图1-6 老人试图用轮椅撞开电梯门出走

二、空间可辨识性差，加重老人认知障碍

空间结构复杂、走廊过长，不利于老人自主定向。许多改造项目中，建筑体量较大，导致空间结构复杂、岔路繁多，老人在其中很容易迷失方向（图1-7、图1-8）。还有一些机构平面采用内廊式，虽然大大增加了"出房率"，但会使走廊黑暗、狭长而缺少辨识度，加重了老人的空间认知障碍。许多护理人员反映，老人根本无法找到自己的房间或者公共活动空间，经常在走廊中徘徊、喊叫，甚至会因为走错房间引发老人间的矛盾。国外学者的研究中也反映出，过长的一字形走廊会增加老人不安与焦虑感，造成定向困难，暴力行为（如踢打护理人员）增多。

图1-7 雷同化的走廊设计，老人难以定向

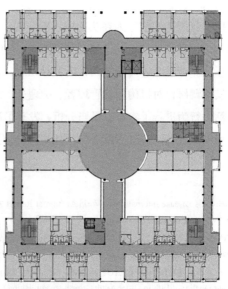

图1-8 空间结构复杂、岔路口过多引发老人定向困难

三、缺少对老人自主、自立使用的支持

空间的可达性、易用性设计不足，令老人无法自主使用。认知症老人伴随认知能力衰退，身体机能也会逐渐退化。因此，更需要鼓励老人利用身体机能，开展各类日常生活活动，以减缓各方面机能的衰退。在一些机构中看到，户外活动场地与老人居住区域距离较远，甚至需要换乘两次电梯才能到达（图1-9）。为保证安全，许多机构不允许老人自己到户外活动，必须由护理人员带领集体过去。这不仅大大限制了老人户外活动的自主性，也缩减了户外活动时间和次数。

四、社交活动空间单调，缺少引导性

在许多机构中看到，公共活动空间的设计较为单调，不利于促进老人社交活动。认知症老人多有不同程度的语言能力衰退，自主交流意愿减弱，且更倾向于小规模（2~3人）的对话交流。一些机构公共活动空间仅为一个长走廊或者一个大厅，缺少空间划分，家具布置也呈一字形排开，没有为老人的小范围、近距离交流提供安定、适宜的空间（图1-10）。

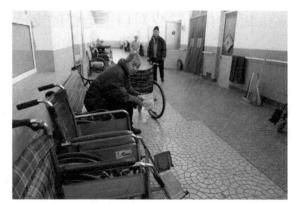

图1-9　失智区老人到户外活动需集体换乘两次电梯，十分不便　　　　图1-10　公共活动空间单调，一字排开的座位不利于彼此交流

五、不重视空间私密性，致使尊严丧失

对私密性的忽视是认知症老人照料设施存在的共同问题之一。在调研中看到，一些失智老人照料设施中，常采用3人间、4人间甚至7~10人间的布置方式以提高护理效率。缺少私密性设计的多人间常存在互相干扰，大大降低了老人的生活品质，使老人失去自我控制与尊严（图1-11）。

此外，许多认知症老人也并不适合居住在多人间中。访谈中了解到，一些老人难以认知自己所处的环境，无法接受与"陌生人"同住；一些老人存在昼夜节律紊乱，对其他老人睡眠会产生一定影响，家属只好"包下"整个多人间，不仅造成了床位的浪费，也加重了家庭经济负担。

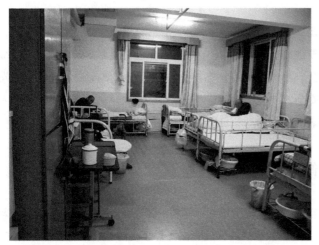 

图1-11　缺少隔断的多人居室隐私暴露，相互干扰现象严重　　　　图1-12　某认知症老人照料设施老人
居室中，全部物品均上锁

六、空间单一化，缺少对自主选择的支持

空间设置与运营管理模式过于单一，限制了老人的自主选择。例如，许多机构仅设置双人标准间，老人和家属无法按需选择。同时，一些机构中将老人的私人物品全部上锁，禁止老人自主拿取衣物（担心老人穿错衣服、翻乱衣柜）（图1-12）。自主选择权利的剥夺会使老人丧失对生活的掌控感与自尊，进而引发激越或抑郁等精神行为问题。

七、物理环境不宜人，刺激水平过高或过低

许多机构对空间环境中的噪声、光照强度、气味等刺激重视不足，造成老人的不适或不良情绪。相关实证研究发现，噪声水平过高会增加老人激越、徘徊行为的频次，还会减少老人的社交参与。我国一些照料设施中，公共活动空间界面采用过于光滑坚硬的材料如瓷砖、金属板等，缺少吸声处理，电视、电话、呼叫器产生的噪声难以消除，容易使老人呈现淡漠、激越等消极状态。

调研中看到，许多机构中仅考虑到居室的自然通风采光，而忽略了公共活动空间的自然通风采光。认知症老人白天往往会在公共活动空间开展各类活动，昏暗的灯光、不流通的空气常导致老人昏昏欲睡，产生昼夜节律失调等问题（图1-13）。

八、机构感强，难以让老人产生自我延续感和归属感

空间环境设计过于机构化是目前照料设施的另一通病。例如公共空间规模过大、尺度不亲

切，设置大型护理台，采用冷光照明，质感冰冷坚硬的材料，灰暗的色调等。同时，机构化也意味着更多地去除个人元素，强调统一化、均一化。例如在一些机构中看到，所有老人的被褥，甚至服装都是统一的，所有居室中都配置了同样的家具，并且不容许老人自己带家具（图1-14）。这些空间设计和管理要求都使老人难以产生自我归属感和延续感，更容易促使老人产生恐惧、焦虑、徘徊行为，不断试图寻找出口逃离机构。

图1-13　公共活动空间为"黑房间"缺少自然采光易引发老人昼夜节律失调

图1-14　单一化的居室布置难以使认知症老人产生归属感

第三节　认知症老人自主性与支持性空间环境

一、研究问题的提出

综上所述，当前我国十分缺乏专业的认知症照料设施，已有设施空间环境营造专业性考虑多有不足，老人在设施中自主性受限、生活质量较低。如何营造能够支持认知症老人发挥自主性的照料设施空间环境，并使之适合我国国情与老年人群特征，是当前亟待解决的问题。因此，本研究主要围绕以下3个问题展开：

1）认知症老人在照料设施中的自主性内涵包括哪些方面，对应哪些自主行为？

2）哪些空间环境要素能够支持认知症老人的自主性？

3）空间环境要素通过何种方式支持认知症老人自主性？

3个研究问题的相互关系如图1-15所示。

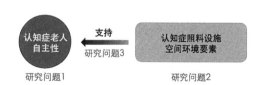

图1-15　研究问题的结构关系

二、认知症老人

本书研究对象为经诊断患有认知症的、60岁以上的老年人。参考2018版《中国痴呆与认知障碍诊治指南》,"痴呆是一种以获得性认知功能损害为核心,并导致患者日常生活能力、学习能力、工作能力和社会交往能力明显减退的综合征。患者的认知功能损害涉及记忆、学习、定向、理解、判断、计算、语言、视空间功能、分析及解决问题等能力,在病程某一阶段常伴有精神、行为和人格异常。"[①]目前我国对于认知症尚未有统一名称。虽然在我国医学名词称为"痴呆",但由于"痴呆"一词有侮辱性含义,许多医护领域专家和社会团体建议避免使用该词。目前,我国不同地区对认知症采用不同的名词,例如台湾地区称为"失智症"、香港地区称为"认知障碍症"、上海则借鉴日本称为"认知症"。本书中,亦希望避免采用具有歧视含义的说法,选用了"认知症"这一名称。

由于认知症具有退行性特征,不同认知功能衰退程度老人的身心状态与机能呈现出较大差异(详见第二章第一节)。通过对国内外照料设施的广泛调研和文献研究了解到,入住专门认知症照料设施或照料单元的老人通常具有中、重度认知功能衰退。其中,认知功能极严重衰退的晚期认知症老人往往完全丧失自主活动的意识与能力,处于卧床状态,不纳入本研究范围之内。此外,轻微认知功能衰退的认知症老人通常能够生活自理或者在家中接受照料。因此,本研究主要对象为具有中、重度认知功能衰退的早期、中期认知症老人。

三、认知症照料设施

本研究中认知症照料设施主要是指能够为认知症老人提供专业护理服务的照料设施,主要包括3种类型:照料设施中设置的认知症照料单元、单独设立的认知症照料设施、以认知症照料为主(75%以上居民被诊断为认知症[②])的设施。其中,"能够提供认知症专业护理服务"主要包括3个方面:服务者受过认知症护理培训、在设施中提供针对认知症老人身心特点的照护和活动、空间环境布置考虑认知症老人的需求。

需要说明的是,部分照料设施由于入住者的高龄化,虽然大部分老人表现出认知功能衰退症状,但并没有得到相应诊断和针对性照护服务。此外,目前许多照料设施中虽收住了少量认知症老人,但没有提供系统的认知症照护服务,且老人居住形式相对分散。这两类设施不属于为认知症老人提供专业照料的设施。本研究聚焦于认知症老人,为便于选取观察对象和收集数据,研究案例均选取了能够为认知症老人提供专业护理服务的照料设施,其研究结果对于非专业型设施也基本适用。

对于单元的概念,本研究参考《老年人照料设施建筑设计标准》的定义,照料单元指为一定

---

① 中国痴呆与认知障碍指南写作组,中国医师协会神经内科医师分会认知障碍疾病专业委员会. 2018中国痴呆与认知障碍诊治指南(一):痴呆及其分类诊断标准[J]. 中华医学杂志, 2018, 98(13):965-970.

② 柯淑芬. 老年痴呆治疗性环境筛查量表的汉化及初步应用研究[D]. 福州:福建医科大学, 2014.

数量的老人而设的生活空间组团,通常相对独立,包括居室、单元起居厅、配套的护理站等辅助空间,设有相对固定的护理服务团队。在美国、澳大利亚等国,照料单元也称为认知症特殊照料单元(Dementia Special Care Unit, DSCU)。在瑞典、日本等地,将采用小单元模式的认知症老人照料单元称为"组团之家"。"单元"一词,更强调管理、服务中对一组老人或一个区域的划分;而"组团"一词,更强调空间上居室与其他空间的紧凑化布置。在本书中,根据语境需要选择性采用"单元"或者"组团"。

此外,本书中当语境强调照料设施的空间环境属性时,采用"设施"的说法,如设施空间、设施平面图;而当语境强调照料设施的管理、组织属性时,沿用养老政策与护理学领域的常用词——机构,例如机构负责人、机构文化等。

四、自主性与自主行为

1. 自主性

自主性的英文Autonomy一词源于古希腊语,意为self rule,即为自己立法。在哲学、教育学、心理学、社会学、伦理学、护理学的概念强调重点有所不同[1]。古希腊哲学家柏拉图认为人应当能够自我掌控,用理性驾驭激情和欲望。亚里士多德则认为自足是不把自己的幸福建立在对他人的依赖上。近代西方哲学中,自主主要被诠释为个人的自由意志,笛卡尔强调个人要运用自己的理性不被既定权威影响,勇于怀疑一切。康德则称道德的最高依据是自由意志,强调绝对的理性和自律。而近30年来,对自主性的探讨逐渐转向对个人作为行为主体、其自主决策过程的关注,即行为主体所实施的行为是否源于自己的意愿,而非受到外部制约和胁迫,以及个体是否能按照自己的意愿作出选择和生活。在人本主义心理学中,罗杰斯、马斯洛等认为,人类发展的目标是自我实现,更说明了自主性的重要意义。

医疗、护理等伦理学领域对尊重自主有着更为复杂的伦理讨论。美国学者巴特·科洛皮(Bart J. Collopy)认为,长期护理情境下的自主包括自我决定、自由、独立、选择和行动等一系列观念[2]。自主性可进一步界定为依照自己的意愿行动,拥有自我判断能力和自我决定权利。美国学者查尔斯·利兹(Charles W. Lidz)等认为,自主作为一种自由的行动,应是自愿而非强迫的,有目的的而非突然的;而自主作为一种成熟的思考决断,需要包括理解当下的状况、知道有哪些可能的行动、知道自己采取的行动的后果等环节[3]。然而,这种理想的定义不能够完全适用于能力有缺损的个体,特别是认知能力缺损者。

在医疗及护理领域,被治疗者或者被照料者的决策能力与决策成熟度往往有限。传统的医护模式中,常由医护工作者从患者的最大利益出发做决策,患者是"被动的受惠者"。近几十年来,

---

① 王晓梅. 个体自主性的实现[J]. 自然辩证法研究, 2016, 32(3): 57-62.

② COLLOPY B J. Autonomy in long term care: Some crucial distinctions[J]. The Gerontologist, 1988, 28(Suppl): 10-17.

③ LIDZ C W, FISCHER L, ARNOLD R M. The erosion of autonomy in long-term care[M]. Oxford University Press, 1992.

这种模式发生了根本性转变，越来越多的西方国家开始提倡尊重患者的自主选择，甚至面对认知能力严重受损的精神病人。例如，爱尔兰学者哈内特（P. J. Harnett）等对精神病人自主性的研究认为，当个体无法追求纯粹的自主（例如当没有能力确保自身安全时），需要由医护人员为其创造自主性[①]。创造自主性即在一定范围内为其提供选择，尊重患者的选择，并帮助其最大限度地扫除身心障碍，实现自主。

2. 认知症老人自主性

目前尚无针对认知症老人的自主性的定义。认知症老人的自主性通常受到风险与安全性考虑的制约。由于认知症老人往往存在理性思考与决策能力的缺损，其自我决定过程不够理性和成熟，甚至可能做出伤害自己的决定。因此，部分学者认为，在认知症老人对个人安全关注不足、没有足够能力规避风险的情况下，其自主性需要被采取必要的限制[②]。因而，认知症老人的自主性在一定程度上需要受到照护人员的管控和支持。

尽管许多认知症老人在生活许多方面需要依赖他人的支持，但保持自主性和依赖他人并不矛盾。美国学者乔治·阿吉奇（George J. Agich）认为，如果老人能够接受、授意他人或药物的帮助，以维持足够的自我完整感和价值感，仍旧可以说自己是独立自主的[③]。反之，生活自理所带来的个人完整感也并不是自主的全部，因为自理并不代表个人的价值和身份。例如，某个行动能力受损的老人仍然持续为某个社会组织作贡献，那么她依然是自主的，因为这种贡献定义了她的个人身份感和价值所在。

综上可以看出，尽管在某些情况下，认知症老人在照料设施中的自主性会受到一定限制或需要考虑替代方案，但无论老人的认知功能衰退如何，都能够通过系统的、多路径的评估、沟通和支持策略（例如观察老人对特定护理方式的反应、情绪等），最大化支持老人的自主性，帮助其实现自我价值。因此，本研究并不强调认知症老人在自我判断与行动方面纯粹的自主性，而更关注空间环境与护理环境共同支持下个体偏好、生活掌控感、价值感的满足。

目前，尚未有对认知症老人自主性的统一定义，为深入研究认知症老人自主性与自主行为，有必要对认知症老人自主性的内涵进行深入细分与界定，以全面把握其特征。参考概念分析与理论构建六步骤，本书试图通过分析已有的照料设施空间环境设计导则、评估工具中对老人自主性的定义，识别自主性的概念特征[④]。

表1-1中依出版年份梳理了15个较为重要的照料设施空间环境设计导则与评估工具中，与自主性、自主行为相关的原则、指标、定义。通过对相关条目核心概念的编码和梳理，可以看出，

---

① HARNETT P, GREANEY A M. Operationalizing autonomy: solutions for mental health nursing practice[J]. Journal of Psychiatric and Mental Health Nursing, 2008, 15(1): 2-9.

② CALKINS M, BRUSH J. Honoring individual choice in long-term residential communities when it involves risk: A person-centered approach[J]. Journal of Gerontological Nursing, 2016, 42(8): 12-17.

③ AGICH G J. Reassessing Autonomy in Long-Term Care[J]. The Hastings Center Report, 1990, 20(6): 12.

④ WALKER L O, AVANT K C. Strategies for theory construction in nursing[M]. New York: Pearson, 2005.

各量表与设计导则存在许多相似的条目，使用的关键词包括"选择、独立、隐私、个性、控制、自由、自我延续"等。其中，"自由、独立、控制、选择"是4个频繁被提及的核心概念。从出现频率看，"选择"被提及10次，"控制"被提及13次，"自由"被提及4次，"独立"被提及11次。"自由"虽然被提及的频次明显少于其他3个关键词，但根据护理伦理学的相关讨论，个人的行动自由是自主性相当重要的方面。同时，"自由、独立、控制、选择"4个核心概念具有广泛涵盖性，能够囊括15个导则与评估工具中所有的自主行为概念。尽管"隐私"和"空间的个性化"也频繁被提及，但均可归纳在"控制"的概念下（对隐私的控制和个人空间的控制）。可以看出，这4个概念基于共同的分类原则，彼此没有重复和交叉，并且较为充分地概括了老人在照料设施中的自主性内涵。因此，本研究最终选取"自由、独立、控制、选择"作为界定自主性的4个核心内涵维度。

综合已有的设计导则与评估指标的概念定义，本研究对认知症老人自主性的4个核心内涵维度进行如下概念界定：

1）行动自由：在一定范围内行动不被限定；

2）独立性：在个体能力可及范围内，最大限度地参与日常生活活动；

3）环境控制：对其所处的环境或事件进行程度上的调节；

4）生活选择：针对环境、活动等方面，在有意义的选项之间做选择。

照料设施空间环境设计导则与评估量表中关于自主性的原则或指标　　表1-1

类别	来源	与自主性相关的原则或指标	选择	控制	自由	独立
评估量表	建筑性能与空间特征清单（Physical and Architectural Features Checklist, PAF[①]）	建筑的选择：反映了空间环境的灵活性，在何种程度上能够允许居民选择发挥其机能。 支持性：环境在何种程度上为居民提供无障碍的环境，帮助居民实现机体活动的独立性	○			○
设计原则	日出养老社区核心理念（Sunrise Core Values[②]）	支持自由的选择：尊重个体的选择和生活方式。 鼓励独立性：通过讨论制定居民认可的个性化服务计划。 维护尊严和隐私：尊重居民的文化、价值观和习惯、传统。 促进个性：寻求方式提高居民的独立性和安全性	○	○		
设计原则	环境与行为问题（Environment and Behavior Issues[③]）	促进日常生活能力：环境在何种程度上促进或者抑制居住者保留自己的身心能力完成日常生活活动。 隐私与社交：环境在何种程度上促进或者抑制个体控制自己的隐私与社交参与度。 个性化：鼓励或者阻止居民控制居室的布置		○		○

① MOOS R H, LEMKE S. Assessing the physical and architectural features of sheltered care settings[J]. Journal of Gerontology, 1980, 35(4): 571-583.

② 参考https://www.sunriseseniorliving.com/about/mission-ethics.aspx.

③ CALKINS M P. Design for dementia[M]. National Health Pub., 1988.

续表

类别	来源	与自主性相关的原则或指标	选择	控制	自由	独立
设计原则	协助生活设施的理念与特征（Assisted Living Concepts and Attributes, 1990①）	选择/控制/自主：做出选择和决定的能力，以及发展并且考虑这些选择背后的责任、带来的意义和结果。简化选择可以使居民参与更多事务的决策之中。居民越多地行使自己的选择，就越能够在特定情境下有控制感。 独立性：环境的可供性为居民提供自己完成（或部分完成）日常生活的任务并保持良好的身心状态。居民的独立能力使其作为一个独立的被尊重的个体，能够完成有意义的、有用的和有乐趣的活动和工作。 隐私：能够退避到一个宁静而私密的空间，免受不必要的侵扰。既包括空间的私密也包括行为的私密（能够私密地接受护理而不受他人打扰或者被他人所知）。隐私的保障可以通过可锁闭的门、私人卫生间和可自己准备食物的空间等。 服务于独立的个体：每个居民的需求和能力都是不同的。理解这种个体差异是有效提供个性化的疗愈服务的基础	○	○		○
设计原则	疗愈性设计目标（Therapeutic Goals②）	最大化自主与控制：在最大可能的范围内，认知症老人应该被鼓励作出对自己的居住环境的相关决策（例如空间环境和照料设施的政策鼓励老人自主布置个性化的居住空间）。鼓励机体能力的保存与独立性。 保护隐私的需求：居民能够使用一系列的公共和私密的空间，开展集体和个人的活动。这些空间拥有清晰的边界，允许认知症居民在独处和参加活动之间做出选择	○	○		○
设计原则	环境行为设计原则（Environment-Behavior Principles③）	控制/选择/自主：为居民提供做选择和控制事物的机会。 隐私：提供独处的场所，让居民可以不受他人观察或者陪伴，没有未经允许的侵扰。 个性化：提供各种机会使空间能被个性化，表明其为独特的个体所有	○	○		
设计原则	老年人活动场地设计（Site Planning and Design for the Elderly④）	多样性和选择：提供多样化的户外活动区域和户外活动供居民选择。 个性化、改变和控制环境：居民必须能够个性化、改变和控制环境，使之能够适应他们的需求、能力和个性。 自主感、独立性和有用性：设计和管理必须允许居民能够自己发挥能力完成任务，以帮助其确认个人的自主感、独立性和有用性	○	○		○

① REGNIER V. Design for assisted living: Guidelines for housing the physically and mentally frail[M]. John Wiley & Sons, 2003.

② COHEN U, WEISMAN G D. Holding on to home: Designing environments for people with dementia[M]. Johns Hopkins University Press, 1991.

③ REGNIER V, PYNOOS J. Environmental intervention for cognitively impaired older persons [M] //J. E. BIRREN, G. D. COHEN, R. B. SLOANE, et al. Handbook of mental health and aging. Elsevier, 1992: 763-792.

④ CARSTENS D Y. Site planning and design for the elderly: Issues, guidelines, and alternatives[M]. John Wiley & Sons, 1993.

续表

类别	来源	与自主性相关的原则或指标	选择	控制	自由	独立
设计原则	环境行为设计准则（E-B Criteria[①]）	出入口控制：特殊照料单元的边界情况，以上锁或者其他控制认知症老人进出的方式。 支持自主性：鼓励和支持居民使用剩余的能力，独立而有尊严地完成基本的任务和活动。 支持发挥和保持独立性：安全的地面和墙面材料，安全的门窗形式，无障碍的卫浴空间。 进出户外的自由：能够到达室外公共活动空间，户外活动空间能够支持老人的不同需求。 个体独处的空间：设置个体能够独处的空间，特别是卧室。能够让老人暂时远离7天、24小时集体生活的场所，为他们提供独处和私密的空间		○	○	○
设计原则	家的环境品质准则（Home Quality Framework[②]）	选择/机会：家是个人能够选择自己生活方式、图景和活动的场所，能进行想开展的活动，选择想使用的空间。家提供了一个可以探索个人兴趣的场所，一个互动和参与的舞台，一系列挑战和刺激的机会。 控制/自主：家是个人可以对环境和其中发生的行为加以控制的场所，是一个允许和支持个人自由、支持有能力的个体行使其权利的场所。 隐私/个人领域：家提供了独处和反思的空间。它使个体能够设置清晰的边界并控制该边界	○	○	○	○
设计原则	景观设计准则（Landscape Framework[③]）	提供一系列机会让老人持续工作、发挥技艺和满足兴趣爱好。 通过没有上锁的通往安全的户外空间的门，获得最大化独立性和自由感	○		○	○
评估量表	认知症照料环境评估量表（Professional Environmental Assessment Procedure, PEAP[④]）	个人控制：为居民提供与其认知和感官能力相应的机会，促进进行使个人的偏好、选择，在何时做何事有独立自主性。 支持机体能力发挥：环境和机构政策在何种程度上支持居民利用环境练习和持续使用每日生活技能。 提供隐私：在何种程度上来自外界的刺激（如噪声）和来自内部的刺激（如私密的对话）能够受到有效控制。 自我延续：在过去和现在的环境中试图保持一种连贯性，以使过去和现在的自我有延续性	○	○		○

---

① ZEISEL J, Hyde J, LEVKOFF S. Best practices: An Environment Behavior (EB) model for Alzheimer special care units[J]. American Journal of Alzheimer's Care and Related Disorders & Research, 1994, 9(2): 4-21.

② BRUMMETT W J. The essence of home: Design solutions for assisted living housing[M]. John Wiley & Sons, 1997.

③ TYSON M M. Healing landscape[M]. McGraw-Hill, 1998.

④ LAWTON M P, WEISMAN G D, SLOANE P, et al. Professional environmental assessment procedure for special care units for elders with dementing illness and its relationship to the therapeutic environment screening schedule[J]. Alzheimer Disease & Associated Disorders, 2000, 14(1): 28-38.

续表

类别	来源	与自主性相关的原则或指标	选择	控制	自由	独立
评估量表	护理院版治疗环境评估量表（Therapeutic Environment Screening Survey for Nursing Home，TESS-NH[①]）	提供隐私、控制与自主：每个照护单元是独立的（有独立的护理站、浴室、活动空间等）。有可及的户外空间，有私密性		○		
评估量表	谢菲尔德照料环境评估矩阵（The Sheffield Care Environment Assessment Matrix，SCEAM[②]）	选择与控制：可以自由进出花园和户外空间，能够选择淋浴或泡浴，能够控制卧室的温度。 隐私：居室没有外人经过（例如来拜访经理和开会的人），卫生间在开门时也不易被走廊中的人看到。居室的门可以从内部上锁。 个性化：在起居厅中有一些搁架可摆放个人物品。呼叫按钮能够适应不同的家具摆放形式。有足够的空间能够个性化地布置居室（带门的壁柜）	○	○	○	
设计原则	场所体验特征（Attribute of Place Experience1[③]）	个人控制：环境能够何种程度促进个性化并传出空间领域声明。个人的控制既适用于居民也适用于员工。个人控制包括居民的居室、办公区域、社区的公共空间（可以为一组居民所有），控制特定的空间环境元素（例如光照、声音和温度等）。 功能独立性：支持性的环境使参与者能够继续利用其尚存的机能，保持独立感。 私密性：独处或者对其所属社群的控制。个体护理的空间，员工尊重每一个居民的隐私			○	○
评估量表	认知症照料环境评估工具（Environmental Audit Tool[④]）	私密性和社区感：同时提供独处及与他人共处的机会			○	

注：○代表该概念在设计原则或者评估量表中被提及。

3. 生活自主性

生活自主性，即认知症老人在照料设施日常生活中的自主性，是本研究的关注焦点。日常生活包括文娱休闲活动、社交活动、餐饮活动、如厕盥洗活动、室外活动等。生活自主性则是指认知症老人在这些日常生活事项中能否进行自我判断、选择、控制和决定，以及是否能按照自己的

---

① SLOANE P D, MITCHELL C M, WEISMAN G, et al. The therapeutic environment screening survey for nursing homes (TESS-NH): An observational instrument for assessing the physical environment of institutional settings for persons with dementia[J]. Journals of Gerontology Series B-Psychological Sciences and Social Sciences, 2002, 57(2): S69-S78.

② BARNES S, MCKEE K, MORGAN K, et al. SCEAM: The Sheffield Care Environment Assessment Matrix [M]. Sheffield: The University of Sheffield, 2003.

③ With Seniors in Mind. Senior Living Sustainability Guide[EB/OL]. (2011-05-05) [2020-01-04].http://www.withseniorsinmind. org/slsg-download.

④ FLEMING R. An environmental audit tool suitable for use in homelike facilities for people with dementia[J]. Australasian Journal on Ageing, 2011, 30(3): 108-112.

意愿行动。为使表达简洁化，本书以自主性指代生活自主性，将范围限定在生活方面而非一些重大决策。

在传统的自主性概念中，常认为自主性是指个体面对重大决策（如是否搬迁到照料设施）时的自我决定，而日常生活中的自主性常被忽视。大量研究表明，日常生活中的小事——例如自己选择每日的活动类型、餐食种类等，同样对老人的生活质量影响非常大[①]。促进老人在生活细节上的自主性，是对抗照料设施日常生活单调感与促狭感的关键。美国学者针对护理院中老人日常生活偏好与选择研发了评估工具，涉及老人生活常规安排、活动、饮食、如厕盥洗、空间布置等70多个具体事项。通过对美国护理院中大量入住者的评估发现，老人们普遍认可在这些项目上的可选择性和自主性对他们有十分重要的意义[②]。

日常生活的自主性是个体表达其独特的信念、需求、偏好、价值的重要途径。许多认知症老人在疾病后期会逐渐丧失对个人身份的记忆，而拥有日常生活的自主性能够激发其不断表达自己的偏好，帮助其更好地保持个人身份感，从而提升老人的尊严和完整感。一些学者特别强调自主性与真正自我的关联。例如，查尔斯·利兹等认为：自主作为对自我延续的强调，真正的自主是与真正自我（包括生活历史、习惯、价值观、人生计划）产生共鸣的。真正的自主性是老人真正认可自己的选择。乔治·阿吉奇指出，缺少真正有意义的选择可能是照料设施中老人退缩、抑郁的原因。反之，当老人感知到较高的生活自主性时，这种积极的信息能激发老人参与到对他们真正重要的、有意义的活动当中。

需要说明的是，本研究所指的支持自主性与日本老年护理领域广为采用的"自立支援"理念存在较大的区别。"自立支援"作为一种照护方法，其主要目标是通过水分、饮食、排泄、运动等方面的照护，促进老人自主完成日常生活活动（ADL），包括自己行走（不坐轮椅、不约束）、自立排泄（不穿尿布）、自己进餐、自己洗浴等[③]。可以看出，"自立支援"理念强调支持老人身体上的自立，包括日常基本活动的独立与行动的基本自由。身体上的自立是个体自主性的重要基础，但本研究还特别关注老人能否根据自己的需求对生活安排进行选择和决定（例如选择参加自己感兴趣的活动、控制适宜的社交强度等）。

4. 自主行为

本书主要关注空间环境对自主性的支持作用，该作用具体表现形式为认知症老人通过空间环境的支持（可能配合其他环境因素），按照自己的意愿行动（与前述日常生活事项相关的行动）。这样的行为在本研究中称作自主行为，自主行为是认知症老人自主性得到满足的表征，其具体类型细分将在后续研究中展开。

① KANE R A, CAPLAN A L, URV-WONG E K, et al. Everyday matters in the lives of nursing home residents: wish for and perception of choice and control[J]. Journal of the American Geriatrics Society, 1997, 45(9): 1086-1093.

② VAN HAITSMA K, CURYTO K, SPECTOR A, et al. The preferences for everyday living inventory: Scale development and description of psychosocial preferences responses in community-dwelling elders[J]. The Gerontologist, 2012, 53(4): 582-595.

③ 竹内孝仁. 竹内失智症照护指南[M]. 台北：原水出版社，2015.

五、社会环境

本书中，社会环境主要指国家的社会文化（尤其是针对个人自主性的价值观），在养老护理方面的政策法规，在机构照护理念与模式上的普遍共识等。

六、护理环境

本书中，护理环境主要指机构的照护文化、理念与目标，机构运营管理制度，护理人员配比，机构的各类活动、餐饮等服务安排，以及护理人员态度、护理方式。

七、空间环境

本书研究重点是认知症照料设施的空间环境。从性质上来看，空间环境区别于社会环境与护理环境，更强调环境的物质属性。从范围来看，空间环境既包括认知症老人居住、生活的室内空间，也包括经常出入的室外活动空间。从具体内容来看，空间环境既包括照料设施的室内外建筑空间布局，也包括各空间设计、家具布置、室内装饰与细部等。

本书中所指的空间环境要素是指能够满足某些具体使用需求或达到特定目标的空间环境设计特征。空间环境要素既包括指令化的设计特征（例如室外出入口处无高差），也包括相对性能导向的设计特征（例如近便可及的公共卫生间）。

第四节　理论基础、研究视角选取与路径生成

本研究的理论基础来自于3方面：人类发展生态学理论、老年人环境行为学相关理论以及循证设计理论。

一、人类发展生态学理论

1. 人类发展生态模型（Ecology of Human Development）

1979年，美国心理学家乌里·布朗芬布伦纳（Urie Bronfenbrenner）提出人类发展生态模型（又称为"社会生态理论"）。该模型首次将个体的发展与其所处的环境相联系，认为不断成长的个体与持续变化的环境始终密切交互、相互影响。此外，该模型认为人的成长不仅受到其直接接触的环境（Immediate Settings）影响，还受到正式与非正式的社会情境（Social Contexts）的影响。该模型为研究个体发展打开了宽广的研究视角，打破了长期以来仅在实验室进行心理学研究的传统，转向了对个体与其真实生活环境交互作用的关注，引发了在真实生活环境中开展实证研

究的热潮。40年来，该模型一直是研究人类发展的重要理论，特别是在社会工作领域与健康行为领域中被广泛应用。

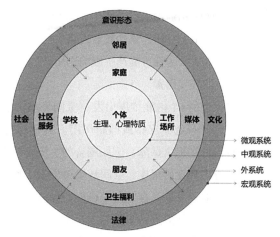

图1-16 人类发展生态模型

人类发展生态模型将人所处的环境划分为4个系统（图1-16），分别是微观系统（Microsystem）、中观系统（Mesosystem）、外系统（Exosystem）和宏观系统（Macrosystem）[①]。其中，微观系统是指人直接接触、发生互动的环境，例如学校、家庭等。个体在微观系统中通过活动、角色和人际关系产生环境体验，进而影响其行为和心理成长。中观系统主要指微观系统之间的联系，例如家庭和工作场所之间的联系，这种联系会影响个体的发展。外系统主要指个体没有直接参与其中、但对个体造成影响的社会结构，例如社区的卫生服务等。而宏观系统则处于生态环境最外围，主要指个体所在的社会文化环境。例如，中国和美国文化存在不同，其意识形态、信念与价值观都会对个体的发展与行为造成影响。

2. 过程—个体—情境—时间模型（PPCT）

20世纪90年代，乌里·布朗芬布伦纳对人类发展生态模型作了进一步的补充和完善，提出了"过程—个体—情境—时间"模型（Process-Person-Context-Time，简称PPCT）。其中，"过程"是指人对环境的适应和创造过程。"情境"则是指个体在生命历程中所处的微观、中观、外观与宏观系统的整合。该模型最重要的特征是聚焦个体身心特征，包括个体动力、能力、经验、知识、需要等，并认为个体特征能够显著影响人与环境交互作用的方向与效果。而PPCT模型引入的时间系统，包括短期的时间和长期的时间，主要是由于个体与环境的交互是在稳定而有规律的持续实践中不断发挥影响作用的[②]。PPCT模型中，4个主要成分是不断发生双向交互作用的，过程、个体、情境、时间都处于不断的动态变化之中。

受到人类发展生态模型启发，在研究认知症老人在照料设施中的自主性时，不仅需要考虑到其所处设施内部的空间环境、护理环境，还需要考虑整体的养老护理政策、法规以及社会文化（即外系统与宏观系统）对其行为造成的影响。并且，认知症老人自身的生理、心理特征（例如老人的认知能力衰退程度、个性特征等）也将对其与环境的互动方式产生相当大的影响，需要在研究中加以重视。

① BRONFENBRENNER U. Toward an experimental ecology of human development[J]. American Psychologist, 1977, 32(7): 513.

② 代杏子. Bronfenbrenner 生态系统学说及演化：交互作用发展观探索[D]. 上海：华东师范大学，2011.

3. 支持认知症老人自主性的环境体系

通过第三节的分析，认知症老人自主性的内涵维度得以明晰。空间环境、护理环境、个人因素对认知症老人自主性可能产生影响作用。

（1）空间环境因素

从自主性的4个内涵维度出发，空间环境因素有潜力对老人的行动自由、行为独立、环境控制与生活选择起到支持或抑制作用。从行动自由的角度，空间环境的安全性可能为认知症老人的自由行动提供保障，例如围合的、安全的花园可能使老人能够更加自由地进出室外活动空间。从行为独立的角度，空间环境中的适老性设施设备，如无障碍卫生间、扶手与无障碍步道等可支持老人发挥尚存的身心机能，独立完成如厕、洗漱、行走等基本日常生活行为。完善的标识系统也可能促进认知症老人自主寻路与空间定向。从环境控制的角度，单人间可能有助于认知症老人个性化地布置居室，形成更好的领域感，也有助于个人隐私的确保。而可调节的空调、照明系统等也能使老人根据自己的需求，更好地控制其所处的微环境。从生活选择的角度，多样化的活动空间和活动设施、道具可能支持认知症老人选择有意义的活动，也有助于老人选择喜爱的活动空间。需要说明的是，上述分析仅为理论猜想，有待通过系统的文献梳理与实证研究进一步证实。

（2）护理环境因素

护理学领域已有相当多的研究表明，机构文化、运营管理政策、护理人员态度、护理方式都可能对认知症老人的行动自由、行为独立、环境控制和生活选择造成巨大影响。

从机构文化的角度，对自主性的重视程度直接影响老人的自主程度[1]。在大部分传统的照料设施中，老人自主权利常常让步于组织的需求。机构往往围绕最大化追求效率、有效利用员工时间形成生活常规，但这种结构化的集体生活方式会极大缩减老人的生活选择，致使老人丧失自我控制感，甚至带来消极感。在医院中，人们往往愿意短时间地牺牲舒适性和个性换取高品质医疗服务，然而，在养老院中，牺牲自主也未必能够换得高品质的护理服务。

从管理政策的角度，管理的层级分布和人员配比都会影响老人的自主性。扁平化的管理结构能够让员工和老人拥有更多话语权。而自上而下的管理结构不仅会抑制老人的话语权，也会限制员工对老人自主性的支持。此外，充足的人员配比能够有效支撑员工为老人提供更加个性化的服务[2]。

从护理人员态度的角度，是否能将老人视为独立的个体而非仅仅是被照顾的对象，直接影响着老人的自主性。在认知症护理当中，往往需要在传统的"家长式"（用"为老人好"剥夺其自主性）和老人完全的自主性之间取得平衡。传统机构的"家长式"护理经常产生过度护理的问题，让老人感到自己无能。此外，乔治·阿吉奇认为，老人与护理者关系的构建比反对"家长式"

---

① HOFLAND B F. When capacity fades and autonomy is constricted: a client-centered approach to residential care[J]. Generations (San Francisco, Calif.), 1994, 18(4): 31.

② CHAUDHURY H, HUNG L, RUST T, et al. Do physical environmental changes make a difference? Supporting person-centered care at mealtimes in nursing homes[J]. Dementia, 2017b, 16(7): 878-896.

护理更重要。

从护理方式的角度，系统的评估、定制化的活动、提供活动选择等都能有效提升老人的自主性[1]。认知症老人都有过去和生活史，了解这部分人格才能促进他们实现自主。反之，如果缺少对老人的了解，提供再多选项也无法使老人实现真正的自主。实证研究表明，个性化的定制活动能提升老人的知觉自主性（Perceived Autonomy）[2]。此外，提供活动的选择十分重要，有意义的选择能够促使老人参与活动，而无从选择可能使老人放弃参与活动，从而使机体能力、身份感与个人完整性下降，导致被动、抑郁、退缩等一系列负面效应。可以看出，护理方式对自主性的实现有最为直接的影响作用。

（3）个人因素

根据"过程—个体—情境—时间"模型，个人与环境交互的效果很大程度上受到个人能力、经验、知识和需要的影响。可供性理论也认为个人对环境可供性的接受、利用和塑造程度决定了其实际在环境中的行为表现[3]。在个体与特定情境的交互中，个体能力又有不同的外在表达水平，这种水平和环境共同导致了老人在环境中的行为。由此推之，老人的自主行为除了受到环境影响，也十分可能受到个人能力、身份与人格特质、经验和知识等一系列个人因素的影响。

认知症老人由于存在认知能力的退化，对其行使自主性可能形成较大影响。例如，在认知症的末期，许多老人会处于长时间的昏睡状态，丧失语言表达能力，很难做出判断或者表达自己的诉求和决定。查尔斯·利兹等学者认为，中重度认知症老人的自主性已经无关紧要，因为他们已经不能理性考虑，也完全没法表达。美国学者布莱恩·霍夫兰（Brian F. Hofland）则认为可以让护理人员代替决策，但不应该因为老人已经处于中、重度认知症阶段就断言其完全无法行使自主性。然而，随着"以人为中心"的理念的深入实践，护理学者逐渐对如何支持中重度认知症老人的自主性有了新的认识。美国学者玛格丽特·卡尔金斯（Margaret P. Calkins）认为，轻、中、重度认知症都有可能表达自己的偏好，即便老人无法用语言沟通，护理人员也可以通过手势、图画、文字等与老人沟通，并通过老人的动作和情感反馈了解老人的偏好[4]。她也指出，当老人认知能力退化到其决定会严重影响自己或他人的安全与健康时，需要限制认知症老人行使自主权。可见，虽然不同认知程度的老人都能在不同程度上表达自己的意愿和偏好，但认知能力仍旧可能限制其自主性的实现（例如当老人对风险缺少足够的认识和判断时）。

认知症老人对控制感的偏好和信念也存在个体差异。这种差异主要体现在两个方面：一方

---

① DAVIES S, LAKER S, ELLIS L. Promoting autonomy and independence for older people within nursing practice: a literature review[J]. Journal of Advanced Nursing, 1997, 26(2): 408-417.

② ANDRESEN M, RUNGE U, HOFF M, et al. Perceived autonomy and activity choices among physically disabled older people in nursing home settings: a randomized trial[J]. Journal of Aging and Health, 2009, 21(8): 1133-1158.

③ TOPO P, KOTILAINEN H, ELONIEMI-SULKAVA U. Affordances of the care environment for people with dementia-an assessment study[J]. Health Environments Research & Design Journal, 2012, 5(4): 118-138.

④ CALKINS M P. From Research to Application: Supportive and Therapeutic Environments for People Living With Dementia[J]. Gerontologist, 2018, 58: S114-S128.

面老人对自主控制、决定的需求强烈程度不同；另一方面老人对不同类型事件的控制意愿也有差异[①]。例如，在照料设施中部分老人有较为强烈的个体意识，对集体生活和照护模式难以适应，会表达拒绝和抗议，而另一部分老人则能够妥协和接受统一化的作息和活动；又如，部分老人认为选择何时洗浴对自己十分重要，而另一部分老人则可能认为餐食种类的选择是更重要的。因此，支持认知症老人自主性意味着了解对于每一位老人有重大意义的生活事项，支持老人在这些事项上拥有自我选择与控制权。

二、循证设计理论

循证设计的理念发源自循证医学，循证医学提倡依据严谨的科学研究结果进行临床治疗，而循证设计理念最早也是应用在医疗建筑的设计当中。1984年，美国学者罗杰·乌尔里希（Roger S. Ulrich）发表了关于窗外景观对病人术后恢复效果的长期随机对照试验研究，首次以严谨、科学的方法证明了环境对于术后病症恢复有显著疗效。2004年，美国学者柯克·汉米尔顿（D. Kirk Hamilton）为循证设计作了清晰的定义：严谨地、评判性地利用现有的、有关空间环境对人影响的最佳证据（通过可测量的结果对假设或概念进行验证），并将其核心要义应用于特定设计项目中的重

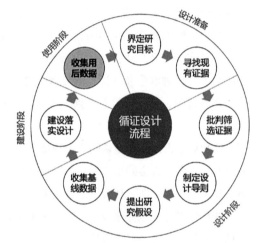

图1-17　循证设计方法基本流程

（图片来源：根据https://www.healthdesign.org/certification-outreach/edac改绘）

要决策。近年来，循证设计理论不断发展和延伸，并推广应用到教育、办公、照料设施、康复景观等各类项目中[②]。一般来说，循证设计的具体实施阶段可分为设计前期、设计过程、建造过程、建后评估、成果发表、成果应用等，每一阶段具体的工作内容如图1-17所示。

循证设计与传统建筑设计流程的不同在于其强调采用科学的证据，为业主提供设计决策依据。因而，循证设计特别适合需要有"效果"导出的环境，例如医疗、教育、护理、办公类建筑。

由于绝大多数认知症属于不可逆的退行性疾病，认知症治疗或照料的目标往往并非逆转或治愈疾病，而是减少老人的精神行为症状，提高其生活质量，同时减轻照护者负担[③]。精神行为

---

① RODIN J. Sense of control: Potentials for intervention[J]. The Annals of the American Academy of Political and Social Science, 1989, 503(1): 29-42.

② HAMILTON D K, Watkins D H. Evidence-based design for multiple building types[M]. John Wiley & Sons, 2008.

③ 关于认知症的类型、精神行为症状及其原因，详见第二章第一节。

症状（例如激越的情绪、暴力行为等）是导致老人过早进入医院或者照料设施的重要因素，也是照料设施面临的最重大挑战。精神行为症状会加重照料者心理负担、降低老人与家属生活质量，还可能进一步加速认知症状的发展恶化。因而，一个重要的照护目标便是找准精神、行为症状的引发原因，尽可能首先通过非药物进行干预、少使用药物（避免副作用），预防、减少精神行为症状的发生，使认知症老人能够尽可能平和与安宁[①]。

图1-18 导致精神、行为症状的内在与外在因素
（图片来源：王华丽老师培训课件，2016）

精神、行为症状的产生来源于内在与外在因素（图1-18），例如，老人的性格、处事方式、情绪、身体功能，空间环境的变化，人际交往压力等。因而，针对精神行为症状的干预需要更加综合的跨学科手段。干预过程可能有社工、心理咨询师、护理人员、老人家属、其他老人共同参与。常见的干预手段包括：环境干预、行为干预、心理干预、娱乐、辅助治疗、社交治疗等方式。其中，环境干预不仅包括空间环境的调整，还包括社会环境、运营环境的配合调整。

近年来，空间环境作为认知症非药物干预手段得到越来越多学者的关注。在循证设计理论和认知症老人非药物干预的相关理论共同推动下，针对认知症老人的空间环境研究逐渐从提出概念与假设转向基于对老人身心影响作用准确测量的研究。例如，美国学者约翰·泽塞尔（John Zeisel）等对认知症老人的环境行为模式进行了持续现场观察调研，对比不同认知症单元后分析发现：激越、抑郁情绪、幻觉等在设计适当的环境中有明显的减少，多样化的公共空间使老人能够自主选择和定向，减少了老人的"社交退缩"行为（Social Withdraw）[②]。这些实证研究不断填补着认知症老人环境循证设计依据的空白，为新的项目提供设计指导。

基于上述分析，可以梳理出认知症照料设施空间环境的循证设计框架。如图1-19，认知症老人的身心特点与病症特征决定了其对照料设施空间环境的特殊需求，这些需求与机构的护理干预目标共同决定了空间环境的设计目标。空间环境设计在目标引导下完成，并与社会环境、护理环境协同作用，最终对认知症老人产生积极的干预作用，帮助其减轻精神行为症状，延缓病症发展，提升生活质量。通过对认知症老人行为、身心状态等结果数据的收集与分析，可验证空间环境作为干预措施的有效性（或无效性），从而为新项目提供设计依据。

① LIVINGSTON G, SOMMERLAD A, ORGETA V, et al. Dementia prevention, intervention, and care[J]. The Lancet, 2017, 390(10113): 2673-2734.

② ZEISEL J, SILVERSTEIN N M, HYDE J, et al. Environmental correlates to behavioral health outcomes in Alzheimer's special care units[J]. Gerontologist, 2003, 43(5): 697-711.

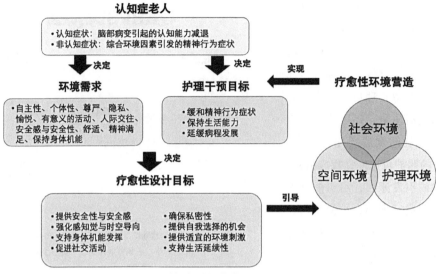

图1-19 认知症照料设施空间环境循证设计框架

三、研究视角选取

基于上述理论基础，本书将从两个视角切入开展支持认知症老人自主性的空间环境研究。第一，基于人类发展生态模型以及老年环境行为学相关理论，采取从个体到整体，从微观到宏观的生态学视角，全面探索环境对认知症老人自主行为的影响作用；第二，试图通过循证设计研究方法，系统检视能够支持认知症老人自主性的空间环境要素。

1. 视角一：以生态学视角构建空间环境支持认知症老人自主性的作用机制模型

本书从社会生态系统出发，以空间环境对自主性的影响作用为主线，综合考察个体差异、护理环境、社会环境等影响因素对认知症老人自主行为的作用。借鉴人类发展生态模型、可供性理论、养老场所生态体系，可初步构建支持认知症老人自主性的环境体系（图1-20）。其中，社会环境作为宏观影响因素，空间环境、护理环境作为中观影响因素，个人因素作为微观影响因素，共同作用于认知症老人在照料设施中的自主性。4个因素间也存在相互影响（如图1-20中双向箭头所示），例如，空间环境的氛围会影响认知症老人的身心状态；又如，空间功能配置与布局会影响护理人员的活动组织安排。在研究中，将全面考察支持性环境体系中的影响因素及其对自主行为的影响，从而构建空间环境支持认知症老人自主性的作用机制模型。从微观到宏观、从个体到整体的研究视角，能够全面揭示环境因素对认知症老人自主性的影响过程机制。

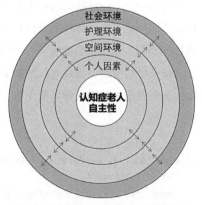

图1-20 支持认知症老人自主性的环境体系

需要说明的是，本书研究的核心是空间环境对认知症老人自主性的影响。因此，在后续的研究中，将探索与认知症老人自主性相关的环境因素以丰富支持性环境体系。更重要的是关注空间环境支持老人自主性过程中，与其他环境因素的相互作用。

2. 视角二：以循证设计方法验证支持自主性的空间环境要素

基于上一节中提出认知症老人空间环境循证设计框架，依照循证设计的方法，首先收集已有证据文献，筛选并提炼可能支持认知症老人自主性的空间环境要素，形成研究假设。进而，通过收集认知症照料设施实际使用中的行为数据，检验各要素是否有效支持了认知症老人自主性的实现，从而验证研究假设。

支持认知症老人自主性的空间环境循证设计验证框架如图1-21所示。认知症老人对自主性的需求决定了照料设施空间环境设计与护理服务的目标——支持老人自主性，从而形成了具体的空间环境设计目标。建成后的空间环境通过与使用者互动，以及和其他因素相互影响，最终实现对认知症老人自主性的支持目标。

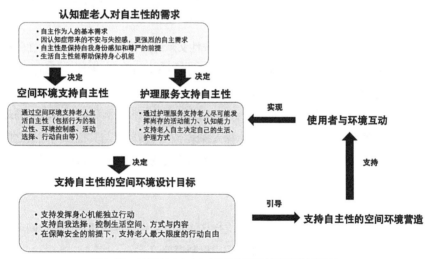

图1-21　支持认知症老人自主性的空间环境循证设计验证框架

需要说明的是，本书研究并非针对某个实际项目应用全过程的循证设计方法，而是从已建成项目中收集使用数据，因而在检验假设的过程中也并不包括拟合性设计与施工阶段。

四、研究路径生成

基于上述两个研究视角，结合第三节中提出的3个研究问题，本书的研究内容主要包括3个方面：界定照料设施中认知症老人自主性的内涵维度与自主行为类型，提炼并检验支持自主性的空间环境要素，构建支持自主性的空间环境的作用机制与环境因素体系。

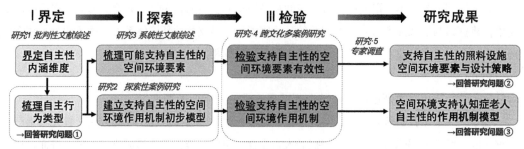

图1-22　研究路径与预期成果

　　在研究路径上，本研究借鉴美国学者鲍威尔·劳顿（M. Powell Lawton）提出的"系统性质性观察"方法（详见第三章第一节），通过文献研究法、跨文化多案例研究、专家调查等方式，有针对性地收集与认知症老人自主性相关的行为和环境要素数据，系统回答前述研究问题。如图1-22所示，研究采取循序渐进、阶段递推的方式，分3个阶段开展。

　　研究阶段1：界定性研究。通过批判性文献综述，界定自主性的内涵维度，进而通过探索性案例研究，梳理照料设施中认知症老人自主行为类型，为后续实证研究提供自主性的可操作化定义。

　　研究阶段2：探索性研究。一方面，通过系统性文献综述筛选可能支持自主性的空间环境要素，为进一步检验空间环境要素有效性提供基础；另一方面，通过探索性案例研究初步构建空间环境支持认知症老人自主性的作用机制模型。

　　研究阶段3：检验性研究。一方面，通过更系统的跨文化多案例研究，检验空间环境要素支持认知症老人自主性的有效性。另一方面，深入探索空间环境因素与其他影响因素之间的相互作用关系，从而优化并形成空间环境支持认知症老人自主性的作用机制。最后，通过专家调查法进一步检验空间环境要素的本土适用性与内容效度，从而形成支持认知症老人自主性的照料设施空间环境要素与适合本土的设计策略。

　　本书研究的最终预期成果包括两方面：支持认知症老人自主性的照料设施空间环境要素与设计策略，空间环境支持认知症老人自主性的作用机制模型。

第五节　研究意义

一、系统整合认知症老人自主性概念与自主行为类型

　　支持认知症老人的自主性是当前全球认知症照护领域的核心议题，然而现有研究中缺少对自主性概念的明确定义，尤其是在照料设施的日常生活自主性上，现有研究对自主行为的界定模糊，研究内容呈现碎片化。本书将基于文献与案例研究，系统地归纳、梳理认知症老人自主性的

概念内涵维度，并将其转化为可操作的、体系化的自主行为类型。自主行为类型的明确将为循证设计研究奠定基础，使研究者能够全面、系统地考察认知症老人日常生活中的自主行为，分析空间环境对自主行为的影响作用。此外，认知症老人自主性的概念与自主行为类型很大程度上也适用于非认知症老人，并可为研究其他建筑类型（如教学建筑、办公建筑、医疗建筑）中使用者的自主性提供参考，这些都使本研究更具理论意义与价值。

二、拓展老年人环境行为学理论与方法

已有的老年人环境行为学理论中，很少有针对认知症老人的环境行为理论，更没有针对其自主行为的理论，本研究能够填补这一领域的空白。认知症老人存在认知能力的衰退，且受护理环境的影响较大，其环境行为模式与一般老年人群有所差异，因此面向普通老年人的环境行为学理论难以完全适用。并且，自主行为与老人主观能动性、偏好和意愿密切相关，从现有的认知能力衰退出发的环境行为学理论无法解释认知症老人自主行为与空间环境的关系。本研究将在系统整合已有理论的基础上，基于跨文化的多案例比较研究，深度挖掘空间环境对认知症老人自主行为的影响作用，构建空间环境支持认知症老人自主性的作用机制模型。从而拓展延伸老年人环境行为学对认知症老人自主行为的理解与认识，丰富认知症老人环境行为理论。

目前，国际社会对认知症照料核心理念日趋共识化，而照护模式则百花齐放。不同的社会文化催生了不同的护理政策、照护模式，这些都对老人在照料设施中的生活、行为有巨大影响。然而，老年环境学领域目前跨文化研究很少，针对认知症照料设施的则更少。本研究将社会环境因素纳入研究视野中，试图通过比较不同国家的照料设施，挖掘不同社会文化对认知症老人自主性的认识与支持方式的差异。跨文化的研究视角也能够在宏观层面拓展现有的老年环境行为学理论。

三、为认知症照料设施空间环境营造提供实证依据

当前，我国认知症照料设施的相关建设规范标准缺失，设计者往往盲目照搬国外模式，或者根据普通照料设施的标准进行设计，难以满足我国认知症老人的身心需求。本书通过对认知症老人自主行为与空间环境要素的系统性实证检验，将梳理出能够有效支持自主性的要素清单，为认知症照料设施空间环境的设计和持续改善提供重要依据。此外，通过跨文化的案例比较与专家调查，将进一步分析哪些空间环境要素适用于我国本土设施以及适用原因。研究结果有助于加深对社会文化差异带来的空间使用方式差异的理解，使建筑师在借鉴其他国家的建设经验时能更具针对性，而非片面照搬。

四、提升照料设施中认知症老人的自主性与生活质量

当前我国认知症老人数量庞大且迅速增长，对专业照料设施的需求迫切。认知症照料设施如雨后春笋般涌现的背后却是空间环境品质、照护服务质量的亟待增强。目前绝大多数认知症照料

设施仅止于满足老人基本生理需求、保证安全等，对老人自主性需求重视不足，甚至对认知症老人的自主性大加限制以提高服务效率。本书将通过对多国照料设施的案例研究，对比老人自主性的需求与实现情况，挖掘当前我国认知症照料设施在支持老人自主性方面存在的关键矛盾点。研究结果希望能提升政府相关部门、设施运营管理及服务人员、空间环境设计者等对认知症老人自主需求的理解和重视，从而促进认知症老人自主性的改善，具有社会意义。

我国照料设施运营管理者往往将建筑空间视作"既存事实"，鲜少能够充分利用现有空间环境，更很少持续改善空间环境，使得空间环境对自主性的支持作用受限。由前述理论分析可知，空间环境要素许多情况下无法独立发挥作用，而需与护理环境等其他因素共同实现对认知症老人自主性的支持。本书研究将机构运营管理方式、照护方式等护理环境因素，以及老人个人因素纳入研究视野中，并探索这些因素对空间环境要素利用方式的影响作用。这种整体性的视角能够帮助设计者在理解认知症老人需求、照护服务的基础上，营造更加有效的支持性空间环境。更重要的是，研究的结果能够加深运营管理者对空间环境支持作用的理解，使其在照护服务中能有效利用、适时调整空间环境，从而更好地支持认知症老人的自主性，提升老人在照料设施中的生活质量。

第六节　本书内容框架

本书按照"提出问题、分析问题、解决问题"的思路展开，在提出问题环节，对认知症照料设施的发展，认知症照料设施设计相关的既有理论、方法与实证研究进行了系统梳理。在分析问题环节，从循证设计视角与生态学视角出发，分3个研究阶段回答"认知症老人的自主性包括什么""哪些空间环境要素能够支持自主性""空间环境要素如何支持自主性"这3个研究问题。在解决问题环节，则根据实证研究结果与国内外设施的调研给出支持认知症老人自主性的照料环境设计策略与要点。本书主要内容分为6个部分。

第一部分是"认知症照料设施的类型与发展"，梳理认知症的病症特点与照护需求，认知症照护理念的演变过程以及认知症照料设施的类型与发展沿革。

第二部分是"认知症照料设施设计相关理论与研究"，以文献综述的方式，系统梳理当前认知症照料设施空间环境研究方法、老年人环境行为学理论、认知症照料设施空间环境的实证研究结果。

第三部分是"两所先锋认知症照料设施的探索"，主要回答"认知症老人的自主性包括什么"。研究选取美国两所注重支持老人的自主选择与行为独立的先锋设施，基于深入的行为观察，对认知症老人自主行为类型、空间环境对认知症老人自主行为的支持作用进行探索性分析。

第四部分是"支持自主生活的空间环境设计要素"，主要回答"哪些空间环境要素能够支持自主性"，基于系统性文献综述、跨文化案例研究、专家问卷等研究方法，深入分析、总结能够有效支持认知症老人自主生活的空间环境设计要素。

　　第五部分是"构建支持自主生活的照料环境体系"，主要回答"空间环境要素如何支持自主性"。这一部分内容首先基于对跨文化案例研究结果采取扎根理论取向质性分析，构建出空间环境对自主性的支持作用机制，深入分析各影响因素之间的相互作用关系。接着，探讨了社会环境对认知症老人自主性的影响，包括社会价值观、护理法规、照护模式、个体因素等，从而提出支持自主生活的照料环境体系理论框架。

　　第六部分是"支持自主生活的照料空间与环境设计策略"。这一部分内容提炼了认知症老人照料空间与环境的总体设计原则，并根据老人的自主行为类型，梳理各功能空间支持性设计的具体设计策略，并基于笔者对国内外优秀案例的调研整理给出设计示例，以期为我国的认知症照料设施空间环境设计提供参考。

　　本书主要研究框架如图1-23所示。

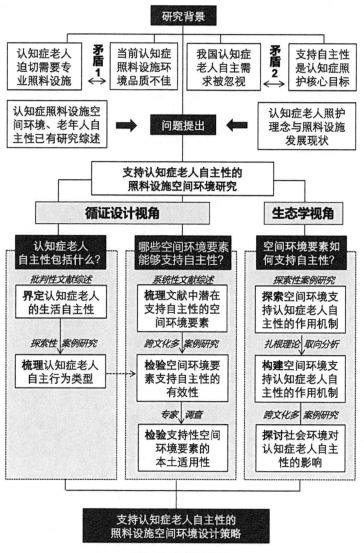

图1-23　本书研究框架

第二章

认知症照料设施的类型与发展

第一节　认知症的病症特点与照护需求

认知症是由脑部疾病所导致的一系列以记忆和认知功能损害为特征的综合征。随着病程发展，认知症患者的记忆、语言、思维、判断等能力都会出现不同程度的衰退，日常生活能力也随之不断减低，最终导致患者离世。除了由于脑皮质受损伤引起的这些基本症状，认知症老人还可能因其他心理、生理及外在环境因素产生多种"周边症状"，即精神行为症状，严重困扰照护者及老人本身的生活。

近一个世纪以来，随着对该病症研究的不断深入，老年精神病学、老年护理学等领域的学者对认知症的病因、病程发展、病症特点及精神行为症状的研究已经进行了较为细致深入，并在病症诊断、分级、评估、干预方法上取得了许多共识，下面从5个方面对认知症疾病特点与照护模式进行简要梳理，包括认知症类型与特征、病症程度与症状、精神行为症状与原因、认知症不同阶段的照护服务需求以及认知症照护模式的转变。

一、认知症类型与特征

古希腊时期已有对认知症的记载，然而由于对其病因认识的不足，直至20世纪上半叶，严重的认知症患者都会被当作精神病患者，在精神病院接受治疗和看护[①]。1907年，德国精神病学家爱罗斯·阿尔茨海默首次向公众报告了认知症病症，并由此将之命名为阿尔茨海默病（Alzheimer's Disease）。随着对认知症研究的不断深入，又陆续发现了认知症的其他病因。根据现有文献，可将主要认知症病症类型细分为九类，包括不可治愈型和可治愈型，不可治愈型认知症占了患者中的绝大部分。由于病因不同，各类认知症除记忆、认知能力减退的基本症状外，呈现出不同的病症特点（表2-1）。

认知症常见病症类型及特征分析　　　　　　　　　　表2-1

治愈类型	类型	原因	特点	显著相关因素	平均存活年限	所占比例
不可治愈型	阿尔茨海默病（Alzheimer's Disease）	脑部结构出现大量神经斑点、神经纤维纠结、乙酰胆碱等神经传导物质不足、海马回减少	神经退行性疾病、不可逆，早期病症为记忆力衰退，对时间、地点、人物辨认出现问题，随病情恶化出现视觉空间失常、社交能力减退、情绪不稳定、生活自理能力逐渐减退	女性、年龄、遗传因素	8～12年	50%～60%

---

① LIVINGSTON G, SOMMERLAD A, ORGETA V, et al. Dementia prevention, intervention, and care[J]. The Lancet, 2017, 390(10113): 2673-2734.

续表

治愈类型	类型	原因	特点	显著相关因素	平均存活年限	所占比例
不可治愈型	血管性认知症（Vascular Dementia）	脑供血不足导致的大脑结构发生改变，多由于反复脑梗塞发作等原因	发病较为突然，多有并发抑郁症（40%～50%），出现妄想、幻觉、言语暴力、攻击行为、言语困难、平衡障碍	年龄、心脑血管疾病，男性多	2～3年	10%
	路易氏体认知症（Dementia with Lewy Body）	非正常的蛋白质沉淀物（路易体）聚集于神经元，常见于黑质、皮质下区域，或海马回、颞叶、新皮质中	早期除认知功能障碍外，可能伴随认知能力与注意力波动剧烈（50%～70%），出现视觉幻象（75%）、手抖、睡眠中乱动或跌下床，走路不稳、重复地无法解释地跌倒。明显的精神症状，如妄想或情绪不稳。平均发病年龄70岁以后	男性	8年	5%～10%
	颞额叶型认知症（Frontotemporal Lobar Degeneration）	大脑退化萎缩，且仅局限于额叶、颞叶	发病年龄早、平均58岁，早期出现人格变化、行为控制力丧失，常有不合理的行为举动，出现语言障碍	遗传	6～10年	所占比例不高
	帕金森氏认知症（Parkinson Disease with Dementia）	脑神经病变引起的多巴胺分泌减退，导致患帕金森症	颤抖、步伐慌张，或者走路很慢、僵直、起立坐下困难，自主能力逐渐减退。病情加重后可能出现注意力、执行能力、记忆力减退、视觉空间障碍。可能伴随人格改变、抑郁（25%），60岁以上多发	年龄	7～14年	所占比例不高
可治愈型	抑郁性假性认知症（Depressive Pseudodementia）	由抑郁症引起	记忆力减退、语言行动迟缓、注意力障碍、缺乏主动性等。通过抑郁症治疗后可以痊愈	年龄	不适用	7%～16%
	常压性水脑症（Normal Pressure Hydrocephalus）	阻梗性脑内积水，可能由于曾经的蜘蛛网膜下腔出血、脑外伤、脑膜炎、肿瘤等引起的脑脊液通路受阻	轻度的智能减退、尿失禁、步态不稳等。可以通过外科手术治疗痊愈	脑部损伤		所占比例不高
	药物性认知症（Drug-induced Cognitive Impairment）	由于长期服用某些药物带来的副作用	记忆丧失、健忘、神志不清、空间视觉能力减弱、情绪爆发等。随停药及治疗一般可治愈	药物副作用		10%～15%
	酒精性认知症（Alcohol-related Dementia）	长期饮用酒精、营养缺乏、头部外伤等造成的神经损伤	性格变得易怒、暴躁、记忆不清甚至丧失、空间视觉能力减弱等。早期及早停止酒精摄入，补充营养素可治愈	酒精摄入		所占比例不高

二、病症程度与症状

由于大部分认知症是渐进性退行性疾病，根据患者病程严重程度可将病程划分为几个时期，有三分法、四分法、七分法等不同的阶段划分方式。主流研究中，多用轻度、中度、重度3个阶段划分认知症的不同时期，分别对应着主流认知症老人评价量表的不同分值（表2-2）。随着认知症程度不断加重，所需护理强度增大。

临床认知症各阶段诊断依据、精神行为症状、护理需求与设施[①]　　　　表2-2

量表类型	轻度	中度	重度
全面衰退量表（GDS）	3	4～5	6～7
功能评定分期（FAST）	4	5～6	7
简易精神状态检查量表（MMSE）	21～30	11～20	0～10
画钟测验（CDT）	0.5～1.5	2	3
身体功能	IADLs受损：如经济与法律事务处理；开车；做饭和购物等	IADLs比ADLs受损更加严重，需要在饮食上给予更多协助，逐渐失去独立行走能力	完全需要依赖他人穿衣、协助用餐、洗浴、移动
行为精神症状	淡漠、激越；易怒、脱抑制；焦躁；欣快；异常行为、抑郁、错觉、幻觉等	淡漠；脱抑制；抑郁；焦躁；激越；错觉；易怒；幻觉；脱抑制；欣快等	淡漠；激越；异常行为；抑郁；焦躁；错觉；脱抑制；幻觉；欣快等
护理需求	1～10小时/周	4～10小时/天	24小时监护
护理地点	家、协助生活设施	家、认知症协助生活设施、护理院	家、认知症协助生活设施、护理院、临终关怀设施

三、精神行为症状与原因

认知症老人的病症，除了由于脑部病变所引起的记忆力、思考、判断、理解能力以及语言能力减退这类"认知症状"，还可能有由于不同原因导致的形式繁多的"非认知症状"。国际老年精神病学协会（IPA）于1996年将这些对老人生活造成困扰的"非认知症状"定义为精神行为症状（Behavioral and Psychological Symptoms of Dementia，BPSD），

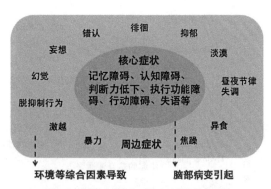

图2-1　"周边症状"与"核心症状"的关系图

指代认知症老人知觉、思维、心境与行为方面的症候群[②]。这类症状并非脑部病变所直接导致的症状，因而"认知症状"又被称为"核心症状"，而精神行为症状又称为"周边症状"（图2-1）。

---

① 参考DE WAAL H, LYKETSOS C, AMES D, et al. Designing and delivering dementia services[M]. John Wiley & Sons, 2013.

② https://www.ipa-online.org/publications/guides-to-bpsd.

　　根据临床精神行为症状常用量表（NPI），典型的认知症老人精神行为症状类型可分为妄想、幻想、激越、抑郁、焦虑、欣快、淡漠、脱抑制、易激惹、异常的行动、睡眠及夜间行为、食欲和进食障碍这十二大类。精神行为症状的具体表现与发生率见表2-3。据统计，1/3的轻中度认知症老人、2/3的重度认知症老人有精神行为症状，在护理院，这个比例甚至更高[1]。

精神行为症状常见类别与具体表现及其发生率[2]　　　　　表2-3

编号	症状分类	具体表现	发生率
A	妄想	怀疑东西被偷、被害妄想、被遗弃妄想、妄想已逝亲人还在、长久以来住的地方不是自己的家、怀疑配偶不忠等	10.99%
B	幻想	视幻觉、听幻觉、嗅幻觉、触幻觉、不寻常的感觉体验等	10.72%
C	激越/攻击	拒绝合作、拒绝护理、难于相处、固执按自己方式行事、大喊大叫、谩骂、摔门扔东西、企图殴打伤害他人等	12.33%
D	抑郁	感觉悲伤、哭泣流泪、意志消沉、贬低自己、缺乏勇气、觉得自己是家庭负担、希望自杀或想死等	23.86%
E	焦虑	无明显原因地感到紧张、担心、害怕，坐卧不安，无理由抱怨叹气，害怕与照料者分开	20.38%
F	情感高涨/欣快	无缘无故地过于高兴	6.43%
G	情感淡漠/漠不关心	对周围的事情失去兴趣、缺乏自发性、活力、很难交谈、减少做家务、面部表情贫乏、情感反应减弱	21.72%
H	脱抑制	不加思考冲动行事、自制力差、注意力分散、当众说或做平时不会说或做的事（如说脏话或者与性有关的话）、做让人感到难堪的事（例如穿错衣服、随地大小便、玩弄排泄物、玩弄生殖器、性暴露、性侵犯）	1.34%
I	易激惹/情绪不稳	容易发火、不安、心情变化无常、缺乏耐心、不耐烦	16.89%
J	异常的运动行为	无目的徘徊、拉开抽屉或打开壁橱乱翻东西、反复穿脱衣服、重复性行为、坐不住或晃动脚或敲手指	12.06%
K	睡眠/夜间行为	睡觉困难（经常起来）、彻夜不眠、晚上走动、晚上叫醒他人、晚上醒来以为是早晨准备出去、早晨醒得早、白天睡眠过多、昼夜颠倒	19.84%
L	食欲和进食障碍	食欲减退或增加、体重减轻或增加、喜欢的食物发生变化、一次吃过多食物、每天只吃一种食物、严格按顺序进食	11.80%

　　对于精神行为症状产生原因，国外研究从神经生物学、心理学、社会学角度有许多理论学说。这些学说为制定精神行为症状的干预策略提供了理论基础，其中也包括空间环境方面的干预。例如，认知、直觉障碍学说认为，激越的言语和行为与老人认知症病症程度相关。又如，渐进性压力阈值减低模式学说认为：人对于生活的环境需要有一定的控制能力，而认知症老人丧失了该部分能力，容易造成情绪低落与不快，引发压力、情绪失控。因而，如果能够让老人自主控

① LIVINGSTON G, SOMMERLAD A, ORGETA V, et al. Dementia prevention, intervention, and care[J]. The Lancet, 2017, 390(10113): 2673-2734.

② 解恒革，王鲁宁，于欣，等. 北京部分城乡社区老年人和痴呆患者神经精神症状的调查[J]. 中华流行病学杂志，2004，25（10）：829-832.

制环境，就会有助于改善这类情况[①]。再如，刺激不足与过量学说认为，适当的刺激能够加强老人对环境的熟悉度、信任感。因此，护理人员适当地关注、抚触、微笑，或者环境中的阳光、触感温暖的材质、装饰物等是可能的干预方式。情绪、精神变化学说则认为，环境中的因素也可能诱发老人出现精神紊乱，例如镜子中的影像、眩光或者大片阴影等。此外，生理上的不适、药物的副作用等也可能让老人感到躁动、痛苦，引发激越行为。

四、认知症不同阶段的照护服务需求

由于绝大多数认知症不可逆，病症将随时间逐渐加重，不同疾病阶段老人对照护服务的需求也有所不同。图2-2是一个较为理想的、对应着认知症不同阶段服务需求的体系。可以看出，在认知症老人被确诊后直至临终，均需要由跨专业的医疗护理专业团队持续对老人进行评估，从而帮助其与服务团队对接，使老人能够得到相应的护理支持。随着照护需求的不断提升，服务形式包括上门服务、日间照料、短期喘息护理、持续照料及临终关怀服务等。

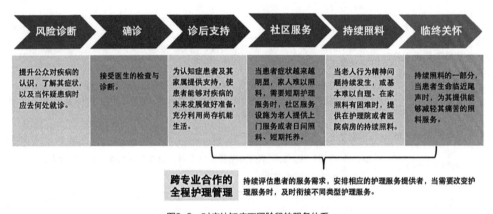

图2-2　对应认知症不同阶段的服务体系
（图片来源：翻译自WHO. Dementia: a public health priority）

第二节　认知症照护理念的演变过程

自1907年阿尔茨海默病被首次报告至今，认知症照护模式经历了从医疗照护模式到以人为中心的照护理念的转变。

---

① SMITH M, GERDNER L A, HALL G R, et al. History, development, and future of the progressively lowered stress threshold: a conceptual model for dementia care[J]. Journal of the American Geriatrics Society, 2004, 52(10): 1755-1760.

一、疾病治疗导向的医疗照护模式

如前所述，20世纪上半叶，许多国家都将认知症老人当作精神病人，送往精神病院或者老年精神科接受"治疗"。美国1955～1980年才转为将老人送至护理院中。而日本则在80年代之后，特别养护老人之家才开始接收患有认知症的老人。在此之前，由于对认知症老人缺乏正确认识，认知症老人常会被当作是"精神不正常的人"和"家庭的耻辱"，在医院和精神病院甚至护理院中遭到隔离、尊严剥夺、约束和药物滥用。例如，老人被关在没有暖气的房间、被强迫在公共场合换尿布、20多个人共居一室、四肢被约束在床上、被迫服用大量精神类药物等[①]。

医疗照护模式无疑对认知症老人的身心造成了巨大摧残。在家属和护理领域先行者们的不断倡议下，这一做法最终引起了政府相关部门的重视，政府决心彻底改变这种模式。例如，美国在1987年的护理院改革法（Federal Nursing Home Reform Act from the Omnibus Budget Reconciliation Act of 1987）中，首次规定入住的老人有权利控制和知道自己的医疗护理方式并做出选择，有权利免受各种形式的约束。1999年，日本负责医疗和社保的部门也启动了"零身体约束"的法规，规定使用介护保险的护理设施只能在具有紧迫性、非替代性和暂时性的前提下使用尽可能少的约束，并需要进行全面的评估和记录[②]。

尽管许多国家均开始立法保障入住设施的老人（包括认知症老人）的权益，但在很长一段时间中，设施的照护内容仍仅限于完成医疗护理和基本生活照料。在医疗照护模式下，认知症老人的心理需求，特别是自主性需求被严重忽视。入住照料设施对老人来说意味着牺牲自己对生活的掌控，以换取安全和照护服务。

二、关注自主性的以人为中心的护理

20世纪80年代，社会心理学家汤姆·基伍德（Tom Kitwood）提出"以人为中心的照护"理念（Person-Centered Care，以下简称PCC理念）。该理念的核心便是尊重和支持认知症老人的自主性。PCC理念以认知症患者本人为关注焦点，强调将人看作独一无二的个体，尊重与理解每一个个体，支持其持续、积极地参与社交，从而获得生活幸福感[③]。而传统的医疗照护模式中，所有关于日常护理、活动的决定都由员工进行，直接护理人员则被排除在机构管理决策之外，围绕着医疗项目（诊断、治疗）展开日常护理活动。以人为中心的护理模式尊重老人及护理人员的心声：老人拥有选择，可以自主做出决定，员工则可以根据每个老人的需求调整工作管理。

近年来，PCC理念掀起了全球认知症照护和老年照护模式的全面变革。20世纪90年代开始，以美国为代表的欧美多国开始了老年护理服务模式变革运动——文化转变（Culture Change），从

① 宮崎和加子，田辺順一. 認知症の人の歴史を学びませんか[M]. 中央法規出版，2011.
② 厚生労働省. 身体拘束ゼロへの手引き[C]. 厚生労働省「身体拘束ゼロ作戦推進会議」，2001.
③ KITWOOD T, BREDIN K. Towards a theory of dementia care: personhood and well-being[J]. Ageing & Society, 1992, 12(3): 269-287.

"医疗照护模式"转变为"以居住者为中心的模型"。在先驱联盟（Pioneer Network）等照护改革先锋组织的不断努力下，许多认知症照料设施开始践行以人为中心的理念，取得了很好的效果。实证研究表明，在PCC理念指导下，居住者拥有更多的自主性、活动参与显著提升，精神行为症状和精神用药减少、生活质量和幸福感得到提升[①]。

在PCC理念与文化转变推动下，认知症照料设施的空间环境也相应发生了很大的改变，主要表现在去机构化、小规模化等方面。例如：空间组织由走廊式转化为组团式，每个组团拥有独立的厨房、餐厅、起居室；取消大型护理站而将员工工作空间开放化；尽可能设置单人间；每个组团拥有可达的户外空间，等等。

近年来，PCC理念逐渐成为全球认知症照护领域的共识，并被许多国家纳入了护理相关法律法规。2016年，以人为中心的护理正式被写入了美国联邦医疗保险和医疗辅助计划服务中心（Center for Medicare and Medicaid Service, CMS）法规。日本、澳大利亚、欧洲等国家和地区都在积极推广、实践PCC理念。

在不同国家和地区的应用中，PCC理念也衍生出许多不同的护理实践体系和模型，例如澳大利亚的蒙台梭利认知症照护模式（Montessori for Dementia），美国的"我依然在这里"模式（I'm Still Here）、"绿屋"模式（Green House）、"伊甸园"模式（Eden Alternative）、"连接"模式（Nexus），加拿大的蝴蝶计划（Butterfly Program）等。这些模式都将PCC理念作为核心，采用不同的环境营造、活动策划和护理服务方法，尽可能支持认知症老人度过更加自主的、受到尊重和理解的、高质量和有意义的生活。

第三节　认知症照料设施类型与发展沿革

一、各国认知症照料设施类型体系

在一些老龄化程度较深的发达国家和地区，认知症老人数量较多、护理需求突出，因而在认知症老人服务体系构建上起步较早，也相对完善。表2-4中选取美国、澳大利亚、日本、韩国、德国、英国、瑞典7个国家，对比分析了各国认知症老人人数比例、照料设施类型、护理资金来源等，并将我国情况对照列出。从65岁以上老人患病率来看，7个国家人口老龄化程度较深，认知症老人占老人总数均超过8%，美国、日本尤其高出其他国家。我国虽然认知症老人数量为全世界国家中最多的，但由于尚处老龄社会初期，低龄老人比例较高，因此老年人口中患认知症比例低于上述国家，约为5%。

---

① LI J, POROCK D. Resident outcomes of person-centered care in long-term care: a narrative review of interventional research[J]. International Journal of Nursing Studies, 2014, 51(10): 1395-1415.

表2-4

部分国家认知症老人人数比例及认知症照料设施类型①

国家	美国	澳大利亚	日本	韩国	德国	英国	瑞典	中国
65岁以上老人患认知症率	13.00%	8.88%	15.50%	8.30%	9.32%	9.87%	9.42%	5%
认知症老人人数（万）	540（2012年）	26.6（2011年）	462（2012年）	40（2011年）	157（2012年）	104（2012年）	17（2012年）	950（2015年）
护理机构	退休之家（Retirement Home）协助护理设施（Assisted Living）持续照料退休社区（CCRC）护理院（Nursign Home）认知症特殊照料单元（Special Care Unit）	轻度护理机构（Low Level Residential Care）重度护理机构（High Level Residential Care）认知症特殊照料单元（Dementia-specific Unit）	认知症老人组团之家（認知症グループホーム）特别养护老人之家（特別養護老人ホーム）介护老人疗养型医疗设施（介護療養型医療施設）介护老人保健设施（介護老人保健施設）	老年之家（Residential Home）老年护理设施（Geriatric Care Facility）老年组团之家（Senior Group Home）	护理院（Nursing Home）	护理院（Nursing Home）	护理院（Nursing Home）特殊老年之家（Specialist Geriatric Homes）老年组团之家（Group Home）	少数养老机构接受认知症老人；有少量的认知症特殊照料单元
居家/社区服务设施	成人日间服务中心（Adult Day Service Center）	认知症日间照料中心（Dementia Specific Centre Based Day Care）喘息服务中心（Common Wealth Respite and Care Link Centre）	认知症老人日间照料中心（認知症对应型通所介护）小规模多功能居家养老介护中心（小规模多机能型居宅介护）	日间、夜间照料中心 部分长期照料机构福祉设施也提供短期照料，喘息服务	老年人日间照料中心（Geriatric Day Care）	日间照料中心（Day Centre）	成人日间护理中心（Adult Day Care）	极少数的日间照料中心
资金支持	医疗保险（Medicare）支付医药费 医疗补助（Medicaid）可支付低收入及残障人士入护理费用 个人可购买商业长期照护保险（Long-term Care Insurance）	医疗保险（Medicare）支付医药费 联邦或政府补贴护理机构费用，老人需按比例支付退休金	医疗保险（Health Insurance）长期护理保险（Long-term Care Insurance）	国家医疗保险（National Health Insurance Corporation）长期护理保险（Long-term Care Insurance）	长期护理保险（Long-term Care Insurance）	政府补贴护理机构费用，老人需按比例支付退休金	公共财政支付	个人支付为主

---

① http://www.alzheimer-europe.org以及de WAAL et al., 2013; PARK-LEE et al., 2013; KNAPP et al., 2007.

根据老人居住形式，可将各国认知症照料设施分为居住型照料设施和居家/社区服务设施两部分。在居住型照料设施中，各国的设施类型、名称虽各有不同，但可大致分为两类。一类是可接收认知症老人的非专门型照料设施，如护理院、退休之家、协助护理设施等，这些照料设施中认知症老人与其他老人混合居住。另一类是专门针对认知症老人的照料设施（单元），如美国、澳大利亚的认知症老人特殊照料单元，以及日本、瑞典的认知症老人组团之家。这类专门型设施通常以小规模、组团化为特征，提供针对性的专业护理，以使认知症老人感到更加安心和熟悉，也能够避免部分精神行为症状较严重的认知症老人对其他老人的影响。在居家/社区服务设施部分，各国的主要设施类型为日间照料中心，以及提供短期托管、喘息等灵活服务的照料中心，如日本的小规模多功能居家养老介护中心。在韩国，一些长期照料设施也提供短期入住、喘息服务等。

除了多样的设施类型体系建设，发达国家还采用完备的护理保险等福利制度保障服务的可支付性。在护理费用给付方面，日本、德国、韩国设立长期护理保险制度，瑞典、英国、澳大利亚采取政府财政补贴方式，美国则使用医疗补助（针对低收入、残障人士）与商业长期照护保险混合的模式。充足的护理费用使这些国家的认知症老人及其家属能够从容地选择适合的护理方式和居住设施。在澳大利亚，约44%的认知症老人住在护理设施或医疗机构中[1]，在日本，护理院中95%～96.8%的老人患有认知症[2]。可以看出，发达国家十分重视认知症老人的社会护理服务，建设了多层次、连续化的照料服务体系，并通过保险、补贴等多种形式给予资金支援，以满足认知症老人及家庭的社会化照护需求。

二、设施类型体系与认知症阶段的对应关系

梳理国外照料设施类型可以看出，许多发达国家已经建立起较为连续的认知症照料服务设施体系。如图2-3所示，居家、社区、机构等不同的设施类型能够应对不同病程阶段下认知症老人的照护需求。

在轻度、中度病症阶段，老人可以根据自己和家人的情况，选择在家庭或社区附近接受护理。居住在家中或在老年公寓中的认知症老人一般由家人或保姆护理，社区上门服务、喘息服务则可为家庭照顾者提供支持。在社区层面，轻中度老人可到社区中的日间照料中心中接受照料，或当家人有一段时间无法照料老人或需要喘息休息时，可短期入住设施中。当老人精神行为症状较为严重、无法在家

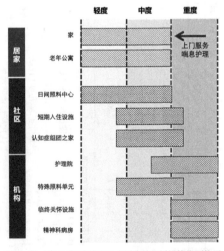

图2-3　不同认知症阶段老人对应的照料设施类型体系

---

① FLEMING R, PURANDARE N. Long-term care for people with dementia: environmental design guidelines[J]. International Psychogeriatrics, 2010, 22(7): 1084-1096.

② https://www.mhlw.go.jp/toukei/saikin/hw/kaigo/service16/index.html.

居住时，还可选择入住社区中的认知症组团之家。

当认知症老人认知功能呈中重度衰退、需要长期照料时，一般需要在机构中接受护理。一些国家还针对认知症老人不同病症程度，设置了不同类型的照料设施（或单元）。例如，德国的认知症特殊照料单元主要针对身体机能较好，但存在较多精神行为症状的中重度认知症老人；而当老人行动能力较差、需要的日常生活照护增多时，则会建议老人转移至护理院中。此外，当老人精神行为症状十分严重，无法在照料设施中集体生活时，会被建议入住医院病房（通常为精神科病房）。美国、德国等一些国家还设有临终关怀设施，为晚期认知症老人提供减轻痛苦的临终关怀服务。

由于认知症老人对环境的适应能力减弱，在不同病程阶段变换设施时可能难以适应。因此，近年来，国外认知症照料设施也十分倡导尽可能提高单个设施的持续照料能力，使之能够应对老人从轻度到重度的不同照护需求。例如美国17%的老年居住设施（Residential Care Communities）中设置了特殊照料单元（SCU），当轻中度老人认知症状加重时即可入住到单元之中，而不必搬到护理院中[1]。此外，瑞典、法国、荷兰、日本常将日间照料中心、认知症组团之家、护理院等设施邻近布局或组成综合体，能够使老人在熟悉的环境中得到连续护理服务。

此外，近年来许多发达国家都大力发展居家/社区养老服务，尽可能缩短老人居住在照料设施的时间，帮助认知症老人尽可能在熟悉的环境中生活，亦可减轻财政负担。许多国家在社区设立了介护服务中心，为老人提供日常护理、家务操作、专业医疗护理等一系列上门介护服务。在澳大利亚，96%的轻度认知症老人住在自己的家中，对于有行为精神症状的居家认知症老人，政府提供过渡性护理服务（Extended Aged Care at Home Dementia，EACHD），以及精神行为症状管理服务（Dementia Behaviour Management Advisory Service，DBMAS）。在德国，25.8%的居家认知症老人使用居家上门服务，协助生活护理、送餐、家务等；也可以在日间照料中心由专业护理人员带领开展活动，锻炼身体及认知能力，减轻家人负担。

综上所述，发达国家认知症照料设施类型体系的核心目标是尽可能为不同病症阶段与有护理服务需求的老人提供可选的、适宜的服务。此外，通过居家上门服务、日间照料服务尽量长时间实现老人的原居安老、尽量延后认知症老人入住长期照料设施也是许多发达国家的重要照护策略。然而，对于中重度认知症老人，居家上门服务难以满足其持续照料需求，入住照料设施仍是为家庭照护者减轻负担、提高老人照护与生活质量的必然选择。

三、认知症老人专门照料设施发展历程

伴随对认知症研究和认识的不断深入，认知症老人的照料方式与设施类型也逐渐开始有别于其他精神病人。二战后，随着各国养老体系与社区医疗服务的健全化，许多患有认知症的老人从

---

① PARK-LEE E, SENGUPTA M, HARRIS-KOJETIN L D. Dementia special care units in residential care communities. United States, 2010[EB/OL].(2013-11-01)[2016-01-01]. https://www.cdc.gov/nchs/data/databriefs/db134.pdf.

精神病院转移到了护理院。20世纪70年代中期，第一个专门为认知症老人建造的特殊护理院——威斯养老院（Weiss Institute of the Philadelphia Geriatric Center）在鲍威尔·劳顿的指导下建成（图2-4）。劳顿提出的环境压力与个体适应能力模型认为：个体能力越弱，对环境压力的适应性越差，环境对个体的消极作用越显著，而认知能力不断衰退的认知症老人则对环境压力极其敏感。因而，劳顿希望营造出能够使认知症老人感到舒适的环境，为其提供适当的环境压力，并最大限度发挥环境的积极作用。

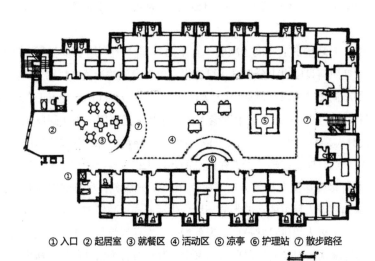

① 入口 ② 起居室 ③ 就餐区 ④ 活动区 ⑤ 凉亭 ⑥ 护理站 ⑦ 散步路径

图2-4　第一个认知症老人专门护理设施——美国威斯照料设施平面图
（图片来源：改绘自COHEN U, DAY K. Contemporary environments for people
with dementia[M]. Baltimore: The Johns Hopkins University Press, 1993.）

威斯养老院包含40个床位，比传统护理院床位数量更少，老人居室围绕着中部开敞的活动区布置，并在周围形成了循环闭合的散步路径（图2-4）。这种组团式空间模式避免了传统大规模养老院给老人带来的心理压力，多样的活动空间也能为老人提供更多有益的感官刺激。经过对该空间的使用后评估发现，从一般护理院搬至该设施后，认知症老人的活动参与度有所提升，精神行为症状发生频率降低，家属来访也更加频繁。尽管老人的身体能力与认知能力仍随着病情发展在减退，但总体生活质量得到了提高[①]。

受到威斯养老院的鼓舞，20世纪80年代美国、瑞典、日本等国家先后建立了多个认知症老人护理院（或照料单元）。使用后评估结果证实了专门照料单元对认知症老人的身心状态、生活质量有很大的改善作用，也吸引了越来越多的学者展开循证设计研究。90年代，多部关于认知症照料设施理论著作、案例分析集先后出版，推动了认知症老人照料设施空间环境建设的发展，大量护理院中开始设立认知症老人特殊照料单元（Special Care Unit）。

① LAWTON M P, FULCOMER M, KLEBAN M H. Architecture for the mentally impaired elderly[J]. Environment and Behavior, 1984, 16(6): 730-757.

曾经，护理院空间环境仅作为护理服务的场所，设计时仅考虑基本功能和卫生要求。经过20世纪70～90年代的理论与实践探索，认知症照料设施空间环境对老人身心状态的改善作用越来越受到运营管理者、规划设计者及政策制定者的重视。近二十年以来，包括美国、欧洲、澳大利亚、日本等国家和地区在内的认知症老人比例较高的发达国家，都在积极探索建设多样化的认知症照料设施。认知症照料设施的规划设计也向着提高认知症老人的生活品质、护理质量，使之向专业化、精细化方向发展。

四、我国认知症照料设施类型体系现状

通过梳理我国各地区认知症服务体系的调查研究，可以看出当前社区护理服务缺失、专业照料设施匮乏，亟待建立完整的认知症服务体系与保障制度，为认知症老人家庭提供有力支持。杨素等通过对天津地区认知症照护服务现状的调研发现，当前社区层面缺少针对认知症老人的有效政策，社区工作人员不专业、服务处于空白状态[1]。而养老机构则缺乏专业照护能力，一半以上的机构拒绝接受认知症老人。王湘等通过对比国内外认知症老人照料模式的差异，认为我国目前缺少认知症老人照料服务设施，多数老人在家中由亲人或保姆看护，社会对照顾者和老人的支持不足，并认为未来社区护理将逐渐发展并发挥其优势[2]。柳琳琳对武汉市10个居委会认知症老人照顾者的问卷调研亦支持上述观点，并发现照料设施中的家庭照顾者经济条件较好，社会关系领域明显优于居家照顾者，大多数家庭照顾者对社区护理有较高需求[3]。

在设施类型方面，当前我国认知症照料设施类型较为单一，专门照料设施（单元）、日间照料等数量很少，绝大多数设施为能够接收认知症老人的普通照料设施。少数地区（如香港）建立了相对完备的认知症照料设施体系。例如，刘伟（2013）总结了目前香港构建的"医院—社区—家庭老年照护"立体网络系统，并分别介绍了不同类别的认知症护理服务机构，包括医疗机构、养老院、社区服务机构、非营利组织等，不同类型机构对认知症老人提供的服务内容可满足不同层次老人多元化需求。

许多学者针对建立适合我国的认知症照护体系给出了建议。例如练燕等认为，可参考发达国家做法，以社区为认知症老人的主要支持力量，开展多维度支持工作，并将政府、社区、医院、社会团体和家庭照护者联系成为认知症老人的支持体系网络[4]。张云将认知症老人主流照护模式分为4类：居家照护、社区照护、照料设施照护、医疗机构照护，并指出4类模式需要相互衔接，形成"无缝照护网"，认知症老人可根据自身需求获得适宜的照护服务[5]。对于4类模式的相互衔

① 杨素，敬德芳. 供需视角下失智老人照护服务现状研究——基于天津市的调查[J]. 劳动保障世界，2019（20）：20-22.
② 王湘，邓瑞姣. 老年性痴呆患者护理模式的国内外比较及其启示[J]. 解放军护理杂志，2006，23（1）：44-46.
③ 柳琳琳. 武汉市老年痴呆患者的家庭照顾者生活质量状况及社区护理需要的研究[D]. 武汉：湖北中医药大学，2010.
④ 练燕，XIAO L D，任辉. 社会生态系统理论对建设我国以人为中心阿尔茨海默病照护者支持体系的启示[J]. 中国全科医学，2016，9（19）：14-18，22.
⑤ 张云. 上海市失智老人社会支持体系研究[D]. 上海：复旦大学，2010.

接，卢少萍等提出医院—社区—家庭全程照护模式，该模式需要专业医护人员做好病人入院，以及深入社区、家庭的指导和随访等工作，以使病人获得连续、完整的服务，并通过研究证实了该模式对于认知症老人病症具有明显的延缓作用[①]。

第四节　以人为中心的照护理念对空间环境设计的影响作用

在PCC理念与"文化转变"的推动之下，欧美等发达国家和地区的认知症照料设施在空间环境上也相应发生了巨大转变，以更好地支持老年人最大限度地保留独立自主性，开展丰富的社交活动，构建积极的人际关系。空间环境的转变主要体现在3个方面：空间模式的转变、功能配置与设施设备的改善，以及环境元素的丰富化。

第一，在空间模式上，照料设施的平面布局从传统的大规模走廊式转化为小规模组团式，组团规模通常为10～20人，以尽可能保证环境的熟悉感和亲切感。每个居住组团通常设置开放式小厨房、餐厅、起居室等公共空间，构成功能相对独立的生活空间，为老年人提供居家感的体验，也有助于认知症老人在相对稳定的社交环境中获得安心感（图2-5）。第二，空间环境功能配置和设施设备设计方面也更加重视对老年人隐私、尊严和独立性的支持。例如，居室以单人间为主要类型、鼓励老年人个性化地布置房间，门禁等安全措施作隐蔽处理，采用标识、色彩等元素鼓励认知症老人自主

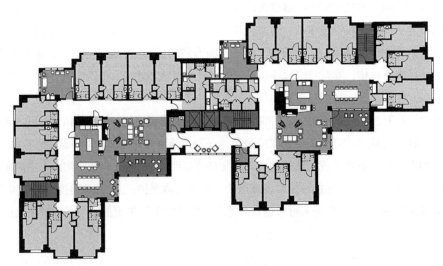

图2-5　采用10人小规模组团的设施平面图

（图片来源：改绘自REGNIER V. Housing design for an increasingly older population: redefining assisted living for the mentally and physically frail[M]. John Wiley & Sons, 2018.）

① 卢少萍，张月华，徐永能，等. 老年性痴呆患者医院—社区—家庭全程护理模式评价[J]. 中国临床康复，2005, 9（28）：70-73.

寻路等。第三，环境对认知症老人的积极促进作用愈发被重视，设置丰富的活动空间、疗愈景观、宠物空间等，促进认知症老人参与有意义的活动，引导照护人员与认知症老人有效互动。

大量研究表明PCC理念能够有效提升认知症老人及其照护者的生活质量，欧美、日本等发达国家和地区更是将其列入国家照护相关法规。以人为中心的照护理念的核心是关注与尊重个体的喜好与需求、构建积极的人际关系。其表现形式是支持老年人的行动自由、促进其发挥尚存机能、为其提供个性化的生活领域、多样的生活选择，以及促进其交往的生活空间。而空间环境在照料设施实践PCC理念的过程中起到了不可或缺的支持作用。

我国专业的认知症照料服务起步较晚。笔者在调研中看到目前大多数照料设施仍采用国外早期的医疗照护模式，并将认知症老人当作失能老人，提供简单的集体化生活照料，这无法满足认知症老人个性化的身心需求，照料者也因为老人精神问题症状承受着巨大的身心压力。相信伴随老年人及家属对照料设施品质需求的不断提升，今后我国认知症照料设施也将经历与发达国家类似的照护理念和实践转变过程，拥抱从个体需求出发、构建积极人际关系的照护文化。我国认知症照料设施正在快速建设与开发当中，而空间环境的设计与营造也需要为支持以人为中心的理念作好准备，从而使空间环境能够与未来的运营管理和护理服务方式紧密配合，共同支持认知症老人实现更加自主、活跃、有尊严、高质量的生活。

第五节　本章小结

从认知症老人病症类型与特点可以看出，不同病程阶段下老人的症状、尚存能力、服务需求存在很大的差异。认知症照料设施（包括专门与非专门设施）主要面向中重度、难以居家照料的认知症老人，并且需要灵活应对不同病症类型、程度、症状与能力的老人。许多发达国家和地区已经建立了完整的认知症照料服务体系与服务设施体系，而我国认知症服务体系建设尚处于起步阶段，特别缺乏各类型认知症照料设施。

从认知症照护模式的转变过程可以看出，以人为中心的照护模式是当前认知症照护领域的核心理念。而当前我国绝大多数认知症照料设施理念滞后、仍采取疾病治疗导向的医疗照护模式，导致老人生活质量不高，这一现状亟待转变。从照料设施的发展历程中也可以看出，随着以人为中心的照护理念的推广应用，认知症照料设施越来越专业化、空间环境设计越来越专业化，以改善认知症老人身心状态，提升其生活质量为目标。支持认知症老人的自主性是以人为中心的照护理念的核心，也必然是专业的认知症照料设施空间环境设计的核心目标。机构中的集体照护模式常使认知症老人的自主性受到忽视和侵犯。因此，研究照料设施空间环境对认知症老人自主性的支持是非常有必要的。

第三章

认知症照料设施设计相关理论与研究

第一节　认知症照料设施空间环境常用研究方法

从上述已有研究可以看出，认知症照料设施空间环境的实证研究方法十分多元。美国老年环境学者鲍威尔·劳顿详尽对比了应用于认知症照料设施空间环境的实证研究方法，包括客户调查、行为观察、专家评价、控制变量随机试验以及系统性质性观察，并罗列了每种方法的优缺点与局限性（表3-1）[①]。劳顿同时指出，每种研究方法都有各自的特色，也面临一些共同挑战。这些挑战主要包括认知症老人对于空间环境的主观评价难以获得，环境与认知症老人行为间的关系具有复杂性与综合性。

应用于认知症照料设施空间环境的实证研究方法　　　　　　　　　表3-1

方法名称	方法流程	优点	挑战与局限
客户调查（Consumer Surveys）	基于问卷或访谈老人对空间环境的评价	直接从最了解自己所居住的环境文化与质量的使用者得到信息	如何引导认知症老人给出思考与判断，中轻度可行，重度则无法给出。家属的观点通常和老人不同。对于环境的客户评价量表较少，多为身心特征量表
行为观察（Direct Behavior Observation）	观察老人的行为、表情，判断老人在不同环境、场景中的情绪；行为地图（Behavior Map）、流线记录（Behavior Stream）	更加客观直接，适合于所有认知症程度老人，可得到对于群体的结论	需要更加大胆地假设环境品质与行为间的关系。需要拆解对应影响其行为情绪的环境要素。需要排除活动类型的干扰。假设老人对环境有偏好，假设其活动行为能够反映他对环境的偏好，其行动是相对自由的（在照料设施中通常受到限制）
专家评价（Expert Judgments）	专家在空间环境中观察、行走，利用量表打分（TESS/PEAP）	迅速、快捷，相对不那么困难	对于主观判断项目可能权威性不足（例如请助理打分）。专家的数量不足
控制变量随机试验（Experimental Design and Randomized Trials）	两个以上不同环境，老人随机分配到环境之中，作为实验组和对照组，测量两组的行为结果。或者只用同一组老人，对比在环境干预前后其行为结果	属于正式的准实验研究，结果更加客观可信	条件苛刻，严格的对照试验实施较为困难。环境与行为的关系在现实中并非单纯的线性关系
系统性质性观察（Systematic Qualitative Observation）	明确行为目标；明确目标与使用者的关系；收集现有的有效的设计方法；专家评价其有效性；记录环境对行为的影响；将行为加以分类（按空间、按需求）；制定客户调查评价问卷；制定行为—环境词汇表；形成动态数据库	建筑师可以在设计阶段和使用后评估阶段应用。可以将不同层面的零散的研究，标准化为可以不断积累的数据库	需要在统一的研究框架下，进行大量的数据积累

在这些研究方法中，最具有综合性的是"系统性质性观察法"。该方法由劳顿首次提出，旨在通过更加系统的质性观察，构建基于认知症老人行为效果目标的设计元素"词典"，为空间

---

① LAWTON M P. The physical environment of the person with Alzheimer's disease[J]. Aging & Mental Health, 2001, 5(sup1): 56-64.

环境的使用者、研究人员和设计者搭建一个实证研究与设计应用的桥梁。劳顿指出，尽管质性的观察已经成为建筑师在设计阶段或者使用后评估阶段常用的研究方法，但相关的研究成果过于片段化，需要更加系统性地梳理、汇总。

该方法共分为11个具体步骤，包括：

1）界定所要研究的行为结果；

2）明确其对于认知症老人的特殊性（区别于普通老人）；

3）穷尽搜集目前已知的、可能对该行为结果有效的环境要素（基于文献、建筑师的建议），列出清单；

4）请专家团筛选较为有价值的环境要素、进一步缩短清单；

5）通过多观察者、多案例的观察，记录认知症老人在面对该要素时，发生了什么样的行为，逐一验证环境要素有效性；

6）收集汇总观察者的笔记；

7）分类组织观察者的笔记（可以按空间分类，也可以按行为分类）；

8）形成针对老人、家属、员工的环境评价问卷；

9）构建"词典"，突出一致认为有效的要素，保留存在争议的要素；

10）公开发表"词典"，作为随时查阅的档案；

11）持续改进和更新"词典"，使用者不断提供对环境要素的使用心得，研究者筛选并进行词条维护。

"系统性质性观察法"的优势主要包括两个方面。首先，能够有针对性地收集针对某些需求（例如促进自主定向）、某些空间环境要素（例如居室的个性化标识）的质性研究数据。其次，能够将目前关于认知症护理空间环境的实证研究成果汇总成为便于建筑师查阅和应用的"词典"形式。然而，该方法的缺点也十分明显，系统性的研究方法需要投入大量的人力、物力进行数据收集，持续维护和更新则是更大的挑战。目前，该方法在网站认知症设计信息平台（Dementia Design Info）得到了应用（详见本章第三节第二点）。

第二节　老年人环境行为学理论

老年人环境行为学理论试图描述或解释老年人行为与其居住环境的关系。其中，对本书有借鉴意义的理论包括可供性理论、养老场所生态体系，以及环境压力与个体适应能力模型。

一、可供性理论

可供性（Affordance）的概念最早由美国认知心理学家詹姆斯·吉布森（James J. Gibson）于1977年创造并提出，属于知觉领域。"Afford"是指"给予、能够"的意思，而可供性则是指环境与人（生物体）的互动关系中，环境中的元素所能提供的使用可能性（例如钥匙既有开门属性也有打开包裹属性）。并且，这种属性并不是固定不变的，而是根据每个使用者的个人能力（如身体能力、经历、目标等）变化的。简言之，可供性就是指人所知觉到的、由事物提供的行为可能性[①]。数十年来，可供性理论被广泛应用于环境设计、家具设计、电子产品设计等领域中，也在认知症照料设施空间环境中得到应用。例如，美国学者基思·迪亚兹·摩尔（Keith Diaz Moore）等对认知症老人特殊照料单元中老人社交环境可供性进行了定量化研究，发现空间尺度感、交通动线设计对于老人的社交活动影响很大[②]。

环境的可供性还需要与管理模式、参与人员共同配合，以达到促进老人社交、开展丰富多样的活动等目标。2009年，芬兰国家卫生福利研究所的派维·托普（Paivi Topo）等将可供性理论应用于认知症老人的照护环境设计研究中。托普总结了认知症老人照护环境中的5个元素：建筑布局、设施设备与固定家具、可移动物体、可被塑造的材料、社交和隐私的机会，并对比列出了每个元素中环境设计的品质与其可供性之间的关系[③]。经过访谈、实地观察，该研究发现：积极的环境可供性设计，能够增加老人的积极行为（如社会交往），也能引导更加积极的照护模式。除了环境设计自身的可供性之外，还有3个要素也对老人在环境中的行为有显著影响。如图3-1，这3个要素分别为：个人能动性、机构文化和起到调节作用的照护者。通过对不同设施的田野观察，Topo等发现照料设施中多数为中重度的认知症老人，对于护理人员的依赖度很高，良好的环境的可供性也需要通过护理人员适当的引导，才能更好地发挥其正面作用。而当设施运营理念过于强调安全保障，例如将开放式厨房上锁甚至将老人束缚起来，那么再好的环境设计也无法发挥其积极作用。

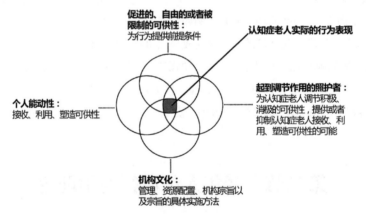

图3-1   环境可供性、个人能动性、机构文化、照护者共同作用于认知症老人在环境中的行为

[图片来源：改绘自TOPO P, KOTILAINEN H, ELONIEMI-SULKAVA U. Affordances of the care environment for people with dementia-an assessment study[J]. Health Environments Research & Design Journal, 2012, 5(4): 118-138.]

---

① GIBSON J J. The ecological approach to visual perception: classic edition[M]. Psychology Press, 2014.

② MOORE K D, VERHOEF R. Special care units as places for social interaction: Evaluating an SCU's social affordance[J]. American Journal of Alzheimer's Disease, 1999, 14(4): 217-229.

③ TOPO P, KOTILAINEN H. Designing enabling environments for people with dementia, their family carers and formal carers[J]. Dementia, design and technology: Time to get involved, 2009: 45-59.

可供性设计理论从老人对环境的认知角度出发，更直接地阐释了环境设计与老人行为间的联系，并建立了包含4个影响因素的理论模型。基于可供性理论可以推论，认知症老人的自主行为受到4方面因素的影响，除空间环境提供的可供性之外，还包括个人能动性、机构文化、照护者的共同作用。

二、养老场所生态体系

借鉴乌里·布朗芬布伦纳等的人类发展生态模型，基思·迪亚兹·摩尔提出养老场所生态体系（The Ecological Framework of Place for Aging）。该体系中，养老居住场所包括三要素：人、物质环境、场所内的日常程序。在三要素共同作用下，产生了场所特质，即人对场所的核心体验。场所特质与人的历史、目标、身份密切相关，而人的活动作为触媒，催化了场所特质的不断变化。体系中的时间轴则表示三要素、场所特质和人的活动都是随着时间不断改变的（图3-2）。

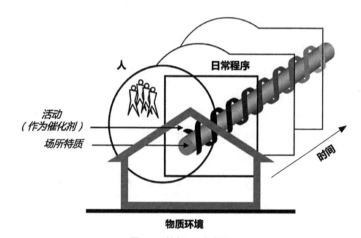

图3-2 养老场所生态体系

［图片来源：改绘自 MOORE K D. An ecological framework of place: Situating environmental gerontology within a life course perspective[J]. The International Journal of Aging and Human Development, 2014, 79(3): 183-209.］

可以看出，该模型借鉴了PPCT模型（详见第一章第四节），并将其中的情境进一步拆解为场所内的物质环境与日常程序。其中，物质环境是指人能够感知到的空间格局、围护结构、室内完成面和家具等。而日常程序包括场所的两个社会性结构属性；场所规章和场所角色。场所规章包括在场所中反复出现的、稳定的活动模式，例如照料设施中对老人三餐及活动的安排、服务人员的排班制度等。场所角色则指场所中的个体所扮演的角色（如护理员、被护理者），角色则影响着个体对场所的认知（如我在这里是一个被护理的老人）。场所规章与场所角色紧密相关，场所中的活动决定了场所中需要的角色。

养老场所生态体系将人类发展生态模型投射到养老场所这一更加具体的环境中，并将情境拆分为养老场所中显而易见的两个环境维度——空间环境（物质环境）与护理环境（日常程序）。此外，该体系将PPCT模型中的"过程"进一步针对性地诠释为养老场所中发生的活动，认为其具有关键的催化作用。

基于养老场所生态体系可以推论，认知症老人的自主活动，是养老场所活动中的重要组成部分。而在空间环境、护理环境、人（包括老人和护理人员）三要素的共同作用下，能够形成支持/抑制老人自主性的场所特质，影响老人在该场所的自主性。

三、环境压力与个体适应能力模型

1973年，鲍威尔·劳顿在针对老年人居住环境的研究中提出环境压力与个体适应能力模型（Press-Competence Model）[①]。该理论认为每个个体都存在基于自身条件和经验的"最优环境刺激水平"，即个人主观感到最为舒适的环境刺激水平。如图3-3，当个体适应能力较低时（例如存在中、重度认知功能衰退的老人），其能够适应的环境压力水平范围较小；而当个体适应能力较强时（例如自理老人），其能够适应的环境水平范围较大。当环境压力水平低于个体适应范围时，个体会因压力过小而产生无聊、乏味等消极感受和行为（例如环境中缺少有意义的活动元素会使老人感到无所事事，有重复动作或徘徊）；

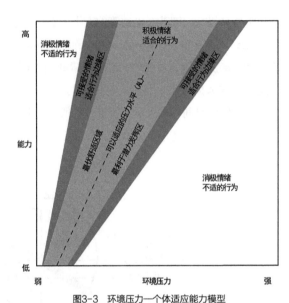

图3-3　环境压力—个体适应能力模型

［图片来源：周燕珉，李佳婧. 失智老人护理机构疗愈性空间环境设计研究[J]. 建筑学报，2018（2）：67-73.］

当环境压力水平超出个体能够适应的范围时，则会由于压力过大感到疲劳、焦虑等消极情绪（例如当空间中同时存在多个声源且声音较大时，会使老人感到压力，甚至引发激越）。

认知症老人认知、活动能力减退，对环境压力十分敏感。根据该理论，劳顿认为认知症照料设施空间环境设计中，需根据认知症老人承受能力提供适当的环境压力，使得老人在空间中感到舒适，产生积极的情绪和适当行为。这一观点对半个世纪以来认知症照料环境实证研究与设计实践影响深远。

基于环境压力与个体适应能力模型可以推论，不同认知症老人的能力有差异，其适应的环境压力水平也不同。因而，空间环境需要提供不同的环境压力水平（例如同时提供热闹和安静的场所），并支持老人随时根据自己的状态找到适宜的压力水平（例如提供集体活动场所与个人活动角落）。多样的选择和控制的机会能够支持老人自主作出环境选择与调整，从而使老人处于身心平衡状态，避免压力过高或过低产生的消极情绪、不适行为。

---

① LAWTON M P, NAHEMOW L. Ecology and the aging process [M] //I. C. EISDORFER, M. P. LAWTON. The psychology of adult development and aging. American Psychological Association, 1973: 619–674.

四、小结

比较上述3个老年人环境行为学理论，可以发现其共同点是均关注老年人作为行为主体的个体特性。需要注意的是，3个理论对"人"的定义是不同的。可供性理论、环境压力与个体适应能力理论中的人是指老人，主要考虑老人个体能力对其与环境的互动关系的影响。而养老场所生态体系中，"人"是作为个体的集合存在的，包括老人、工作人员、志愿者等所有在场所中活动的人。此外，3个理论均强调老人的行为是受到多方面环境因素作用的，各因素间存在复杂的影响作用。其中，可供性理论和养老场所生态体系均将环境因素拆解为空间环境（可供性或物质场所）和护理环境（设施文化或日常程序）。借鉴该理论，本书也将影响认知症老人自主性的环境因素拆解为空间环境与护理环境两类，并关注此两类因素与认知症老人个体能力三者间的互动关系。

第三节 认知症照料设施空间环境设计的实证研究

一、认知症照料设施空间环境现状研究

现有文献表明，我国认知症照料设施空间环境亟待改善。这类文献多在一定地区范围内选取个案，对其规划、空间布局、室内外环境设计等方面进行考察，提出环境设计的不足之处。安圻、赵益对大连、北京、成都等地的认知症照料设施空间环境的实态调研显示出相似的结果：多数照料设施空间布局单调或者规模过大、空间复杂，老人易迷路；缺少家庭温馨氛围，"医疗机构"风格过于浓重等，这些环境设计问题都造成了不同认知症程度老人的一定精神行为症状[①]。罗韶华对重庆市5所养老照料设施调研后发现，虽然照料设施几乎都接收认知症老人，但都不能提供专业的护理，仅仅将认知症老人当作普通失能老人护理，且室内外环境布置多类似酒店或宿舍，不符合认知症老人需求[②]。石莹针对北京5个认知症老人护理单元公共空间环境进行了对比研究，发现目前单元活动空间间距较远、空间布局机构化严重、缺少适合不同病程老人的空间领域、护理站存在视线盲区、服务半径较大等问题[③]。

除建筑学领域的研究外，一些护理学者也对部分地区认知症照料设施现状进行了调查。研究发现由于照料设施空间环境达不到认知症老人分区管理条件、护理人员的专业性不足、认知

---

① 安圻. 基于失智老人行为特征的养老机构环境设计研究[D]. 大连：大连理工大学，2015. 赵益. 痴呆症老人居住环境设计研究[D]. 成都：西南交通大学，2015.

② 罗韶华. 老年痴呆症养老建筑设计初探[D]. 重庆：重庆大学，2015.

③ 石莹. 养老机构失智护理单元公共空间研究[D]. 北京：北京建筑大学，2019.

症老人对其他老人易造成干扰等因素，许多照料设施拒绝接收认知症老人（吴仕英 等，2011）[①]。同时，社会学领域研究发现，部分照料设施认为认知症老人病症无法根治、康复训练疗效甚微，忽视了对老人认知和身体能力的康复训练，使老人身心状态—机构康复设备配置水平陷入不断降低的恶性循环怪圈[②]。可以看出，目前我国各地虽然都开设了一些认知症照料设施，但空间环境和照护管理方式仍无法满足认知症老人的身心需求。

二、认知症照料设施空间环境设计实证研究

1. 国内相关研究

在我国，照料设施空间环境与认知症老人行为的实证研究才刚刚起步。目前相关研究主要停留在访谈与开放式的行为观察阶段，仅有少量实证研究运用定量行为观察及对比的方法分析空间环境对老人的生活行为的影响。笔者通过对两个认知症老人特殊照料单元的对比研究发现，老人对公共空间的使用方式、交流行为、活动类型与公共活动空间可达性、空间联系紧密度、环境丰富度等环境设计要素密切相关[③]。例如，良好的可达性能够提高认知症老人的公共空间利用率，丰富的环境能够引发老人开展自主活动，活动空间与护理服务空间相邻布置能够增加老人和护理人员的交流互动等。崔新影基于对3个认知症照料单元中老人的定点观察发现，主动性较好的认知症老人能够利用可达性、可视性强的空间，进行空间转换；公共空间与走廊的联系能够引导老人进入空间内停留等环境行为特征[④]。石莹通过对5个认知症照料单元公共空间中老人的跟踪观察发现，空间的开敞性和通透性能够促进老人的交流、不同空间功能的组合布置能够促进交流行为的多样性等环境行为特征。可以看出，我国已有实证研究以认知症老人总体环境行为特征分析为主，研究较为片段化，对目标行为和环境特征关系的聚焦不足。

2. 国外相关研究

20世纪70年代开始，以美国、瑞典为代表的发达国家和地区的学者开始了针对认知症照料设施的大量理论与实证研究，成果涵盖设施整体规划、环境品质要求、空间组织、空间设计等，主要研究成果可归纳为以下六个方面。

（1）实证研究框架

许多学者试图通过文献综述、系统的分析模型等方式，为大量有关于认知症照料设施空间环境的实证研究搭建一个清晰的框架，以利于研究成果的整理与传递。

美国学者约翰·泽塞尔系统测量了15个认知症老人特殊照护单元中，环境设计要素与427位入住老人行为健康结果间的关系。其中，环境要素包括隐私、公共空间、单元人数、出入口控

①　吴仕英，董碧蓉，丁光明，等. 成都市养老机构对老年性痴呆的接收和照护现状[J]. 现代预防医学，2011（3）：88-90.

②　胡征凯. 失智老年人机构养老问题探究[D]. 保定：河北大学，2015.

③　李佳婧. 失智养老设施的类型体系与空间模式研究[J]. 新建筑，2017（1）：76-81.

④　崔新影. 认知障碍老人的行为特点与空间需求研究[D]. 北京：北方工业大学，2019.

制、行走空间、感官控制等，而老人行为健康结果包括激越水平、社交退缩水平、抑郁水平、攻击性、心理问题（均采用成熟的心理学量表进行检测）。通过多元线性回归，该研究给出了与老人行为健康结果与环境之间的定量关系模型[①]。

2013年，美国密尔沃基大学老年与环境研究中心（The Institute on Aging and Environment, School of Architecture and Urban Planning at University of Wisconsin-Milwaukee）创建了认知症设计信息平台（Dementia Design Info）。该数据库是开放给学者、建筑师使用的认知症照料设施空间环境研究成果检索平台，其创建起源于劳顿博士关于系统性质性观察、形成动态数据库的提议。该数据库将研究成果赋予三类标签，分别为：所在空间、使用者需求、尺度水平。每个标签涵盖的子分类内容如表3-2。使用者可以单独检索标签或子分类内容以获取实证研究成果，包括与某一设计特征相对应的认知症老人行为、情绪结果。该检索平台将大量长篇的研究论文以简洁易用的形式呈现给设计人员，并可不断更新、囊括最新的研究成果。

认知症照料设施空间环境研究成果检索标签与子分类　　表3-2

所在空间	使用者需求	尺度水平
设施布局	ADL（日常生活能力）	场地
户外空间	审美需求	建筑
其他公共空间	情感体验	房间/空间
厨房	自主	细部
餐厅	运营管理	表面材质
浴室	定向	家具/固定设施设备
卧室	个人化	体验/氛围/装饰/审美
卫生间	隐私	
	安全	
	社交	
	刺激	

德国学者格辛·马夸特（Gesine Marquardt）通过系统的文献综述，将与认知症老人相关的建筑环境研究成果按照研究严谨程度进行了分级，并以研究矩阵形式细分了各研究所对应的设计特征与老人行为结果[②]。该综述共包含4类研究，每类研究被细分为不同的维度：基础设计决策（含特殊照料单元、空间尺度、低社交密度、建筑布局4个维度）、环境属性（含照明、噪声、房间温度、色彩与图案4个维度）、环境氛围（含去机构特征及个人化、感官辅助、多重感官刺激3个维度）、环境信息（含环境线索、视距障碍2个维度）。每一项实证研究根据其聚焦的环境要素所在的类别、维度与其对老人行为、情绪、机能影响，在矩阵中都能找到相应定位。矩阵的建立使得已有研究成果所覆盖的领域更加可视化、明晰化，从中也发现虽然目前研究内容覆盖范围已经较为广泛，

① ZEISEL J, SILVERSTEIN N M, HYDE J, et al. Environmental correlates to behavioral health outcomes in Alzheimer's special care units[J]. Gerontologist, 2003, 43(5): 697-711.

② MARQUARDT G, BUETER K, MOTZEK T. Impact of the Design of the Built Environment on People with Dementia: An Evidence-Based Review[J]. Health Environments Research & Design Journal, 2014, 8(1): 127-157.

但也有部分领域尚有空白（如日照控制、多感官刺激），且部分研究成果存在互相矛盾之处。

加拿大学者哈比卜·乔杜里（Habib Chaudhury）对认知症老人空间环境相关实证研究文献进行了系统性综述，梳理了空间环境特征所对应达到的认知症老人身心疗愈目标[①]。空间环境特征分别包括设施/单元层面的特征（包括单元大小、空间布局、机构感/居家感），以及关键空间的特征（包括用餐空间、户外空间）。疗愈性目标则包括：最大化安全感及安全性、最大化意识水平与定向能力、支持身体功能、促进社会接触、提供私密感、提供个人控制的机会、有质量的刺激水平7项。

（2）空间模式层面

从设施整体规划角度，是否应设置独立的认知症老人特殊照料单元，即SCU（Special Care Unit）一直是认知症环境研究领域十分重要的研究课题。众多实证研究表明，采用特殊照料单元存在多方面的益处。例如，SCU能够更好地保证认知症老人的安全、减少对老人使用物理束缚（例如将腿脚不便的认知症老人绑在沙发或轮椅上，避免老人摔倒），从而给老人更多自由。又如，SCU能够减轻噪声及人员过多对老人的过度刺激，减少老人的精神行为症状，增强员工及老人之间的互动，提升及保持老人活动能力、交往能力，甚至能够减少老人对药物的依赖[②]。

然而，也有一些研究认为特殊照料单元的隔离模式与传统的混住模式对老人来说没有什么不同，甚至认为隔离式会产生一些负面影响。例如，一些入住在特殊照料单元的轻度认知症老人有羞耻感，过于封闭的环境可能使老人感到无聊，或因感到被管制而引发激越。

在单元规模的大小方面，大量研究认为小规模单元对认知症老人的身心状态和生活质量有积极影响。多项实证研究结论认为，认知症老人在小规模、居家感的单元环境中，精神行为症状有明显改善。同时，老人的认知能力及生活行为得到改善或保持的程度也比在大规模单元中更好[③]。小规模的单元还会对认知症老人情绪有积极的影响作用，抑郁情绪显著减少，生活质量显著提高。认知症老人在小规模的单元中，社交能力与技巧都有显著改善，老人也更积极地参与到活动中。此外，实证研究还发现，小规模、高护理人员配比单元能够减少药物的使用、降低老人血压、提升个性化照护机会。反之，对比研究发现，大规模的单元会增加老人的激越水平，降低老人的自主定向力[④]，30人以上的大规模组团会有更多领域与空间使用上的冲突。总体来说，5~15人的小规模组团能够提高老人幸福感、减少情绪行为问题、支持身体机能保持与活动参与[⑤]。

① CHAUDHURY H, COOKE H A, COWIE H, et al. The Influence of the Physical Envirnment on Residents With Dementia in Long-Term Care Settings: A Review of the Empirical Literature[J]. Gerontologist, 2017a.

② DAY K, CARREON D, STUMP C. The therapeutic design of environments for people with dementia: A review of the empirical research[J]. Gerontologist, 2000, 40(4): 397-416.

③ VERBEEK H, ZWAKHALEN S M G, VAN ROSSUM E, et al. Dementia Care Redesigned: Effects of Small-Scale Living Facilities on Residents, Their Family Caregivers, and Staff[J]. Journal of the American Medical Directors Association, 2010, 11(9): 662-670.

④ SLOANE P D, MITCHELL C M, Preisser J S, et al. Environmental correlates of resident agitation in Alzheimer's disease Special Care Units[J]. Journal of the American Geriatrics Society, 1998, 46(7): 862-869.

⑤ VERBEEK H, VAN ROSSUM E, ZWAKHALEN S M, et al. Small, homelike care environments for older people with dementia: a literature review[J]. Int Psychogeriatr, 2009, 21(2): 252-264.

（3）空间布局层面

已有研究表明，交通空间形式对老人的定向力与精神状态均有明显影响。研究发现，一字形走廊能够帮助认知症老人更好地定向到想去的目标空间。对于中重度认知症老人，带有拐角的走廊形式，L形、H形或者回形走廊较难定向。然而，过长的一字形走廊会增加老人不安与焦虑感，并造成定向困难，老人的暴力行为（如踢打护理人员）也会增多。

空间视线设计、特征空间的布置也对认知症老人的定向力、活动参与影响很大。例如，护理站位置居中布置、各空间之间提供直接视线联系、交往空间之间联系近便等都会支持老人非正式的社交互动。布置具有明显特征的节点空间、不同特点的活动区等能帮助老人提高空间定向力。

（4）空间设计层面

居室空间：多项研究发现，双人间中的认知症老人相比于多人间中的老人，更加有活力、社交参与感更强，能够提供适当分隔的双人或多人居室，老人之间的冲突会更少。单人间能够提高老人的睡眠质量。

餐厅空间：小规模、居家化设计的（25～30人）就餐环境能够促进老人联想到家的环境，促进老人用餐和社交活动。餐厅旁设置一个家庭感的小厨房，布置微波炉、冰箱、咖啡机等设备能够促进老人的自主性与独立性，增加社交活动。

公共活动空间：公共活动空间居中布置，可以鼓励老人的社交与活动参与。开放式的平面布局能够帮助老人增加相互接触，老人可以选择加入活动，也可以只是在旁边观看。但对于治疗性活动，应该能够封闭起来，避免老人在活动中分神，活动参与度降低。同时，减少穿越公共活动空间的动线、设置多个不同特点的活动空间（而非只是一个大的公共空间），能够改善老人的生活行为能力，减少激越行为，促进社交行为。设置小的隐蔽的交流空间，还能够支持更加亲密的社交活动与家属来访。

浴室空间：浴室中的机械吊臂、机械浴缸、不适宜的水温和气温等都会使老人感到不安。而保持隐私、设有窗户、采用侧面进入式的浴缸等能够减少老人洗浴中的激越行为与攻击性。

户外空间：认知症老人在户外空间散步，开展园艺活动、集体活动等，对于身心有许多积极作用。老人在户外的时间长度与老人压力的减少、身心的疗愈作用相关，如能够降低老人血压、心率等[1]。在户外活动较多的老人，睡眠质量与睡眠时间有显著提高，言语激越行为、药物使用与跌倒概率则明显减少。并且，无论对于可自己行走的老人还是对于乘坐轮椅的老人，室外活动都有较好疗愈作用。户外空间的可达性对老人的使用率有很大影响。研究发现，从公共活动区能够看到户外空间、有便捷的联系通道、通往户外空间的门不上锁、尽可能减小户外空间与老人起居活动空间的高差等设计方法都能提升老人对户外空间的使用率[2]。护理人员能否看到户外空间

---

① OTTOSSON J, GRAHN P. Measures of restoration in geriatric care residences: the influence of nature on elderly people's power of concentration, blood pressure and pulse rate[J]. Journal of Housing for the Elderly, 2006, 19(3-4): 227-256.

② GRANT C F, WINEMAN J D. The garden-use model: An environmental tool for increasing the use of outdoor space by residents with dementia in long-term care facilities[J]. Journal of Housing for the Elderly, 2007, 21(1-2): 89-115.

入口，也影响到管理中是否鼓励老人使用户外空间。

（5）环境装饰层面

具有熟悉感和居家感的环境对老人的身心状态、行为与活动有积极的促进作用。研究发现，许多认知症老人能够清晰辨认自己的照片、有纪念意义的物品、名字等信息，并能够通过识别这些信息找到自己的房间，具有熟悉感的环境能够减少老人无目的徘徊。大的标识、物体、元素能够促进老人视觉识别与定向力，从而提升老人的自主感，特别是在护理人员提供辅助训练的基础上。居家感的装修风格与家具、色彩、空间尺度能够减少老人徘徊、试图寻找出口或者激越行为，增加老人的自主感、社交活动与社区参与感，提升其生活质量。一些研究还指出，居家感的空间氛围还能够帮助员工更好地让老人参与到生活性活动中，但前提条件是运营管理理念的人性化与灵活化；否则，即便空间环境按照居家感的方式建设，仍然无法发挥环境的作用。

（6）环境物理特性层面

国外研究发现，室内噪声水平与认知症老人生活质量密切相关。噪声水平过高会增加老人的精神行为症状、徘徊，还会减少老人的社交参与。减少噪声水平则能够促进生活质量的提升。部分养老院的平均噪声水平远超过世界卫生组织推荐的医院病房（30~40dB）与住宅（35~45dB）的噪声水平，公共空间达到59~60dB，老人居室内达到52~57dB，噪声往往来自电话、呼叫系统、电视和员工间的对话[①]。

光环境也对认知症老人的行为、情绪、生活质量有很大影响。研究发现，采用照明灯箱进行强光暴露疗法时，当增加照度到2500~10000lx时，老人的情绪更好、昼夜节律更正常、白天精神状态也更好，甚至认知测验得分都有一定的提高，情绪行为问题也减少了[②]。光照对睡眠带来的积极作用甚至比药物的效果更好。整体照度水平的提高能够促进老人的身体机能，例如，餐厅的餐桌照度增加能够增进老人的食欲，而较低的照度则可能导致老人产生负面情绪。

三、认知症照料设施设计导则研究

1. 国内相关研究

当前国内在认知症照料设施空间环境设计导则方面的研究还不多。已有研究多从认知症老人身心特点的研究或现场调查出发，或基于已有文献、国外案例总结认知症照料设施设计原则、要点、方法。连菲介绍了欧美认知症老人照料设施的发展历程与实证研究成果，并总结出保持空间熟悉程度、提高空间易读性、提高路径简明性、建立视觉联系和全景视野、强化空间

---

① BHARATHAN T, GLODAN D, RAMESH A, et al. What do patterns of noise in a teaching hospital and nursing home suggest?[J]. Noise and Health, 2007, 9(35): 31.

② ANCOLI-ISRAEL S, GEHRMAN P, MARTIN J L, et al. Increased light exposure consolidates sleep and strengthens circadian rhythms in severe Alzheimer's disease patients[J]. Behavioral Sleep Medicine, 2003, 1(1): 22-36.

和路径的意义5个设计指导原则①。笔者梳理了美国、日本等发达国家和地区认知症照料设施建设模式、空间模式、单元规模、功能配置、平面布局，总结出其中的优缺点与共性原则，并提出随着向"以人为中心"的护理方式的转变，未来我国认知症照料设施将会向小规模、组团化模式转化②。安圻根据对认知症照料设施中老人的观察，结合已有国外设计案例与文献，分别从基地选址、空间规模布局、室外环境设计、建筑内部空间设计、视觉与心理感受5方面列出了与认知症程度、行为特征对应的设计要点。可以看出，国内目前设计导则的相关研究主要以国外相关经验借鉴、案例分析为主，尚未有针对我国认知症照料设施的现状与老人需求特点的系统性设计导则。

2. 国外相关研究

自20世纪70年代开始，伴随老年环境学者对认知症照料设施空间环境的实证研究不断加深，许多国家地区都先后发表了相关的设计导则。其中，既包括老年环境学家、建筑设计实践者、社会组织等自发编撰的设计导则，也包括各国政府卫生福利部门官方发布的设计导则。不同组织发布的导则在设计原则上有很强的共性，也体现出不同的侧重点。

老年环境学者撰写的导则多从环境行为学理论框架与设计目标出发，提出设计具有前瞻性的设计理念与方法。美国学者乌列尔·科恩（Uriel Cohen）出版的专著《紧握住家》详细介绍了认知症照料设施的设计目标、设计原则以及空间环境氛围营造、空间组织、活动空间的设计方法等③。书中提出的疗愈性设计目标对后来研究影响十分深远，并创造性地提供了大量的设计理念、手法。其中，许多设计方法在后来的设计实践中被大量采用，并通过实证研究证明了其有效性。基思·迪亚兹·摩尔出版的专著《设计更好的一天》系统介绍了美国成人日间照料中心（主要服务对象为认知症老人）的历史、空间结构，针对空间体验的设计目标④，书中特别强调了空间环境与运营服务、认知症老人体验之间的内在联系，并以老人的活动与体验为核心构建设计目标与设计方法。此外，该导则在实践层面也提出了相当具体的指导建议，不仅给出了详细的成人日间照料中心开发流程与设计示例，还附带了空间环境评估清单。

建筑设计实践者撰写的设计导则更强调可操作性的设计要点，并附有翔实的设计实例。伊丽莎白·布劳利（Elizabeth C. Brawley）出版的专著《老年与认知症人群设计创新：创造照护环境》中系统介绍了照料设施空间环境（特别是针对认知症老人的空间环境）的设计理念与方法。书中特别关注物理环境（光、声）与室内设计（地面、色彩、墙面）等方面的疗愈性设计要点⑤。艾

① 连菲，邹广天，陈旸. 记忆照护设施的空间设计策略与导则[J]. 建筑学报，2016（10）：98-102.

② 李佳婧. 失智养老设施的类型体系与空间模式研究[J]. 新建筑，2017（1）：76-81.

③ COHEN U, WEISMAN G D. Holding on to home: Designing environments for people with dementia[M]. Johns Hopkins University Press, 1991.

④ DIAZ MOORE K, GEBOY L D, WEISMAN G D. Designing a better day: Guidelines for adult and dementia day services centers[M]. Baltimore: Johns Hopkins University Press, 2006.

⑤ BRAWLEY E C. Designing Successful Gardens and Outdoor Spaces for Individuals with Alzheimer's Disease[J]. Journal of Housing for the Elderly, 2007, 21(3-4): 265-283.

米莉·奇米莱夫斯基（Emily Chmielewski）发表的设计白皮书《卓越设计：理想的认知症老人居住空间》其中包括简要的空间设计理念与案例，以及相关设计实例分析[①]。

一些社会组织也编制了认知症照料设施的设计导则，这些导则的出发点多为对现有空间环境的评估与改进。儿玉桂子等出版的《为老年认知症患者创造一个安心的护理环境——可实践的环境评估和调整方法》一书，在美国PEAP量表的基础上发展出日本版的《认知症老人护理环境设计指南》，包括设计原则与具体的目标、方法等[②]。该设计指南最大特色是将空间环境设计与护理服务理念、方法充分结合，使护理管理人员能够理解环境的疗愈作用，自发改善其所在设施的空间环境，从而为认知症老人创造更好的生活空间。澳大利亚认知症培训组织（Dementia Training Australia）2017年发布了一系列认知症照料设施空间环境设计的导则与图解文件，以生动的手绘示意图清晰讲解了各空间的疗愈性设计目标及设计要点。

政府发布的设计导则多在汇总现有实证研究、专家意见的基础上，提出设计原则并给出推荐的设计方法。2015年，英国卫生部发布了《健康建筑文件08-02：认知症友好的医疗与护理环境》[③]。作为官方设计导则，该文件基于实证研究，结合大量实例与图解，对认知症老人医疗护理类建筑的设计原则、空间设计方法、室内设计要点进行了详细说明。2016年，新西兰卫生部发布了《封闭认知症照料设施设计信息资料》，该导则是在专家工作坊的讨论结果基础上生成的[④]。导则中特别强调以尊重认知症老人尊严、实践以人为中心的照护理念，作为认知症照料设施设计的出发点。同时，导则内容力求与新西兰认知症照护发展现状，以及文化、经济、法规等方面相匹配，体现了很强的本土特性。

四、认知症照料设施设计实例研究

1. 国内相关研究

我国认知症照料设施设计实例研究主要包括两类，一类是针对我国案例的研究，另一类是针对国外案例的研究，主要是对美国、日本等发达国家和地区的案例分析。在国外案例研究部分，文献多在介绍国外认知症照料设施的同时，对比我国情况，对我国照料设施的空间模式、设计要点给出建议。如陈秀琴等对日本认知症老人之家的产生背景、服务对象、居住标准、人员配置、实施情况作了详细介绍，并建议我国应当完善老年设施类型，开设高水平的痴呆老人之家[⑤]。又

① EMILY CHMIELEWSKI E, EASTMAN P. Excellence in design: Optimal living space for people with Alzheimer's disease and related dementias[J]. Alzheimer's Foundation of America, 2014.

② 児玉桂子，下垣光，潮谷有二，等. 認知症高齢者が安心できるケア環境づくり[M]. 東京都：彰国社，2009.

③ Department of Health. Health Building Note 08-02 Dementia-friendly Health and Social Care Environments[EB/OL].(2015-03-25)[2020-01-04]. https://www.england.nhs.uk/wp-content/uploads/2021/05/HBN_08-02-1.pdf.

④ Ministry of Health. Secure Dementia Care Home Design: Information Resource. 2016.

⑤ 陈秀琴，吕良勇. 日本的认知症老人之家介绍[J]. 中华现代护理杂志，2008，14（23）：2539-2540.

如戴靓华等分析了日本组团护理设施的硬件模式和空间环境设计要点，并认为小组团、回游式的空间环境，以及家庭式、分层化的照护体系适用于我国的发展阶段①。

国内虽已建成一定数量的专业认知症照料设施，但相关的分析文献数量并不多。国内认知症照料设施案例多借鉴国外案例的空间模式、实证经验进行设计。例如上海市第三社会福利院认知症老人照料中心，即借鉴国外小单元照料空间模式，并考虑我国国情适当扩大了单元容量及房间人数②。李斌等以上海市浦东新区老年人特别护理福利院方案设计为例，对认知症照料设施设计方法进行了系统的分析③。该方案设计基于国外相关理论与实证依据，以构建家庭化的生活单元、维持生活的连续性、构建无障碍的环境为目标，在空间结构、空间形态、设计细则、护理管理策略这四个方面考虑进行设计应对。笔者以北京市长友养老院认知症照料中心为例，结合"小组团、大家庭"的运营理念，介绍了该项目的5个设计特色。该设施设置了开放灵活的单元共享空间，打造了功能齐备、可分可合的小规模照料单元，并注重通过色彩设计、空间布局支持认知症老人自主生活④。

2. 国外相关研究

国外学者在设计实例方面，主要是对美国、日本等认知症照料设施发展较早的国家案例进行了收集评述。乌列尔·科恩等出版的专著《认知症老人当代空间》中以系统的使用后评估视角，选取美国典型的认知症照料设施设计实践案例进行了跨专业、多角度的分析⑤。大原一兴等翻译了瑞典出版的专著《老年痴呆症患者的住房》，书中包括12个典型的瑞典认知症照料设施案例分析，并对其空间模式、设计特点进行了专门探讨，该书对日本认知症照料设施的建设产生了较大的影响⑥。

五、认知症照料设施空间环境评估方法研究

照料设施空间环境的评价属于专项建筑使用后评估研究，是促进建成环境改善和有助于新项目循证设计的重要环节。目前已有十余种常用的照料设施空间环境质量评价工具，其中部分是针对认知症照料设施的评价工具。这些环境评价工具多从老年居住环境的设计原则出发，细分维度进行评价，其中之一便是对老人自立生活的支持。通过梳理目前照料设施空间环境评价工具中的相关条目，也能看出目前国内外对空间环境支持认知症老人自主性的相关研究进展与认识程度。

① 戴靓华，周典. 日本失智老人居住空间环境设计研究与启示[J]. 建筑与文化，2017（1）：222-224.
② 沈立洋. 失智老人小单元居家式照料的设计实践——上海市第三社会福利院失智老人照料中心建筑设计[J]. 建筑技艺，2014（3）：72-76.
③ 李斌，李庆丽. 老年人特别护理福利院家庭化生活单元的构建[J]. 建筑学报，2010（3）：46-51.
④ 李佳婧. 长友养老院认知症照料中心（慧苑）（中国·北京）[J]. 建筑创作，2020（5）：66-73.
⑤ COHEN U, DAY K. Contemporary environments for people with dementia[M]. Baltimore: The Johns Hopkins University Press, 1993.
⑥ 大原一興，オーヴェ・オールンド. 痴呆性高齢者の住まいのかたち[M]. 東京：ワールドプランニング，2000.

1. 国外相关评估工具

瑞典学者玛丽·埃尔夫（Marie Elf）等通过系统性文献综述，梳理了20世纪80年代至今，国外学者研发的针对健康护理环境方面的23个评价量表[①]。其中，7个为针对认知症照料设施的量表。经过对非英文文献进一步检索，加入了PEAP日本版量表。下面将对经过筛选的8个量表进行简要综述与比较。

针对认知症老人护理空间量表的评价目的、评价对象、评价方面、评价项目数量、应用地梳理如表3-3所示。从评价目的来看，8个量表的出发点相似，均为系统性地评价认知症老人的环境质量，或者描述其环境特征。其中，PEAP美国版及PEAP日本版还特别强调了空间环境与单元的社交环境、护理方式理念的结合考虑。尤其是PEAP日本版，在美国版PEAP的基础上进行了评价条目细化，使得非专业的运营护理人员也可了解认知症老人环境设计导则，并通过评价自己所在的设施优势与不足，对环境进行针对性地改善。

国外认知症照料设施空间环境评价量表对比　　　　表3-3

翻译名称	国家	发表年份	评价目的	评价对象	评价方面	应用地
认知症护理环境设计检查量表（Dementia Design Audit Tool，DDAT）	英国	2009	为认知症照料设施提供系统的环境评价工具，以促进环境改善	认知症照料设施	11个部分：大厅/入口/走廊、客厅/日间活动室、有意义的活动、卧室、居室内厕所、公共厕所、浴室、房间内淋浴空间、餐厅、治疗区、室外空间	应用于苏格兰、北爱尔兰地区
环境检查量表（Environmental Audit Tool，EAT）	澳大利亚	2003	评价认知症照料设施的空间环境质量	认知症照料设施	10个维度：安全与安全感、小尺度、视觉联系特征、刺激水平控制、提升有益刺激、提供散步和可达性的户外空间、亲切感、私密性、社区联系、生活性活动	应用于澳大利亚
环境检查量表—重度护理（The Environmental Audit Tool-High Care，EAT-HC）	澳大利亚	2015	评价重度认知症照料设施的空间环境质量	重度认知症照料设施（失能或缓和治疗期）	同上	应用于澳大利亚
环境—行为模型（Environment Behavior，E-B Model）	美国	1994	系统描述与评价认知症老人特殊照料单元中的环境特征	认知症老人特殊照料单元（SCUs）	8个维度：出口控制、行走路线、个人空间、公共空间结构、户外空间可达性、居家特征、自立支持、感官综合	未见除笔者外的其他人使用

① ELF M, NORDIN S, WIJK H, et al. A systematic review of the psychometric properties of instruments for assessing the quality of the physical environment in healthcare[J]. Journal of Advanced Nursing, 2017, 73(12): 2796-2816.

续表

翻译名称	国家	发表年份	评价目的	评价对象	评价方面	应用地
专业性环境评估量表（Professional Environmental Assessment Procedure，PEAP）	美国	1996	提供一个标准化、专业化的认知症老人特殊照料单元环境评估方法，强调空间环境与社交环境、组织与护理政策相联系	认知症老人特殊照料单元	9个维度：最大化安全感与安全性、最大化认知与定向、支持身体功能、促进社交、提供隐私空间、提供个人控制机会、限制不良刺激、提升有益的刺激、个人延续感	广泛应用
认知症高龄者环境设施评估尺度（認知症高齢者施設環境評価尺度）	日本	2004	协助一线照顾服务人员了解环境支援要求，指引其利用评估尺度进行设施环境改善，并针对性比较其差异	认知症照料设施	8个维度：辨识能力的支援、生活技能与自立能力的支援、环境刺激的品质调整、安全与安心的支援、生活延续的支援、自我选择性的支援、私密性的确保、入住者交流互动的促进	日本广泛应用
治疗性环境筛查量表（Therapeutic Environment Screening Survey for Nursing Homes，TESS-NH）	美国	1996	在短时间内了解认知症老人照料单元空间环境特征，系统收集长期照料设施物理环境	认知症照料设施	12个维度：单元自主性、出口控制、维护、清洁、安全、光线、空间/座位提供、温馨居家感、视觉/触觉刺激、接近户外、方向/提示、隐私	广泛应用
特殊照料单元治疗性环境质量量表（Special Care Unit Environmental Quality Scale，SCUEQS）	美国	2002	集结TESS-NH中信度高的条目，便于叠加计算出总分	认知症照料设施	7个维度：维护、清洁、安全、光线、温馨居家感、视觉/触觉刺激、噪声	广泛应用

资料来源：Elf et al.，2017；儿玉桂子，2009。

从评价对象来看，2个量表特别强调了针对认知症老人特殊照料单元（SCU）（E-B Model、PEAP），其余6个量表则普遍适用于混合型单元与SCU。此外澳大利亚学者理查德·弗莱明（Richard Fleming）等研发的环境检查量表—重度护理（EAT-HC）主要针对重度失能认知症老人或临终关怀期认知症老人护理空间（该量表由EAT量表调整而来）。

从评价方面来看，量表的评价维度多从老人身心需求出发，按照设计目标框架为评价项目分类，只有认知症护理环境设计检查量表（DDAT）是以空间环境功能分区为基本框架构建评价项目的。设计目标维度中，控制不良刺激水平、确保安全感及安全性、提供有益刺激、保证隐私感、亲切居家感、提供认知支持这6项是超过半数的量表中都包含的维度。

从应用度来看，PEAP量表与TESS-NH、SCUEQS量表有较为广泛的国际化应用，主要应用地点为美国。其他量表均主要用于对该国或者州、地区的认知症照料设施进行评估，特别是应用于某次国家照料设施评估课题。例如，EAT量表最早应用于澳大利亚新南威尔士地区医院有认知症老人病房的适应性改造评估。

从涉及自主性支持的评价条目来看，各版本的PEAP量表和EAT量表均包括了对自主性的支持。PEAP量表中明确将自主性支持列为单独的评估维度，包括辨识能力的支援、生活机能与自立能力的支援和自我选择的支持。其中，辨识能力的支援项目包括：采用容易辨识的居室和卫生间标识，通过时钟、月历的布置让老人容易把握时间，通过个性化的布置使居室容易辨识，采用小规模组团让老人不易迷失等。自立能力的支援项目包括：房间内、餐厅起居空间有邻近的厕所，设有足够的衣橱、可供使用的厨具、可供园艺操作的庭院或屋顶花园等。自我选择的支持包括：可以选择自己想穿的衣服、选择餐食、选择想坐的地方、选择单人或双人间，控制空间的温度和照明、选择入浴时间等。EAT量表中，虽未将自主性作为单独的评估维度，但在支持老人移动和参与、提供多样的社交空间、提供正常生活参与的机会这3个维度中，均包含了许多与支持自主性高度相关的项目。例如，是否有老人可使用的厨房、是否有可以便捷可达的室外花园、是否有让老人可以独自用餐的空间、是否提供了老人可以安静独处的角落等。

2. 国内相关评估工具

目前，我国对于认知症照料设施空间环境评价的研究刚刚起步，相关研究主要是翻译国外已有量表和自制简易问卷，亦没有考虑到空间环境对认知症老人自主性的支持。

一些护理学者自行设计了痴呆老年人照顾环境问卷，并结合实地观察，对北京地区居家以及在养老院、医院居住的3类认知症老人照顾环境进行了评估。问卷内容主要包括安全性、稳定性、个体化刺激、隐私与社交性这4个维度、16个条目[①]。研究发现，养老院在环境噪声控制、居住环境的私密性、个性化考虑等方面评分较低，有待改善。然而，由于该量表评价项目较少、目标相对单一，难以为设施空间环境设计或改善提供有效指引，也未包括对认知症老人自主性方面的考虑。

柯淑芬等将国际广泛采用的认知症照料设施环境评价量表（TESS-NH）汉化，并将其短表SCUEQS应用于福建省照料设施的抽样评价[②]。结果显示汉化后的量表有良好的信效度，大部分设施环境专业性较差，设施空间环境的平均得分明显低于发达国家。此外，该研究还发现，照料设施空间环境得分与其建造年限、居住者月缴费显著相关，与经营类型相关性不大。然而，作者亦指出福建省没有符合量表中认知症老人特殊护理单元类别要求的设施，因而其用于专业认知症照料设施的信效度还有待检测。

吴孟珊将PEAP量表日本版翻译转化为《失智症高龄者环境设施评估尺度》，基于专家意见进行了内容修正与效度检验，通过问卷调查法对我国台湾地区14所团体家屋及失智症照顾专区进行了环境评估[③]。研究结果显示，该量表具有较好的内容效度，设施运营管理者和一线服务人员评估结果一致性高，且大都能够较好地理解评估条目。

---

① 李小卫，郝薇，王志稳. 北京市城区痴呆老年人照顾环境调查[J]. 中国护理管理，2015, 15（11）：1290-1293.

② 柯淑芬，李红. 中文修订版护理院治疗性环境筛查量表的信效度检验[J]. 护理学杂志，2015（1）：75-79.

③ 吴孟珊. 以日本［认知老龄者环境设施评价尺度］运用在台湾失智症单元照顾环境评价尺度之初探[D]. 台南市：成功大学老年学研究所，2012：1-187.

第四节 本章小结

综上所述，国外学者已经构建了相对完整的认知症照料设施空间环境实证研究框架，并从空间模式、空间布局、各空间设计、装修布置等层面开展了大量细致的设计实证研究。在此基础上，许多国家和地区也基于自身特点建立了认知症照料设施的设计导则。我国学者也借鉴国外经验、结合本土案例调研开展了一些设计原则和方法的探讨。

我国进入老龄化社会时间不长，对认知症照料设施的相关研究刚刚起步。在空间环境设计方法研究上，目前多是基于对国外设计导则与实证研究的文献梳理，或对国外案例的分析借鉴，缺少对我国国情、文化的适用性探讨。而我国现有实证研究主要为对认知症老人的照料设施空间环境现状问题分析，或者基于行为观察导出空间设计建议等。这种"自下而上"的归纳式研究方法往往导致研究结果缺少具体空间环境设计和具体行为结果的对应，从而导致设计建议的有效性和目标针对性不足。

综上可以看出认知症老人的自主性十分重要，而在我国尚未得到足够重视。国内外现有研究对支持认知症老人自主性的空间环境尚未有系统的研究。同时，我国认知症照料设施空间环境研究亦在本土化、问题聚焦和视角综合性上均有所缺失。因此，从研究内容上，本书将聚焦当前我国认知症照料设施中老人自主性不足的问题，系统界定认知症老人自主性内涵与自主行为类型，全面提炼并验证能够支持认知症自主性的空间环境要素，尝试建立空间环境支持自主性的作用机制模型。从研究方法上，本书将通过跨文化案例比较的方式，探讨国外经验在我国认知症照料设施的适用性，进而形成更加本土化的设计策略。研究路径上，将采用目标导向型的验证逻辑，聚焦认知症老人自主行为的达成。研究视角上，将采用空间环境与社会环境、护理环境有机互动的整体性视角，全面考察环境与自主行为的关系。

第四章

两所先锋认知症照料设施的探索

为尽可能全面地归纳认知症老人在照料设施中的自主行为类型，观察其自主行为场景，需选择在空间环境、服务等方面支持认知症老人实现自主性的照料设施。笔者在美国访问学习期间，通过文献检索、学术会议等方式了解到十余所美国在支持认知症老人自主性方面领先的认知症照料设施，并最终选取了两所设施（以下简称U1设施与U2设施）作为本次案例研究对象。选取这两所设施的重要原因是两所设施均位于美国马萨诸塞州，由同一养老服务公司运营，在空间设计、护理服务中注重支持老人的自主选择与行为独立。由于两所设施同属一所运营公司，服务理念相同，更容易通过对比空间环境的差异发现其对老人自主性的影响作用。

2018年5月，笔者分别对两所设施开展了以访谈、观察为主的全天实地调研。本书采用了3种数据收集方式：直接观察、焦点访谈与文件照片收集，以尽可能全面地刻画认知症老人活动情况与员工服务场景，进而分析空间环境如何支持老人的自主性。具体做法如下。

直接观察。笔者通过文献综述梳理了支持认知症老人生活自主性的空间环境要素与护理环境要素。观察过程中，笔者重点对这些环境要素进行了观察记录，并详细记录了体现认知症老人生活自主性的行为事件。笔者在两所设施中各观察了一天，时间为早九点至晚五点，观察内容包括老人与员工的活动情况及空间的使用情况。

焦点访谈。笔者对两所设施的管理者进行了焦点访谈，了解运营服务中如何支持认知症老人的生活自主性，包括活动开展方式、餐饮服务方式、户外空间使用方式等。

文件照片收集。笔者对两所设施的各个空间及老人活动进行了拍照，并从设施管理者处取得两所设施的平面图（含花园），用于平面分析。

第一节　两所美国认知症照料设施案例特征

表4-1中比较两所设施的空间环境特征、运营管理安排等基本信息，可以看出，两所设施在建成年代、人员配置结构上较为相近，但设施规模、空间格局与公共空间数量有较大差异。

U1与U2设施基本情况与活动安排　　　　　　　　　表4-1

	U1设施	U2设施
开业时间	1992年	1994年
床位数	26床	44床
入住老人数量	21人	44人
居室类型与数量	20个单人间，3个双人间	24个单人间，10个双人间
空间格局	一字形	L形
建筑层数	单层	三层
公共空间数量	3	10
室外活动空间数量	1	1
照护人员数量	2位管理者，1位活动主管，每班次3位护理人员	2位管理者，2位活动主管，每班次约9位护理人员，1位注册护士

在照护方法方面，U1与U2设施均针对早期、中期、晚期认知症老人设有适合其能力的活动体系，分别称为"探索"活动、"活力"活动、"平静"活动。"探索"（Discovery）活动针对早期、轻度认知症老人，例如诗歌小组、音乐欣赏等；"活力"（Vitality）活动针对有中期、中度认知症的老人，例如音乐舞动、桌面游戏等；"平静"（Serenity）活动则针对晚期认知症的老人，例如宁静按摩。这些活动小组在同一时间于不同公共空间展开，又被称为"平行"开展的活动项目。表4-2展示了笔者调研当日的活动安排。调研中看到，在早餐后至入睡前的每一个时间段，公共空间中都对应开展着不同类型的活动，老人会被邀请参加对应其能力的活动小组，也可以根据活动安排表自由选择。

U1与U2设施活动安排　　　　　　　　　　　　表4-2

	U1设施	U2设施	
活动地点代码	SR=阳光房 LR=起居厅 DR=餐厅	Lib=图书馆　LR=起居厅　DR=餐厅　HG=花园 1st FL、2nd FL=二层、三层起居厅 Campus=周围社区	
活动安排	10：15 清晨聚会 SR 　　　 宁静按摩 LR 11：00 运动俱乐部 LR 　　　 探索俱乐部 SR 　　　 家务帮助 DR 12：00 午餐 13：15 音乐欣赏 LR 14：00 名字讨论 LR 　　　 编织俱乐部 SR 　　　 厨艺俱乐部 DR 15：00 下午茶 DR 15：30 自由活动 16：00 诗歌小组 SR 　　　 音乐运动 LR 17：00 晚餐 18：00 电影之夜 SR 　　　 电影之夜 LR 　　　 聊天聚会 DR	10：00 清晨导引 LR 　　　 今日新闻 Lib 　　　 清晨聚会 1st FL 10：30 清晨健身俱乐部 LR 　　　 插花 HG 　　　 音乐舞动 1st FL 　　　 活动一下 1st FL 11：00 探索俱乐部 2nd FL 　　　 厨艺俱乐部 DR 11：30 宁静按摩 1st FL 　　　 感官花园 HG 　　　 物品分类 1st FL 　　　 厨艺俱乐部 1st FL 　　　 帮厨活动 1st FL 12：00 午餐 13：00 在电影中遇见我 LR 　　　 散步俱乐部 Campus 　　　 炉边读书会 2nd FL 　　　 一起叠衣 2nd FL	14：00 宾果游戏 Lib 　　　 炉边读书会 LR 　　　 手工俱乐部 2nd FL 　　　 散步俱乐部 Campus 15：00 自助下午茶 DR 　　　 回忆故事会 Lib 15：30 傍晚聚会 LR 　　　 花园俱乐部 HG 16：00 下午健身俱乐部 LR 　　　 下午拉伸活动 2nd FL 　　　 桌面游戏 2nd FL 　　　 傍晚散步 HG 16：30 帮厨活动 DR 17：00 晚餐 18：00 电影之夜

如图4-1、图4-2所示，在空间格局方面，U1设施为单层空间，由一个医院病房单元改造而成，公共空间分散布置在走廊边。U2设施共三层，首层集中设置公共空间，二、三层为两个居住单元，每层还设置了单元活动空间。由于U2设施为多层设施，其首层设置了丰富的活动空间，为老年人提供了更多元的活动场所选择。而在U2设施的二、三层居住单元中，公共空间数量与分布则与U1设施数量相近。在室外空间可达性上，U1设施室内外存在高差，须通过坡道到达花园，而U2设施则可通过平坡出入口连接室内外空间。这些空间环境的差异都可能对认知症老人自主行为造成一定的影响，在下文中将具体分析。

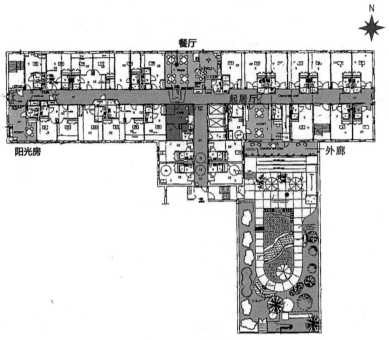

图4-1 U1设施平面图

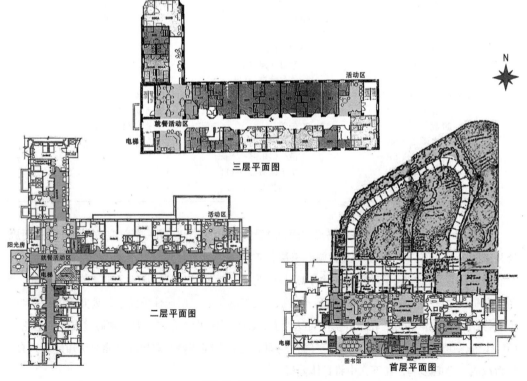

图4-2 U2设施各层平面图

第二节　空间环境对自主性的支持作用

为了对调研结果进行深入分析，如图4-3所示，笔者根据老年人活动发生的场所将活动类型划分为：文娱活动、餐饮活动、如厕、居住行为、行动寻路、室外活动六大类，并结合前述的自主性的4个特征进一步细分了每一类活动。需要说明的是，由于不同类型活动的特点不同，并非每类活动都同时存在4个特征（例如，如厕类活动仅有独立性特征）。下文将按照这一分类框架，详细分析两所案例设施中认知症老人自主行为与空间环境要素的关系。

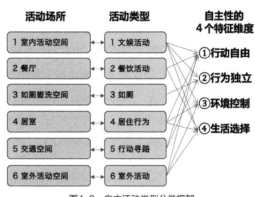

图4-3　自主活动类型分类框架

一、文娱活动自主性与空间环境的关系

1. 行动自由。观察中发现，随处可见的休息空间、充裕而多样的活动空间使老人能够自由开展感兴趣的活动。两所设施中，老人都可以自由开展活动，而不会被迫参加集体活动。例如，在U1设施中，老人若对正在开展的小组活动不感兴趣，也可以在其他公共空间自由活动，如和工作人员一起做美甲、与朋友聊天等。

2. 行为独立。U2设施与U1设施都鼓励并支持老人做一些家务，开展有意义的活动，以保持其尚存的身心机能、提升其自尊自信。例如，在U2设施中，一些对烹饪感兴趣的老人会被邀请参与到厨艺小组中，为下午茶烘焙饼干（图4-4）。又如，两所设施都充分利用走廊空间布置了主题活动角落，让老人可以自发开展活动，例如"今日新闻阅读""了解网球的前世今生""帮我完成这个拼图"（图4-5）。可以看出，开放式厨房、主题活动角等环境要素支持着认知症老人活动的独立性。

3. 环境控制。U2设施中，围绕起居厅设有观望空间（图4-6），有助于社交能力较弱的认知症老人

图4-4　U2设施中老人参加厨艺小组活动

图4-5　U2设施中的网球主题角可以引发老人有意义的自主活动

"边缘"式地参与活动,使其对社交环境拥有掌控感。调研时看到，个别老人会坐在起居厅一旁，观望读书会活动。而在U1设施中，活动室周边则缺少观望空间，老人不得不选择参与活动或者完全离开。U2设施与U1设施公共空间层次丰富性的不同，导致认知症老人对环境的控制程度（控制活动参与度、环境刺激）不同。

4. 生活选择。U2设施共设置了10个公共空间，会同时为同一病程阶段的老人开展两个项目供其选择，老人可以在各层中自由移动，选择自己喜欢的活动和空间。例如，上午首层会为早期认知症老人同时开展今日新闻阅读活动和清晨引导活动；当有老人表示不想再继续读报时，工作人员会询问老人是否要参与起居厅的清晨引导活动，或去花园里散步（图4-7）。在U1设施中，虽然也同时开展各种活动，但由于只有3个活动空间，同一时间内针对每个认知症阶段只提供一种活动，老人的选择受限（平面见图4-1）。

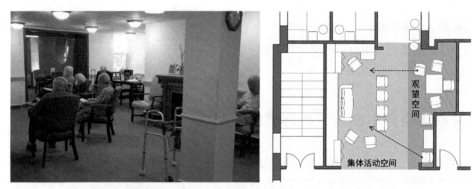

图4-6　围绕起居厅的半公共空间提供了观看活动的机会（摄于U2设施）

图4-7　U2设施首层活动空间同时开展多种活动，为老人提供选择

二、餐饮活动自主性与空间环境的关系

1. 行动自由。两所设施均设置了开放厨房，布置了面包机、咖啡机、电磁炉、微波炉等烹饪设备以及装满各类食材的冰箱。调研中了解到，工作人员上午可随时在开放厨房为老人烹饪早餐，使老人能根据自己的习惯和意愿自由决定早餐时间，实现个性化的作息（图4-8、图4-9）。开放厨房中的设施设备兼顾了认知症老人的使用自由与安全性。老人可以随时使用水池和冰箱，电磁炉等加热设备则设置了电子锁，只有工作人员组织厨艺小组活动时才会解锁供老人使用。可以看出，开放式家庭厨房支持着认知症老人的餐饮活动自由。

图4-8　U1设施中家庭式开放厨房支持了老人作息时间的自由度　　　图4-9　U1设施中冰箱内放满了食材

2. 行为独立。在U2设施中，开放厨房一侧的吧台上摆放了自助咖啡与纸杯蛋糕（图4-10），鼓励老人独立拿取，支持认知症老人休闲餐饮活动独立性。但当个别老人无法自我控制、存在过度进食倾向时，工作人员会将零食收纳隐藏起来，避免老人独自拿取。

3. 生活选择。U1与U2设施在午餐、晚餐时均提供两种套餐，并在餐厅一侧设置了开放式分餐台。用餐前，两设施工作

图4-10　U2设施中开放厨房吧台摆放了自助的食物和饮品

人员都会手持两种套餐走到每一位老人面前，使其能够直接看到、闻到食物，并选择自己喜欢的套餐（图4-11）。分餐过程中食物带来的感官刺激（香气与观感）也支持了老人的认知和选择（图4-12）。可以看到，邻近餐厅的开放式分餐台能够支持老人的用餐选择。

图4-11 用餐时提供两个套餐供   图4-12 食物摆放在开放厨房的取餐台,为老人提供感官信息(摄于
老人直接选择(摄于U2设施)   U1设施)

三、如厕自主性与空间环境的关系

行为独立。在U1和U2设施中,均在公共活动空间附近设置了公共卫生间,支持认知症老人就近自主如厕。然而,在U1设施中,公共卫生间因存放了有一定危险的日化用品而上锁,老人如厕时需找工作人员帮忙开门,限制了老人的独立性(图4-13)。此外,U1设施卫生间的标识牌较小、缺少图示,也不利于老人独立找到、使用卫生间(图4-14)。而在U2设施中,卫生间始终开放给老人使用且标识大而清晰,许多老人能在没有任何帮助的情况下找到卫生间。

图4-13 U1设施中老人必须向工作   图4-14 U1设施中公共卫生间的标志牌过小难以辨识
人员求助才能进入公共卫生间

四、居住行为自主性与空间环境的关系

1. 行动自由。U1与U2设施中,所有居室中除设置一处壁橱外,不提供任何其他家具,鼓励老人和家属带来自己熟悉的家具、灯具、珍爱的照片和装饰物等,将房间布置得如家一般

（图4-15）。由此可见，"留白"的居室空间有助于认知症老人自由、个性化地布置居住环境。

2. 环境控制。在U1设施中，双人间采用套间形式，每位老人的居住空间拥有独立的门和窗户，共享入口门厅和卫生间，可通过关门控制私密性（图4-16）。在U2设施的双人间中，两位老人的居住空间以隔墙划分，没有设门，虽一定程度上保护了声音、视觉私密性，但老人在进出房间时仍可看到室友的居住空间，对私密程度的控制比U1设施弱。对比可以看出，双人间居室的隔断设计影响老人的隐私控制程度。此外，居室门锁能够提高认知症老人对居住环境的控制感。访谈中设施管理员表示有部分老人希望能够锁门，因此为他们配置了居室钥匙，但出于安全考虑，所有门锁都使用同一把钥匙，管理员在紧急情况下可开门进入。

3. 生活选择。U1与U2设施均提供了单人间、双人间等多种户型单元供老人选择，老人和家属能够根据他们的喜好、预算进行选择。入住后，老人可根据需求灵活选择调换房间，且老人的护理等级变化后一般仍可以留在原来的房间中，实现"原居安老"。

五、行动寻路自主性与空间环境的关系

1. 行动自由。U2设施为多层，为保证安全，上下电梯需刷卡，并为能够独立使用电梯的老人配了电梯钥匙卡。同时，电梯旁设置了蓝色按钮，不能独立使用电梯的老人可呼叫工作人员协助，这一做法既支持了老人的行动自由也确保了安全性

图4-15　U1设施中个性化的居室布置

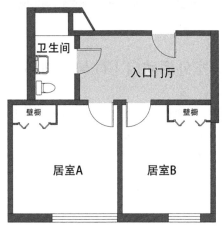

图4-16　U1设施中双人居室入口设置缓冲空间，为老人提供私密性控制感

（图4-17）。可以看出，安全辅助设施使得认知症老人能够在安全的前提下自由行动。

2. 行为独立。U1与U2设施中，平面布局与交通动线均以"一字形"为主，简明清晰。此外，两所设施布置了大量具有特征的"地标"辅助老人寻路，例如走廊边悬挂的绘画作品，走廊尽端的火炉等（图4-18）。相比而言，U2设施的公共空间布局更加集中，具有视觉通透性，能更好地支持认知症老人独立寻路。例如，首层起居厅和餐厅相邻布置，且使用半高隔墙划分空间，老人能在走廊看到各公共空间内的情况并独立选择参与活动（图4-19）。而在U1设施中，分散的公共空间布局对认知症老人寻路造成了困扰。调研中看到，由于无法直接看到其他公共空间，老人很难独立定向，常需要工作人员带领。能够看出，简洁的走廊线形、公共空间的可见性、地标的设置可支持认知症老人自主空间定向。

图4-17　U2设施中电梯边设置了呼叫按钮帮助老人使用

图4-18　U1设施中走廊尽端的火炉作为地标增强空间识别性

图4-19　U2设施中半高隔墙支持老人从走廊中看到公共空间内部，从而实现自主寻路

六、室外活动自主性与空间环境的关系

1. 行动自由。尽管两所设施均设置了安全、围合的花园，但由于空间格局与位置的差异，U1、U2设施对老人是否能自主进出花园采取了不同规定。U1设施中，通往花园的门一般上锁，老人需请求工作人员为他们开门。工作人员表示这主要是由于花园与室内空间存在约1.5m的高差，虽设置了缓坡道与栏杆（图4-20），但仍担心老人会攀爬栏杆发生意外。此外，高差导致花园的可见性较差，工作人员难以随时关注老人室外活动情况，因此也更倾向于将花园上锁。

U2设施花园的可及性与可见性均很好，室内外空间无高差，且花园紧邻老人主要活动空间。

在观察中，通往花园的门白天一直保持打开，许多老人都能自己进出花园、享受自然。访谈中设施负责人表示，工作人员会随时透过起居厅窗户关注着花园内的情况，保证老人户外活动安全。对比两所案例可以看出，花园空间可及性与可见性决定了认知症老人是否能够自由使用户外空间。

2. 环境控制。U1与U2设施的花园都采用了简洁的平面格局及环形动线，便于老人统观全局、获得空间掌控感，也被称为"自然导向"的设计。两所设施的花园也都为老人提供了远离建筑入口的休息空间，以植物、花园外墙围合空间，使老人可以与家人朋友私密对话，或者独处一段时间，获得私密性控制感（图4-21）。由此可见，简明的格局与具有私密性的休憩空间能够为认知症老人提供户外环境掌控感。

3. 生活选择。U1与U2设施花园入口处均设置了宽敞的平台，布置了多组带遮阳伞的桌椅，还在花园中布置了多组有树荫或能晒到太阳的座椅（图4-22），以满足老人不同天气、不同身体情况、不同活动下的需求（图4-23）。两所设施也均在户外为认知症老人提供了多样活动用具，如喂鸟装置、抬高的花池或草地滚球。花园中活动休憩设施的丰富性能够支持认知症老人自主选择室外活动类型。

图4-20　U1设施通往花园的坡道对老人自主活动造成阻碍

图4-21　U2设施花园中低矮的灌木为休息空间提供了私密性

图4-22　U1设施花园中提供多样的座椅选择

图4-23　U2设施花园中提供不同的过渡空间可供选择

第三节 认知症老人的自主行为类型

通过对两所设施的系统性质性观察可知，在空间环境能够提供相应条件并且照护者能提供相关支持时，认知症老人的自主性能得以实现。通过对两所案例设施中认知症老人自主行为的观察，如表4-3所示，本书梳理了认知症老人的自主行为类型，这有助于进一步研究认知症老人自主行为，也可用于评估某设施中认知症老人自主性的实现程度。

认知症老人自主行为类型总结　　　　　　　　　　表4-3

活动类型	自主性特征维度	具体自主行为类型
文娱活动	行动自由	可以自由参与自己喜欢的活动
	行为独立	通过做家务、散步、活动保持自己的身体机能 可以自发开展活动
	环境控制	控制自己的活动参与度（可以旁观） 控制环境中声音刺激，控制所处环境的私密感
	生活选择	拥有丰富的选择，可以选择自己感兴趣的活动
餐饮活动	行动自由	就餐时间灵活，可以根据自己的习惯、意愿起床就寝 可以自由使用厨房的设施设备（在确保安全的前提下）
	行为独立	能够自己拿取零食，自助取水
	生活选择	拥有选择，可以选择自己喜欢的食物 可以选择自己喜欢的用餐地点，可以选择与谁一起用餐
如厕	行为独立	能够自主找到厕所，可独立开门使用厕所
居住行为	行动自由	可以自由对居室进行布置，有充足的空间摆放个人物品、洗漱用品
	环境控制	可以控制所处环境的私密感，房间可以上锁
	生活选择	能够选择自己适合的户型，选择是否有室友，选择室友
行动寻路	行动自由	可以在空间中自由行动，使用电梯等
	行为独立	可以独立定向到想去的地方，视野开阔、空间有标志性易于识别
室外活动	行动自由	可以自由出入花园（在确保安全的前提下）
	环境控制	对空间格局有掌控感，不会迷失方向 可以控制所处环境的私密感
	生活选择	可以选择不同的休憩空间（遮阴、晒阳） 可以选择参与多样的户外活动

不同程度认知症老人对支持自主性的环境的需求差异分析

调研中了解到，两所设施入住老人大多处于认知症早期或中期，而在行为观察中发现不同认知功能衰退程度老人的自主行为存在较大差异，导致其对空间环境的需求也有所差异。早期认知症老人自主行为类型更丰富、独立行动能力更强，需要环境提供多样的、个性化的活动空间，以及可开展家务活动的小厨房等空间。而中期认知症老人对环境的感知、识别、利用能力降低，需要环境提供更多样的感官刺激（如绿植、音乐道具、图片等），对空间格局的开放性、设置导向标识等需求更强。同时，中期认知症老人的独处风险也有所提升，更需要照护者密切的监护，对空间环境的安全性、空间之间的视线联系要求更高。

第四节　支持认知症老人自主行为的空间特征

从上述调研结果可看出，空间环境对认知症老人自主行为具有直接、紧密的影响作用。可从U1、U2设施空间环境差异性与共性特征两方面，梳理影响认知症老人自主性的空间环境特征。表4-4中对比了两所设施空间特征的主要差异，以及与之相关的认知症老人自主行为的差异。表4-5中总结了U1与U2设施共有支持性空间特征，以及其所支持的认知症老人的自主行为。基于案例研究可以得出：室内活动空间的层次性、丰富性、可达性、易识别性等空间特征能够支持认知症老人自主性。由于两所设施建设年代较早，且均为改造型设施，空间布局受到原建筑结构限制，两所设施均未能全部体现上述支持性空间环境特征。当新建认知症照料设施时，应系统性地设计支持自主性的空间环境，从而实现对认知症老人生活自主性的全方位支持。

U1与U2设施空间特征差异及认知症老人自主行为分析　　　　　　　　表4-4

差异性空间特征		差异比较	自主行为差别
1 室内活动空间层次性	U1设施	公共空间缺少层次划分	U2设施中老人更能控制活动参与程度
	U2设施	公共活动空间外围设置围观空间（办公共空间）	
2 室内活动空间丰富性	U1设施	设置餐厅、开放式厨房及两个活动区	U2设施中老人活动选择更丰富
	U2设施	首层、居住层均设置丰富的活动、就餐空间，沿走廊设置个性化活动角	
3 室内活动空间可达性	U1设施	3个公共活动空间在同一层	U2设施中老人能自主使用电梯到达其他楼层
	U2设施	需要乘坐电梯到达各楼层公共空间	
4 室内活动空间可识别性	U1设施	公共空间分散在走廊沿线，彼此不可见	U2设施中老人能够独立定向到活动空间
	U2设施	公共空间彼此邻近，视线联系紧密	
5 居住空间私密性	U1设施	双人间采用套间形式，每个居室有独立的窗和门	U1设施中老人能够获得更好的隐私控制感
	U2设施	双人间以隔墙划分两个居住空间	

差异性空间特征	差异比较		自主行为差别
6 如厕盥洗空间安全性	U1设施	卫生间上锁，标识较小	U2设施中老人能够独立找到厕所
	U2设施	卫生间不上锁，标识明显	
7 室外活动空间可达性	U1设施	室内外有半层高差，通过长坡道过渡	U2设施中老人能够随时进出花园
	U2设施	室内外空间通过平坡出入口联系	
8 室外活动空间可见性	U1设施	在室内主要活动空间无法看到花园	U2设施中老人能够自主使用花园
	U2设施	在室内主要活动空间可以看到花园	

U1与U2设施共性空间特征及认知症老人自主行为分析　　　　　　　表4-5

共性空间特征	自主行为
1 餐饮空间开放性	参与餐食准备与厨艺活动（行为独立） 就餐时间灵活（行动自由） 自由使用厨房（行动自由） 通过多感官信息感知选择喜欢的食物（生活选择）
2 餐饮空间丰富性	选择不同用餐地点（生活选择）
3 室内活动角个性化	自主开展兴趣活动（行为独立）
4 居室入口独特性	自由制作居室门旁装饰与标志物（行动自由）
5 居室空间灵活性	自由布置居室（行动自由）
6 居室空间可控性	通过上锁，对居室空间有掌控感（环境控制）
7 居室类型丰富性	选择适合自己的户型（生活选择）
8 交通空间可识别性	通过简洁的动线、地标独立定向（行为独立）
9 室外活动空间可识别性	通过开放的格局、循环路径获得空间掌控感（环境控制）
10 室外活动空间丰富性	选择参与多样的室外活动（生活选择）

第五节　运营管理模式对认知症老人自主性的影响探讨

　　调研中发现，运营管理方式、安全性等因素对认知症老人自主性的影响也不可忽视。许多情况下，空间环境对自主性的支持作用需要间接地通过活动安排以及运营管理制度实现。例如，多样的公共空间支持着工作人员策划并开展针对认知症不同病程阶段的活动，使老人能够拥有充分的选择。同时，照护人员对空间使用安全性的认知也决定着认知症老人是否能自主使用空间。

　　中美两国在照护理念与模式上存在较大差异，也可能导致照护者对空间环境的利用方式有所不同。美国的两所案例设施均采用"以人为中心"的照护模式，并专门配置了1~2位活动专员，进行活动的策划与组织，这样的模式与人力配置能够最大限度地发挥环境要素的作用，支持认知症老人实现自主性。而我国绝大部分照料设施仍旧采用较为传统的机构化照护模式，以集体生活和标准化管理的方式，较为程式化地安排老人的生活。社工的短缺也常使得认知症老人的活动趋于单一化，自主活动受到限制。同时，我国养老机构风险评估和定责制度尚不完善，一些照料设施采用身体约束等方式规避风险，也从根本上制约着老人自主性的发挥。因此，在我国认知症照料设施的自主性支持环境设计中，更需要匹配运营管理模式，并注重规避风险。例如，在设计过程中需与运营管理者深入沟通，使活动空间数量与照护人力资源相匹配，并促进照护人员引导老年人开展多样的活动。又如，尽可能降低各类活动空间中的风险因素，提供通透的监护视线，避免照护人员因担心"潜在风险"而导致活动空间闲置。

第六节　本章小结

本章基于对美国两所认知症照料设施的行为观察，识别梳理了认知症老人的自主行为类型。根据案例研究结果，本书提炼出支持认知症老人自主行为的空间环境特征，这些特征可为认知症照料环境的人性化营造提供一定参考。本章的结果表明，空间环境对认知症老人的生活自主性有重要影响。为了尽可能支持认知症老人发挥其自主性，在营造认知症老人照料空间环境时，可加强公共空间的层次性、丰富性、可达性、可识别性等特征，从而促进认知症老人的生活参与度，增进其积极情绪，减少其负面情绪与精神行为症状。

第五章

支持自主生活的空间环境设计要素

第一节　支持性自主性的空间环境要素提取

一、空间环境要素提取方法

　　空间环境要素提取的目标是全面回顾与梳理现有研究中认为能够支持认知症老人自主性的空间环境要素。已有研究表明，循证设计中的证据文献主要可分为六类，其效度自强到弱分别为：系统性文献综述或元分析、实验研究及准实验研究、系统的质性研究、基于研究和同行评议制定的标准和导则、个别专家和案例的观点、产品制造商等利益相关者的建议[①]。由于最后一类存在利益相关，可信度相对较低，本书重点关注前五类研究。为便于分析不同要素条目受文献支持的强度，在本次系统性文献综述中，将前三类归为实证性研究，将标准导则与专家观点归为经验性研究。

　　为尽可能全面地搜集上述证据文献，检索中同时采取了系统性文献检索与手动补充检索两种方法。系统性文献检索采用的数据库主要分为两类。第一类是行为与社会科学、循证医学与护理学研究的权威数据库，包括PsycINFO, CINAHL, Medline, Web of Science；第二类是专门针对认知症老人护理环境设计的数据库（Dementia Design Info，简称DDI）。DDI囊括了2013年以前的300余篇与认知症老人照护空间环境相关的文献，并将空间环境要素及其所在的空间、对应的需求、达到的行为效果、研究类型等逐一编码录入。手动补充检索范围包括循证医学和护理学指南网站、政府及设计标准网站、认知症相关学协会网站，主要目标是搜集认知症照料环境相关的标准和导则[②]。

　　系统性文献综述过程参考PRISMA流程，对检索与筛选过程进行了可追溯记录，以确保最终纳入综述范围的文献数量的有效性。文献检索于2018年4月开展，具体文献筛选流程详见图5-1。其中，针对综合数据库采用了标题关键词与摘要关键词结合的检索式，以检索与认知症老人空间环境相关的综述类文献。最终，在DDI数据库筛选的147个空间环境要素条目的基础上，将18篇综述、6部指南与设计导则中的相关条目补充、合并，最终形成了78个支持照料设施中认知症老人自主性的空间环境要素（附录B）。下面将采用综合叙述的方式，按照要素所在空间对78个环境要素进行综述。

---

① STICHLER J F. Weighing the evidence[J]. Health Environments Research & Design Journal, 2010, 3(4): 3-7.

② 手动检索范围为英文与中文网页，包括NICE, SIGN等权威循证医学指南网站；中国、英国、美国、澳大利亚等国家的阿尔茨海默病学会网站与卫生部网站，以及国际阿尔茨海默病协会网站。检索关键词为dementia, Alzheimers, cognitive impairment, memory loss, guideline, standard.

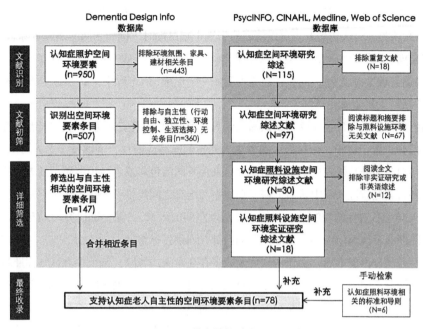

图5-1 系统性文献综述流程图

二、支持自主性的空间环境要素分类梳理

1. 支持自主性的整体空间布局要素

空间环境的整体规模、功能配置与布局对认知症老人的自主性产生较大影响。

在整体规模方面，11篇实证研究与4篇经验性研究认为，少于30人，最好5～15人的小规模居住单元，能够为认知症老人提供更加舒适、平常化的居住环境，增强其选择与控制感，并促进独立空间定向[1]。

在空间功能配置方面，3篇实证研究与6篇经验性文献认为，需要提供多样的空间（起居室、餐厅、安静的角落、厨房、活动室等），供认知症老人自主选择在哪里休息、活动，使其生活安排更加具有灵活性。

在空间布局方面，3篇实证研究与2篇经验文献认为，开放式的平面布局、2/3以上的房门面向公共空间而非通过走廊串联在一起，有助于认知症老人的自主空间定向。1篇实证研究则认为，将认知症老人主要的活动区域布置在同一层，有助于其自主空间定向。3篇经验文献认为，设有多个单元时，各单元空间形式有所变化，能够避免老人产生定向障碍。

2. 支持自主性的交通空间环境要素

对走廊空间支持自主性的研究主要集中于如何支持认知症老人的自主空间定向与自由行动。

----

① 研究文献信息详见附录。

支持性要素主要包括走廊的空间形式、目标空间可识别性、出入口的安全性等。在空间形式上，1篇实证研究认为，当认知症老人可以清晰地识别走廊尽端时（例如走廊尽端设置标志物），有助于其空间定向。3篇实证研究与1篇经验文献则认为，短捷的走廊有助于空间定向。此外，1篇实证研究与2篇经验文献认为，简单的走廊线型如一字形或L形走廊中，认知症老人表现出的定向能力较在回形、U形走廊中更好。

　　空间的可识别性设计也能够帮助认知症老人自主定向。6篇实证研究与4篇经验研究表明，在老人居室门旁设置记忆箱、记忆板，布置老人熟悉的物品或照片，能够便于老人自主找到居室。2篇实证研究与2篇经验研究也表明，居室入口采用不同的色彩或者标识能够帮助老人找到自己的房间。此外，1篇经验性文献中认为，需要在居室和走廊之间提供私密性的缓冲空间（如门廊等），以提高老人对于私密性的控制感。对于公共活动空间的入口，1篇实证研究与3篇经验研究认为，采用透明隔断或者玻璃门能够便于老人看到内部并识别目标空间。

　　在支持行动自由度方面，由于认知症老人多存在走失的风险，绝大多数认知症照料设施或单元的出入口设置了门禁，不同的门禁形式对老人的自主性有不同的影响。4篇实证研究与6篇经验性研究指出，用隐蔽的方式（如喷涂绘画、与墙同色、带有镜子的门）隐藏单元出入口或不希望老人使用的空间（如储藏间）出入口，能够避免引起老人出走的行为，从而使老人能够有尊严地在安全区域自主行动，而不必约束使用。1篇实证研究则发现，设置通往安全的单元外空间的不上锁的大门（例如通往围合花园的门），能够为老人提供一定程度的活动自由感，大大减少老人对锁闭的门产生的激越情绪。此外，3篇经验性文献建议，设置定位追踪系统、离开感应报警系统等可以在维护老人尊严的同时，最大限度避免认知症老人逃离或走失。

3. 支持自主性的文娱活动空间环境要素

　　室内文娱活动空间的多样性能够支持认知症老人自主选择活动。少量实证研究和专家认为，丰富的活动用具和充足的储藏空间能够促进老人自主开展活动。2篇实证研究与4篇经验认为，在空间中提供丰富的物品，如可翻找的物品箱、主题活动角等，能够为老人带来更多感官刺激体验，从而促进老人独立开展有意义的活动。此外，1篇经验研究认为，充足的、可及性高的活动用具存储空间也能够促进老人自主开展活动。

　　在文娱活动空间的环境刺激控制方面，1篇实证与9篇经验文献同时表明，公共空间层次的丰富性十分重要。私人空间、可供独处的宁静空间、可观看他人活动的空间和集体活动空间组成的空间序列，能够使老人根据自己希望的社交强度选择活动空间，避免认知症老人接受过度的社交刺激、引发困惑甚至激越行为。5篇经验性研究认为，能关上门的宁静空间使老人可以通过控制外界刺激平静下来。2篇实证研究与2篇经验认为，围绕大型活动空间布置一系列小的观望角落，能够帮助老人主动控制和选择自己希望的社交强度。当仅有一个大的活动空间时，利用半高的隔墙或者可移动的隔板划分空间，也能最大限度地帮助老人控制其受到的环境刺激。此外，1篇经验性研究认为，当设施中有多个照料单元时，在各单元的起居厅之外再布置一个较大的活动空间，能够为老人提供更好的社交选择。

　　在独立找到并使用活动空间方面，1篇实证研究与1篇经验文献指出，各具特色的活动空间布局能够便于认知症老人的自主定向。1篇经验文献指出，尽可能多地让室内活动空间与居室邻近布置，能够促进老人自主找到活动空间。

4. 支持自主性的餐饮活动空间环境要素

在用餐的自由性方面，1篇经验文献认为，将餐厅与其他空间区分开，而非仅设置一处餐厅兼活动室，能够使老人更加从容地用餐，不必担心用餐速度过慢影响后续活动开展。

在用餐空间的环境控制与选择方面，多篇实证研究与经验文献认为，要考虑到认知症老人用餐时的私密感与环境可控性，提供多样化的用餐空间能够增强老人在用餐时的环境控制。1篇经验文献指出，需要为不同阶段的认知症老人设置两个餐厅，一个用于能够独立自主进餐的老人，另一个用于需要协助用餐的老人，使两部分老人都能拥有更好的就餐体验。此外，5篇实证与4篇经验文献表明，将餐厅划分为多个小空间，设置单独的就餐角落、提供不同大小的餐桌等方式能满足不同社交群体的就餐需求，为老人提供更多样化的就餐选择。

在餐厨空间的独立使用方面，便于到达和使用的餐厨空间能够促进老人的用餐、备餐独立性。1篇经验文献认为，餐厅位置的视线可及性良好（例如开敞或开设窗洞等）有助于认知症老人独立找到餐厅。此外，2篇实证研究与2篇经验研究表明，餐厅、备餐台和活动空间邻近布置，能够促进老人参与餐前餐后的准备活动。1篇实证研究与4篇经验研究表明，备餐空间（单元小厨房）中设置充足的设施设备和无障碍使用台面，能够营造熟悉的居家感，促进老人独立使用。

5. 支持自主性的如厕盥洗空间环境要素

卫生间的可达性、易识别性与无障碍设计能够支持认知症老人独立如厕。1篇实证研究与2篇经验研究表明，公共卫生间的位置近便可及、与老人经常停留的起居厅等位置接近，能够促进老人自主使用卫生间。反之，如果卫生间过远，可能导致老人失禁而产生激越。

在易识别性方面，3篇实证研究与2篇经验研究同时表明，当认知症老人在居室的床头能看到卫生间内部时，其自主使用卫生间的机会将大大增加。1篇实证研究与3篇经验文献表明，当居室内设置夜灯时，能够便于老人找到去卫生间的路。此外，1篇实证研究与3篇经验研究认为，当卫生间设置了易识别的标识并采用容易识别的色彩形式（例如将坐便器与背景色彩分开），选用老人熟悉的洁具样式时，能够促进老人自主使用卫生间。

在空间的无障碍使用性方面，2篇实证研究与1篇经验研究表明，足够大、能够容纳两名护理人员的卫生间不仅便于老人自主使用，也通过护理人员的协助，间接提升了老人如厕的独立性。此外，1篇经验性研究认为，卫生间出入口的高差最小化能够促进老人自主使用卫生间。

在洗浴空间方面，1篇经验性研究认为，需要在居室内提供淋浴空间以及置物空间，为老人提供更加私密的洗浴体验。2篇经验性研究认为，应在浴室内设置加热器，便于老人根据需求调节温度。1篇经验性研究还认为，淋浴区域需要保障安全（地面排水良好、设置浴椅等），并满足无障碍出入需求，以支持老人自主洗浴。此外，对于公共浴室，1篇经验性文献认为洗浴区需要有视线遮挡并和如厕区以拉帘分隔，浴室中需要提供更衣、存衣区域，以充分保护老人在洗浴过程中的隐私控制感。

6. 支持自主性的居室空间环境要素

已有研究表明，居室空间的私密性控制、布置的个性化与灵活性、可识别性等对支持认知症老人的居住行为自主性十分重要。

在居室空间的环境控制方面，确保老人对私密性的控制十分重要。6篇实证研究与3篇经验研究表明，设置单人间（尤其是对于疾病晚期的认知症老人）能够提升老人的活动水平、减少与他人的冲突，也便于家属尽可能陪伴老人。2篇经验性文献指出，当设置双人间时，需要考虑增加隐私感的设计，例如使用隔墙、衣柜或者卫生间划分两名居住者的居住区域，或者采用L形平面、脚对脚的平面布局等，而非仅采用布帘进行空间分隔。此外，1篇实证研究认为，不宜为认知症老人设置含有3张及以上床位的多人间。

个性化的布置也是认知症老人对其居住环境控制感的体现。3篇经验性研究指出，当居室面积足够大时，可以便于老人更好地根据自己的喜好添加家具，也能更好地适应不同的家具（如床）的摆放方向，还有助于老人在室内的移动安全、为家属探望留出充分空间。此外，2篇实证研究与6篇经验性研究表明，在居室中提供充足的展示、存放个人物品的空间（如凸窗、置物架、柜橱等），能方便老人个性化地布置自己的房间，更能促进老人识别自己的房间。2篇经验研究还指出，在卫生间中提供充足的储物空间（架子或者壁龛），使老人能将洗漱用品摆放在可见的位置，增加老人的环境控制感，促进老人独立盥洗。

在居住空间的可选性方面，2篇实证研究认为，起码需要为认知症老人同时提供单人间、双人间两种户型，让老人可以选择拥有一名室友或者独自居住。1篇经验性研究则认为，需要为老人提供能够选择的装修风格，如不同的墙面颜色、窗帘、床罩、家具的风格等，使老人能够根据自己的个人偏好自主选择。而对于双人间的装饰风格，1篇实证研究与1篇经验研究认为，在双人间中采用不同墙面色彩或者花纹，对两位居民的个人居住区域进行界定，能够促进老人自主识别。

7. 支持自主性的室外活动空间环境要素

针对室外活动中的行动自由性，有大量文献认为，为认知症老人设置专门的花园十分必要。7篇实证研究与6篇经验类文献表明，在设施中设置认知症老人可及的、能够自由进出的花园将降低封闭照料单元中老人"被监禁"的感受，从而减少老人的激越行为和精神类药物的使用。为增加安全性、避免老人尾随访客或员工出走，认知症老人可自由出入的花园通常是与外界隔离的独立花园。4篇经验文献认为，隐蔽的围护措施，能够有效维护老人尊严、减少行动被限制的不自由感。

针对室外活动的空间选择和环境控制，当前的实证研究还较少。2篇经验文献认为，为认知症老人提供多样化的、可供选择的室外活动空间能够满足老人的不同需求，进而促进老人使用室外空间。例如，在散步道沿途设置能够晒到太阳和取得遮阴的休息处，能够鼓励老人在散步过程中根据自己的喜好选择休息地点。设置邻近建筑的入口的半室外空间，能够鼓励那些不想离开建筑太远的老人开展户外活动。此外，一篇实证研究发现，在室外设置多样的凉亭、休息座椅，能够促进老人自主开展多样的活动。3篇经验性文献认为，需要在花园中为老人提供多感官的刺激要素，以帮助老人克服行动、认知、感官交流能力上的障碍。

在室外空间使用的独立性上，对认知症老人能否独立找到花园出入口有较多研究。2篇实证研究和5篇经验文献认为，老人可以从居住的照料单元内看到花园可以增进老人自主使用花园，以及促进员工鼓励老人使用花园。同时，1篇实证研究与3篇经验文献也认为，花园出入口邻近室内主要空间能够促进老人在监护下自主进出室外空间。1篇经验文献指出，居室直接通往花园可以支持老人独立使用户外空间。花园出入口的安全性和可识别性也十分关键。1份实证研究证明，花园出入口的台阶或高差因存在风险，会使得护理人员阻碍老人独自使用室外活动空间。1篇实证研究和4篇经验文献认为，花园设置明显的标志物或者地标，能够促进老人在花园中独立找到主要活动空间和出入口，1篇经验文献进一步指出，出入口可以在花园任意一点观察到时，能够减少老人在花园行走时的迷惑性。此外，1篇实证研究与5篇经验文献认为，在花园中设置以主入口为起始点的循环步道，能增进老人在花园中自然寻路。

8. 支持自主性的空间环境通用细节要素

通用细节要素主要包括照明与采光、噪声控制、标识系统、设施设备等方面，适宜的、可控的环境刺激与清晰的标识系统能够为认知症老人自主生活提供很大的支持作用。

在照明、采光方面，3篇经验性研究认为，良好、充足的照明能够支持老人更加独立地开展日常活动。2篇经验性文献指出，由于认知症老人容易产生错觉，减少直接与间接照明带来的眩光十分重要，百叶帘、纱帘等措施能够让老人自主调节光线，从而为老人提供可控的、适宜的照明强度。2篇实证研究与2篇经验研究指出，大面积的窗扇能够增强老人对时间、空间的导向。2篇经验性文献也认为，需要有窗台高度适合轮椅老人的观景窗，以支持老人独立观赏室外景观。而在窗扇的开启方面，1篇实证研究与3篇经验性研究认为，能够自主开启的窗可以便于老人自主调节通风量，但最好能够设置限位装置，以保证安全。

在噪声控制方面，4篇经验性研究认为，提供能够减少噪声的措施可增强老人的环境控制感。例如在较为嘈杂的环境墙面和吊顶采用吸声墙材质，布置表面柔软、可吸声的家具等。

在导视系统方面，2篇实证研究与5篇经验性研究认为，清晰而具有一致性的导视系统能够支持老人的空间定向。其中，清晰主要指凸显重要信息，弱化背景或者无关信息，例如突出扶手与墙的色彩对比等。

在设施设备的选择方面，2篇经验性研究发现，采用较为隐蔽的方式隐藏存在危险的物品（如刀、清洁剂等），或者采用安全的清洁、烹饪设备（例如设有隐蔽总开关的炉灶等），能够支持老人在安全的前提下自主使用备餐间或小厨房。此外，1篇经验性文献提出，补偿式的设计如大面板开关、杠杆式门把手等，能够增加认知症老人的操作、控制独立性。

三、小结

通过上面的综合分析能够看出，不同空间环境要素受到文献支持的强度是不同的，部分要素已经受到了许多实证研究的支持，部分要素则仅来自于个别专家观点或者实践案例。为便于分析比较上述空间环境要素受文献支持强度的差异，本书按照支持各要素的文献的类型和数量，将空间环境要素强度划分为3个等级。强度等级3为最高级，代表同时有2篇及以上的实证研究表明该空间环境要素能够有效支持自主性；强度等级2代表有1篇实证研究或2篇及以上经验性研究支持该要素；强度等级1为最弱级，代表仅有1篇经验性研究能够支持该要素的有效性。

将各类空间环境要素根据强度等级划分结果如表5-1所示。总体来看，处于强度等级1、2的条目占比较高，强度等级3的条目相对较少。这表明大多数空间环境要素对自主性支持的有效性尚未通过多方实证研究检验，超过1/3仍停留在专家经验或行业共识层面。从各类要素的强度等级来看，室外活动空间、如厕盥洗空间、通用细节等方面比较缺少高强度等级的条目。

文献综述中提炼的空间环境要素的可靠性强度分析				表5-1
	条目总数	强度等级1	强度等级2	强度等级3
整体布局	5	0	40.00%	60.00%
交通空间	10	20.00%	40.00%	40.00%
文娱活动空间	9	44.44%	22.22%	33.34%
餐饮活动空间	9	44.44%	33.33%	22.23%
居室空间	11	18.18%	54.55%	27.27%
如厕盥洗空间	12	50.00%	33.33%	16.67%
室外活动空间	13	53.85%	30.77%	15.38%
通用细节	9	33.33%	55.56%	11.11%
总体强度	78	35.90%	38.46%	25.64%

本节中，遵循循证设计方法，系统检索了包括综述研究、实证研究、标准导则、专家观点等五类文献在内的证据，筛选、汇总了现有文献中表明可能支持认知症老人各类自主行为的空间环境要素，并根据要素所在空间分为八类。可以看出，已有大量文献关注空间环境对认知症老人各类自主行为的支持，且研究中所涉及的空间环境要素基本可对应支持上一章中提出的自主行为类型。然而，通过对空间环境要素受文献支持的强度分析也可以看出，尚有约75%的空间环境要素未经过多方实证检验，其支持效果仍有待验证。此外，由于现有实证研究文献均来自国外，这些空间环境要素在中国认知症照料设施中是否已被应用、是否适用、对自主性支持的有效性等均为未知。在下一节中，将通过跨文化案例研究，更为系统地检验这些空间环境要素的有效性。

第二节　支持性要素有效性的跨文化检验

上一节中，基于系统性文献综述，提取了支持认知症老人自主性的潜在空间环境要素。本节中，选取中国、澳大利亚不同类型的认知症照料设施，通过更为系统的案例研究方法，验证上一章中提取的要素，补充其他支持性要素，回答本书的第二个研究问题"哪些空间环境要素能够支持认知症老人的自主性"。

选择澳大利亚设施与中国设施进行对比的主要原因，是由于澳大利亚在认知症照护方面发展较早、理念较为先进、体系和方法也较为成熟。跨越多文化的对比研究能够考察支持性空间环境要素在不同文化中的适用性和有效性，也能够尽可能多地补充文献中尚未提及的支持性要素。

案例研究选取两个国家的六所认知症照料设施（社区），对各设施中支持性空间环境要素进行评估与考察，并通过系统观察老人自主行为，访谈管理、护理人员等方法，系统检验空间环境要素能否有效支持认知症老人自主性。

一、跨文化案例研究路径

在澳大利亚的案例选取中，旨在选择注重支持认知症老人自主性的照料设施，以尽可能全面检验空间环境要素对自主行为支持的有效性。由于时间和经费所限，采用便利样本形式，最终选取了三所案例设施（为保护老人与工作人员隐私，下简称A1、A2、A3设施）。三所案例设施均在其官方宣传材料（网页、手册、文章等）中强调实践以人为中心的照护理念，结合空间环境营造和运营服务，支持认知症老人的自主性。三所案例设施的空间模式与环境布置有较大差异，为发掘、验证更多支持自主性的空间环境要素奠定了基础。

为最大限度地获得案例间差异以检验空间环境要素的有效性，中国案例选取过程主要考虑如下两个因素。首先是案例设施在公共空间布局、是否有独立花园及公共卫生间等方面有所差异，便于验证不同空间环境要素对认知症老人自主行为造成的差异。其次是案例设施在运营服务理念与方法、规模档次与经营模式等其他方面存在一定差异，以分析其他护理因素对空间环境要素有效性的影响作用。受到时间和经费的限制，中国案例的选取范围为北京。

经过网络信息、文献检索，研究者了解到了14所位于北京的认知症照料设施，并筛选出符合上述全部要求的9所认知症照料设施逐一进行了实地调研考察。在了解其空间环境、运营管理及服务理念、入住老人特征后，本书最终选取了其中的3所作为案例设施。为保护设施中老人与被访员工的隐私，分别将三所设施简称为C1、C2、C3设施。

在案例研究中主要采用直接观察、访谈、档案记录收集等方法采集数据，以尽可能全面地捕捉设施中老人的自主行为，系统评估各设施空间环境对自主性的支持水平，了解护理服务、运营理念对自主性的支持等。数据分析的主要目的是基于这三类数据，交叉分析六所认知症照料设施中，空间环境要素对老人自主行为是否产生有效支持，空间环境与护理环境的互动关系，护理环境对老人自主性的影响作用等（图5-2）。

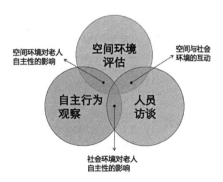

图5-2　不同来源数据的交叉分析目标

二、案例特征比较

1. 澳大利亚案例设施基本情况

三所澳大利亚案例设施基本情况如表5-2所示。可以看出，三所案例设施在区位、开业时间、收费水平、认知症老人居住形式与人群特征、人员配比、照护理念、活动安排、用餐形式等方面均具较大差异，而在机构规模、经营模式上较为相似，具体差异对比如下。

三所澳大利亚案例设施基本信息 表5-2

机构名称	A1设施	A2设施	A3设施
机构类型	认知症特色照料设施，含有中重度认知症照料单元	嵌入于大型养老社区的照料设施，含认知症照料单元	嵌入于大型养老社区的认知症照料单元
入住老人类型	80%老人有认知症，有较为严重的精神行为症状的老人住在中重度认知症照料单元中	78%老人有认知症；精神行为症状严重的老人居住在一层	无法在社区独立生活（迷路等）或有精神行为症状的认知症老人居住在认知症单元
住宿费	低收入者：政府补助；非低收入者：交纳押金约75万~105万澳元，或118.5~166澳元/天	低收入者：政府补助80~250澳元/天；非低收入者：73万~115万澳元，或115.4~181.8澳元/天	低收入者：政府补助；非低收入者：押金36.7万~54.9万澳元，或55.7~88.3万澳元/天
开业时间	1976年（2013年翻新）	2006年	1993年
机构区位	悉尼市中心	悉尼南部泰伦角	悉尼南部皮克赫斯特
机构总床位数	116	123	92
认知症单元数量	1	4	1
单元规模	14	17	20
认知症单元入住人数	14人	68人	20人
夫妇数量	2对	1对	无
护理人员：入住认知症老人比例（早9点—晚8点）	重度认知症单元：1:4.6 非重度认知症单元：1:18	1:6.8	1:5
服务理念	蒙台梭利认知症照护模式	以人为中心的护理，居家氛围，鼓励独立生活	蒙台梭利模式，Namaste感官疗愈，临终关怀
活动安排	每天有3~5个小组活动，包括各类健身、电影、猜谜、教会活动、宾果游戏、音乐会、诗歌会、绘画、厨艺活动、代际互动、外出购物和散步等。中重度单元有专员随机开展蒙台梭利活动，亦可参加单元外集体活动	每天有3~7场小组活动，包括健身、教会活动、厨艺活动、纸牌、手工、电影、猜谜、宾果游戏、艺术小组、园艺活动、代际互动、男士俱乐部、外出购物观光等。认知症单元有专员随机开展活动，亦可参加集体活动	认知症单元每天有一场小组活动（手工、体操、唱歌、桌面游戏、缅怀等），每天对重度认知症老人开展一对一的感官治疗（如按摩、宠物治疗、影音舒缓）

续表

就餐时间	早饭：6:30—10:30 午饭：12:00 晚饭：17:00设有24小时菜单	早饭：7:00—9:30 午饭：12:30 晚饭：17:00设有24小时菜单	早饭：6:30—9:00 午饭：12:30—1:00 晚饭：17:00 晚间加餐：19:00 设有24小时三明治加餐
就餐形式	大餐厅或其他公共空间、居室等，设有自助餐台，可自选沙拉和主菜。中重度认知症单元在单元分餐，不可自选	在各单元餐厅用餐（每两个单元共用一个餐厅）。二层设有选餐窗口，可自选午餐主菜	在单元内的餐厅中，午饭可自选主菜
护理与食宿费	1）基本护理费（Basic Daily Care Fee）：51.21澳元/天 2）基于收入水平的护理费（Means-tested Care Fee）：0～252.2澳元/天		
经营模式	民营		

在服务理念与活动安排方面，三所案例设施既有一定共性又各具特色。A1设施是澳大利亚首家获得专业组织认证的"蒙台梭利照护之家"，采用蒙台梭利认知症照护模式（Montessori for Dementia），发掘老人尚存的能力并赋予其"角色"，通过有准备的环境（Prepared Environment）支持老人独立的生活，为老人提供多样的生活选择和有意义的活动参与机会，并充分维护老人的尊严。如表5-2所示，A1设施配有3名活动专员，常年开展蒙台梭利模式的个性化活动（如引导老人涂色、猜谜等），每日为老人提供3～5场丰富多样的文娱活动，以及节日派对、外出活动等，在中重度单元中也有一名专员负责活动开展，老人亦可选择到单元外参加活动。A2设施将以人为中心的照护模式（Person-centered Care）作为核心的服务理念，强调居家氛围的营造，鼓励老人独立生活，并在护理服务中融入了蒙台梭利的照护模式。与A1设施类似，A2设施中也配有2名活动专员，每日为老人提供3～7场各类文娱活动，特别是男士俱乐部、女士编织小组等特色活动，分别满足不同性别老人的要求。A2设施一层的认知症单元则有专员组织老人开展更小规模、个性化的蒙台梭利活动。A3设施中，综合蒙台梭利模式、Namaste感官疗愈方法和临终关怀方法，提出护理之旅（Journey of Care）模式，为不同类型的认知症老人提供个性化的护理支持。然而，由于A3设施规模较小，单元中仅配有一位活动专员，因而活动种类相对单一。

可以看出，三所案例设施均将人性化、个性化的照护作为核心理念，并在不同程度上采用蒙台梭利认知症照护模式，为老人提供适宜而丰富的活动选择。有所不同的是，A1、A2设施规模相对较大，活动专员配置较多，非认知症单元的活动较为丰富，中重度认知症单元中的老人也可选择性地参加这些活动。而A3设施活动专员少且认知症单元中老人只能在单元中活动，选择较为受限。

2．中国案例设施基本情况

三所中国案例设施基本情况如表5-3所示。可以看出，这三所案例设施在类型、规模、人员配比、照护理念等方面均有较大的差异性。

三所中国案例设施基本信息   表5-3

机构名称	C1设施	C2设施	C3设施
机构类型	认知症照护为特色的照料设施	嵌入于大型养老社区的认知症照料单元	嵌入于大型照料设施的认知症照料单元
经营模式	民营	民营	公建民营
平均每月费用	15300元	24000元	13050元
开业时间	2017年4月	2015年6月	2017年6月
机构区位	北京市六环外	北京市五环外	北京市三环外
机构总床位数	112	4500	469
单元规模	10～20间	15间	19间
认知症单元数量	4	2	1
认知症单元入住人数	33人	27人	24人
夫妇数量	5对	2对	5对
护理人员：入住认知症老人比例（早9点—晚8点）	1：2～1：3.5	1：2	1：5
服务理念	单元介护；尊重人格尊严；缓和照护；"自立支援"	"好朋友"照护理念，重视非药物干预	强调安全
活动安排	每天有一场集体活动（电影、唱歌、KTV等）、布恩音乐），各单元视情况开展活动（拍球、做操等）	每周三、五两单元共同开展音乐治疗。护理员带领做操、拍球、唱歌	每周一次社工带领的集体活动，每天下午护理员带领集体做操
就餐时间	早饭7:30，午饭11:30，晚饭17:30	早饭7:30，午饭11:30，晚饭17:30	早饭7:15，午饭11:15，晚饭17:15
就餐形式	单元分餐，无自选		

在规模上，三所机构呈现较大差异。在机构整体规模方面，C1设施是中小型机构，C3设施属于大型机构，C2设施则是超大型养老社区。在认知症单元的数量和规模方面，C1设施有4个照料单元且单元规模较小；C2设施有2个照料单元，单个照料单元规模略大；C3设施仅有一个照料单元，且人数较多。不同的规模与单元数量可能导致老人的自主行为，尤其是单元间的交通往来与活动交往模式上有所不同。

在服务理念方面，三所机构对自主性的重视程度有明显的差异。通过三所机构的官方网站信息了解到，C1设施十分尊重老人的人格尊严，主张通过环境设计、缓和疗法缓解认知症老人的症状。借鉴日本和瑞典的介护方法，倡导"自立支援"，让老人最大限度地实现自立。C2设施则提出"好朋友"照护理念，塑造自由、平等、友好的氛围，通过非药物干预，让入住老人能够享受生活乐趣、缓解认知症状、恢复日常功能。C3设施的资料中，并没有体现出其照护理念。可以看出，C1设施对老人自主性最为重视，C2设施也较为重视，C3设施则没有明确提出对自主性的支持。需要注意的是，这里分析的照护理念仅是案例设施对外宣传的理念，在后文数据分析中，还会对各设施照护理念的具体实施贯彻情况进一步分析。

　　在活动安排方面，三所机构也呈现出较大的差异。C1设施的活动安排丰富多元，每天上午或下午会由社工带领开展一场全体老人都可参加的集体活动，各单元护理人员也可充分地根据老人情况自由安排单元内活动，例如和老人一起制作面包、拍瑜伽球等。C2设施的活动安排丰富性稍差，除每周2次由专业音乐治疗师带领老人开展集体音乐治疗活动之外，两个单元的活动形式较为雷同，以护理人员带领的做操、拍球、唱歌为主。C3设施的活动种类则更加贫乏，除每周2天由社工带领的认知训练活动，其他时间仅有每日一次由护理人员带领的做操活动。

　　3. 澳大利亚案例设施空间环境概况

　　三所澳大利亚案例设施在平面功能布局、居室类型、室内外活动空间的配置等方面均具有较大差异，空间环境特征对比见表5-4。

三所澳大利亚案例设施主要空间环境特征及差异比较　　　　表5-4

设施名称	A1设施	A2设施	A3设施
单元格局	折线形	L形	回形+L形
单人间比例	100%	100%	100%
居室卫生间	均有	均有	45%居室有
户外空间	地面层设有花园、小庭院和露台	地面层设有花园，一层每个单元均设有花园，二层每个单元均设有露台	单层建筑，设有庭院
户外空间可及性	较好	很好	很好
开放厨房	有	有	无
公共卫生间	有	有	有
公共空间多样性	地面层设有咖啡厅、3个不同大小的活动室、健身室等空间；中重度认知症单元设有餐厅和活动室	地面层设有咖啡厅，大、小活动室及门厅休闲区；各单元设有餐厅、活动厅	设有电视厅、活动室、感官疗愈室、小型休息角和餐厅
餐位多样性	大餐厅、门厅、咖啡厅等均可用餐	单元餐厅设有四人、双人餐位	仅有四人餐位

　　在平面功能布局上，A1设施、A2设施为多层建筑，采用垂直功能分区的形式，主要公共活动空间位于入口层，各楼层为居住单元。A3设施则为单层建筑，老人居室和公共活动空间、餐厅位于同一层。

　　在单元格局上，A1、A3设施交通动线较为简单，A2设施相对复杂（图5-3～图5-6）。A1设施标准层单层面积较小，走廊为折线形双廊，首层公共空间也以折线形走廊作为主要的交通路径，动线简洁。A3设施采用L形平面，活动空间分设在走廊的端部、转角处等。A2设施虽原设计中采用小组团形式，但在实际运营中为促进老人行动自由将各L形组团之间的门打开，形成了复合平面形式，格局较为复杂。

图5-3　A1设施入口层平面图

图5-4　A1设施中重度认知症单元平面图

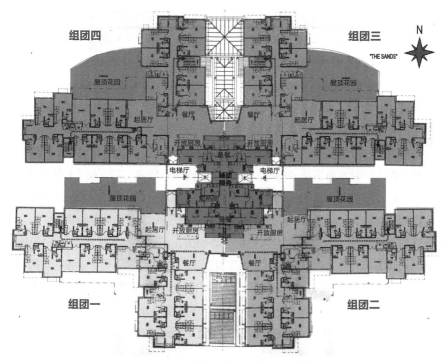

图5-5　A2设施一层认知症单元平面图①

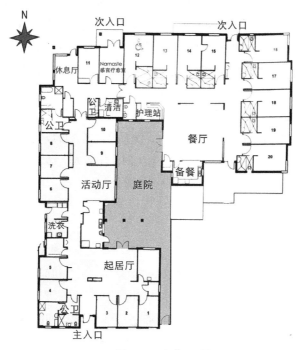

图5-6　A3设施平面图

_____

① 图5-5～图5-9均改绘自各设施消防疏散图。

在居室类型上，三所设施中绝大多数房间均为单人间，仅A1设施设置了4个套间，而A2、A3设施则全部为单人间，仅在朝向、大小上有略微不同。此外，A3设施由于建设年代较早，有55%的单人间（11间）没有设置卫生间，老人需要在公共卫生间中如厕、洗浴。

在公共活动空间方面，A1、A2设施的公共空间较A3设施层次更加丰富。A1设施的入口层为主要公共活动空间，设置了咖啡厅、大中小型活动室、健身室、图书电脑阅览区等十分多元的公共活动空间。在中重度认知症单元内也设置了起居厅和餐厅，供老人就近开展活动。A2设施的地面层为主要的公共活动空间，设有咖啡厅、大型活动室（又称为教堂）和小型活动室，开放的门厅区域也是老人们时常自发活动的地方。在A2设施的一层和二层，每个L形组团均设置了餐厅、起居厅、电梯厅等空间，部分设施内的公共活动会在居住层开展。A3设施仅有单个单元且规模较小，设置了起居厅、活动室、感官疗愈室、休息角和可兼作活动室的餐厅。

三所设施均充分利用室外空间为老人提供活动场所，但形式有较大差异。A1设施的室外活动空间集中于入口层，其中，在设施入口临街处设置了一处与大型活动室相邻的花园，可达性好且街道景观十分丰富。此外，A1设施还充分利用露台、庭院等室外空间，为老人提供了多样的室外活动场所。然而，由于室外活动空间在入口层，中重度单元中老人到达室外活动空间需乘电梯，有些不便。A2设施中，不仅首层活动室外设置了一处小型围合庭院，在各层的组团起居厅一侧也设置了近便可达的屋顶花园（一层）或露台（二层）。A3设施中，利用建筑与挡板围合出一个庭院，老人可从餐厅、电视厅、活动厅近便到达室外活动空间。

在餐饮活动空间的设置上，三所案例设施因供餐方式的差异形成不同空间格局。A1设施采取"大集中、小分散"的方式，一层（入口层下一层）设置了中央厨房与大餐厅，绝大多数老人在大餐厅用餐，中重度认知症单元的餐食则直接运送到单元内，单元内设置了开放式厨房可供老人使用。A2设施中则采用分散供餐、就餐方式，每层设置一个厨房，分别供应本层小组团中的备餐室和餐厅。在封闭的备餐室之外，A2设施每个单元还设置了一个开放的厨房，布置了冰箱、微波炉、面包机、咖啡机等设备供老人使用。A3设施中由于仅有一个单元，采用集中就餐的方式，护理人员在封闭的备餐间中准备和供应食物[1]，没有设置老人可以使用的开放厨房。

三所设施均在公共活动空间附近设置了公共卫生间，使老人能够较为近便地独立如厕。A1设施中，中重度认知症单元因空间所限，内部没有设置公共卫生间。A2、A3设施则在单元内部设置了公共卫生间。

4．中国案例设施空间环境概况

三所中国案例设施在空间环境布局方面存在多方面差异，也有相似之处（表5-5）。

如图5-7～图5-11，从设施（单元）整体布局来看，三所设施的平面形式均以一字形双廊为主，中部为餐厅、活动空间。其中，C3设施为单纯的一字形走廊，而C1、C2设施平面形式较为

---

[1]　三所设施中，餐食均是来自总部厨房的半成品，在厨房进行加热（蒸、炸、烤）后即可食用，因此厨房空间简化为备餐间。

近似，均为中部转折的一字形走廊。可以看出，三所设施的交通动线均十分简洁，且单元规模不大、格局清晰，有助于认知症老人的空间定向。

在居室类型上，C2、C3设施均采用标准单人间，而C1设施提供单人间与夫妻间两种户型可供老人选择。事实上，C3设施认知症单元中单人间较大，居住在单元中的5对夫妇共住于单人间内，空间感受较为促狭。C1设施中单人间也可摆放两张床，部分夫妻摆放了两张床，部分则采取分房住的形式。

文娱活动空间方面，C1设施公共活动空间层次丰富性最好，C2次之，C3设施最弱。C1设施是单元式认知症照护特色，整栋建筑中老人活动空间层次较为丰富，空间组织模式为4个独立小单元共享首层的公共活动空间，单元内部亦分设了餐厅与起居厅。C2、C3设施均为嵌入于更大照料设施（社区）的认知症照料单元，老人活动的范围以单元内部为主，活动空间层次丰富性相对不足。C2设施两个认知症单元分别位于首层和二层。首层单元设置了活动区、餐厅和围合的小花园，二层的单元则仅设置了一个活动区兼餐厅和一个小型屋顶平台。C3设施的空间丰富性最差，虽然单元中分别设置了餐厅与活动厅，但由于原设计考虑到两个单元分别设置的可能，两个空间的格局、功能较为相似，空间元素也较为单一。

三所中国案例设施主要空间环境特征及差异比较　　　　　　　　　　表5-5

项目	C1设施	C2设施	C3设施
占地面积	3973m²	14万m²	5649m²
建筑面积	3500m²	31万m²	20881m²
单元格局	折线形	折线形	一字形
单人间比例	100%	100%	100%
居室卫生间	北楼有，南楼无	均有	均有
户外空间	首层有花园，二层有屋顶花园，不上锁	首层有专属花园，不上锁；二层有屋顶花园，不上锁	有首层共用花园，七层有共用屋顶花园；单元有门禁，单元屋顶平台未开放
户外空间可及性	较好	好	差
开放厨房	有（老人使用）	有（老人不用）	有（老人不用）
公共卫生间	无	有	无
公共空间多样性	有单元间共享空间，单元内设置餐厅、起居厅	无单元间共享空间，首层单元设置餐厅、活动区，二层单元活动区与餐厅合设	分设起居厅、餐厅，走廊一端有开放的活动区
餐位多样性	可在起居厅用餐，有单人座位	无单人座位	可在起居厅用餐，无单人座位

室外活动空间的设置方面，三所设施呈现较大的差异。C1设施的户外空间较为充足，除面积较大的首层花园外，二层单元活动厅还附设有屋顶平台。C2设施虽然两个认知症照料单元都设置了室外活动空间（花园或露台），但面积均较小，元素较为单调。C3设施认知症照料单元室外活动空间较为有限，该单元位于三层并设有一个屋顶平台，该平台面积较小且未开放使用。该设施的主要室外活动空间是七层屋顶花园和首层花园，对于位于三层的认知症单元可达性较差。

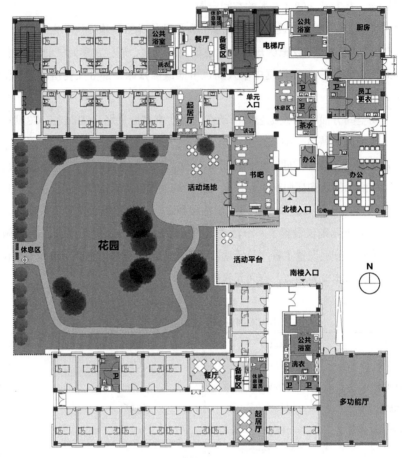

图5-7　C1设施首层平面图

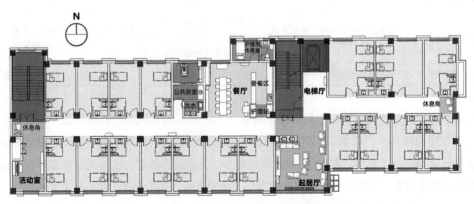

图5-8　C1设施三层认知症单元平面图

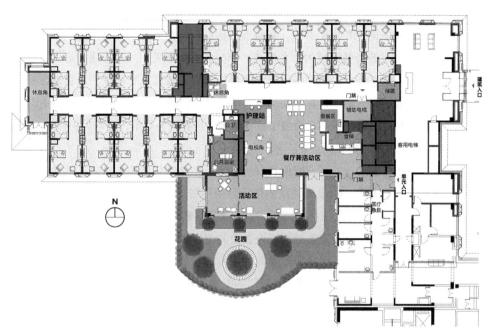

图5-9 C2设施首层平面图

图5-10 C2设施二层认知症单元平面图

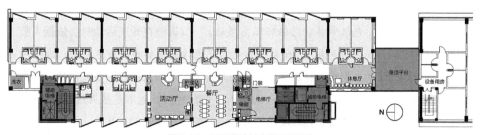

图5-11 C3设施认知症单元平面图

在餐饮活动空间方面，三所设施均在邻近餐厅处设置了备餐空间，但其形式与承担的功能差异较大。C1设施的备餐间与护理站共设，布置有较多的厨房用具，很好地消隐了护理站，形成温馨的家庭气氛。C2设施备餐区域为穿套形式，部分备餐区域采用封闭房间的形式，部分为开放式。由于所有的备餐工作在封闭的备餐间中完成，开放备餐区几乎闲置，从活动区看来如同"隐形"。C3设施的餐厅、活动厅各有一处一字形备餐台，分别用于洗涤、储藏餐具和提供茶水。尽管C3设施备餐区域的可达性很高，但由于布置的厨房用具较为简单，且均为护理人员所使用，并没有营造出"家庭厨房"的氛围。

在公共卫生间的设置上，三所设施也具有明显的差异。C2设施中，在公共活动区邻近处设置了一个无障碍公共卫生间。C1设施的南侧单元采用各居室共用公共卫生间形式，但由于单元内老人精神行为症状较重，不便于接受调研，因此未观察到公共卫生间使用情况。北侧楼栋中，所有房间均设有卫生间，未在活动区域附近设置公共卫生间。需要注意是，C1设施在首层单元共享空间一侧的后勤区域设置了无障碍卫生间，但没有指示标识，且位置较为隐蔽。C3设施也没有设置供老人使用的公共卫生间，而是在封闭的电梯厅处设置了员工使用的卫生间，出入需要刷卡，老人如厕均需回到自己的房间。

三、支持文娱活动自主性的空间环境要素

1. 空间层次丰富性

公共空间的过渡层次丰富性与合理的人员安排能够支持老人自主决定活动的地点与类型。C1设施的室内活动空间较为丰富，形成了"单元内公共空间—单元间共享空间—社区共享空间"的私密性层次过渡。单元内公共空间包括起居厅、餐厅，部分单元还在走廊尽端设置了小型活动室、休息区。各单元内公共空间利用方式较为灵活，例如，当组织老人一起拍球时，会通过重新布置桌椅在餐厅开展活动（图5-12、图5-13）。单元间共享空间主要设置于北侧楼栋首层入口附近，包括能够容纳数10人活动的书吧、可供10人左右洽谈的沙发区以及可关门的小型洽谈室。书吧空间是老人最常用的单元间共享空间，唱歌、看电影、音乐会、读书会等活动常在书吧举行。社区共享空间是位于南侧楼栋、能够容纳100人左右的多功能厅。该空间具有单独的出入口，经常举办公开的认知症照护讲座，入住的认知症老人和家属也常会参加。在平时，多功能厅也作为单元间共享空间使用，举行卡拉OK、桌游等活动（图5-14、图5-15）。

空间的多元化和灵活化使用是C1设施从设计贯穿到运营的重要理念。在访谈中C1设施的负责人表示："我们所有的空间都是多功能的、可移动的，希望随时可以满足老人不同的需求，不固化，空间只能怎么样，包括家具相对轻巧容易移动。"C1设施在开展活动时会依据人数、活动形式选择适宜的空间，负责人表示："我自己感觉到环境特别重要的一点是大小，我们人是群体性的动物，环境对我的员工影响也特别大，我们面对特殊的认知症老人，首先他能自己自主去组织这些活动是很难的，所以我们去调动这一群老人，他的呼应性也不是很强烈……比如说唱歌，就三个人，这么大的空间我在前面就没有人会呼应，可能有时候我们在单元，他们觉得很小，恨不得挤在一起，但是特别兴奋、互相影响。人不管有多强的意志，我们一定会被别人影响。所以

图5-12　C1设施单元起居厅内老人在看电视

图5-13　C1设施单元内餐厅兼作活动室

图5-14　C1设施书吧中的观影活动

图5-15　C1设施多功能厅中的卡拉OK活动

合适的大小，我们并不局限于什么样的活动必须在哪里。"可见，活动空间丰富的层次、灵活的功能为开展不同类型活动、满足老人多元化需求、促进老人的参与度提供了非常重要的支持。

　　尽管C1设施的空间层次较为多元，然而，由于人力安排所限，同一时间往往仅举办一项活动，不存在同时开展的小组活动选项。例如，当有机构集体活动时，护理人员便会带领单元内有意愿的老人参加活动，其他老人留在单元内自行活动（多以看电视为主）。当没有机构集体活动时，护理人员则会安排一些单元内的小组活动，例如拍瑜伽球、晒太阳等。

　　单元间设置共享空间为不同社交能力与偏好的老人提供了自由选择与控制的机会。三所中国案例设施当中，C1设施老人在公共区域活动的频次比例最高，为80%。然而，在观察中，并未发现有强迫老人在公共区域或参加集体活动的现象，护理人员充分尊重老人的个性和习惯，让老人自主选择所希望的活动状态。例如C1设施中，首层单元的一位老人性格较为内向，喜欢在单元起居厅中看电视。护理人员多次尝试邀请老人到花园和书吧中活动，大部分时候会被老人拒绝，偶尔被接受。当这位老人在书吧参加集体活动时，老人表达不想继续参与活动、想要回到单元内看电视时，护理人员立刻陪同老人回到单元内（图5-16）。并且，在C1设施的人员安排中，始终保证各单元公共区域有一名护理人员照看。当有机构内大型集体活动时，老人可以自由选择是否到单元间的共享公共空间参加活动。这些做法背后更重要的理念是让老人自主决定自己的生活，

（a）内向的老人喜欢在起居厅内活动　　　　　　　（b）老人从书吧回到自己居住的单元动线示意

图5-16   C1设施首层单元中，某老人在集体活动中途选择回到单元内活动

在访谈中该理念得到了进一步印证，C1设施负责人表示："我们的一些活动并不是所有人同时都参加，如果老人不想参加，你硬拉着他去也是没有意义的。我们会尽量根据老人的兴趣引导一些活动，也根据老人当时的状态。……老人是主角，理想的状态是他们安排自己的人生。"C1设施中，丰富的空间层次、充足的护理配比给予了老人充分的自主选择余地，也保证了老人的安全性，尤其是对于较为内向、喜欢独处的老人。

与C1设施形成鲜明对比的是，C3设施的室内活动空间的层次和形式均较为单一，老人可选择的活动空间与内容均十分受限。由于原设计方案中考虑该单元划分为两个小单元的可能性，在设计时采用了对称式的布局方式，在单元中部布置了两个大小、格局对称的餐厅兼起居厅（图5-11）。然而在实际运营中，考虑管理效率，该楼层并未划分为两个小单元。因而，运营方将其中一间布置为餐厅，另一间布置为起居厅，大部分活动在起居厅中开展。起居厅中，沿外墙布置了单人和多人沙发，中部区域留空，便于将坐轮椅的老人推到起居厅中参加活动，空间形式较为单调。C3设施的单元内公共活动也较为单调，以围坐电视前做操、唱歌为主（图5-17、图5-18）。座椅沿墙布置不仅使得空间缺少私密性层次，排排坐的形式也不利于老人之间的交流。

图5-17   C3设施起居厅布局较为单调　　　　　　　图5-18   C3设施起居厅中的集体活动

　　此外，C3设施在走廊尽端、邻近屋顶平台处设置了一处活动区，沿墙布置了沙发和座椅，但利用率很低（图5-11）。在访谈中，护理人员解释说："因为员工到不了这里（走廊尽端活动区），员工做完服务都会回到最中心的位置，把老人放在这我们不放心啊。他们（老人们）在那块（起居厅），到点该吃饭就到隔壁屋，把他放这还有一段距离，需要引导。洗地、换空气我们都在这边，这边呆得少。"可见，对老人的视线监护要求、老人移动的近便性（也是服务便利性）考虑使得护理人员避免引导老人在远端的活动区活动，这也间接导致老人的活动空间选择受限。

2. 观望空间

　　观望对认知症老人来说也是很好的社交刺激，特别是对于性格较为内向的老人。在C2设施中，尽管二层单元仅设置了一个大起居厅，一些角落、边缘空间仍为部分不喜欢集体活动的老人提供了观望空间。例如，C2设施二层单元的一位老人认为单元中的集体活动较为"小儿科"，护理人员邀请他参加时均摆手拒绝。虽然该老人很少参加集体活动，但经常会在邻近备餐台的外围空间或者坐在走廊中部转角处的沙发上观望活动（图5-19）。

图5-19　C2设施中老人坐在走廊转角处观望集体做操活动

　　大型活动区域附近的观望空间，能使认知症老人自主掌控自己所处的环境，获得适宜的视觉、听觉刺激。澳大利亚A1设施的首层活动空间层次丰富，使得老人不参加活动时，仍可以通过观望活动等方式获得适宜的环境刺激。在观察中看到，许多老人会选择坐在首层活动室一侧的咖啡厅中边喝咖啡，边通过透明的玻璃隔断观望活动室中的活动。而部分喜欢安静的老人则会在咖啡厅靠窗的座位，专心喝咖啡和阅读（图5-20）。又如，一位居住于中重度认知症专区的老人到达入口层后，表示不希望到主要的活动区域中，而是想在电梯厅的休息区坐一会儿，这表现了老人对社交刺激的主动控制感。可以看出，A1设施丰富的空间层次、多样的休息区域使老人能够更好地掌控环境刺激，状态更加平和。

图5-20　A1设施首层活动厅一侧的咖啡厅为老人提供了观望活动的空间

3. 宁静空间

设置可关门的宁静空间有助于帮助激越状态下的老人舒缓情绪，并避免对其他老人造成影响。调研中发现，中重度认知症照料单元内部的噪声控制非常必要。A1设施中重度照料单元中，有3位老人不断大声喊叫，其他在公共区域的老人则焦虑不安、表现出难以接受的痛苦表情。而A3设施设置了独立的多感官治疗室，午餐时间一位躺在躺椅上的老人持续大声喊叫，护理人员将她推到多感官室并将一只仿真小狗递给她与她互动，她的情绪迅速得到舒缓，状态也趋于平静和愉悦。

宁静的空间也有助于开展对安静程度要求较高的小组活动，如读书会、诗歌朗诵会等。采用较为开放的空间形式促进老人自由参与活动时，往往难以控制来其他空间的噪声刺激。在A2设施的调研中看到，在开敞公共活动空间中开展的小组活动，能够吸引老人路过、参与到活动中。然而来自周边的电视、推车、他人谈话等噪声，则会让参与活动的老人难以听清彼此的声音，无法专注投入活动。这一矛盾也在与A2设施活动专员的访谈中得到了确认，她表示："我们需要一个大一点的安静的房间。如果我们在餐厅做活动，我们会把所有声音关掉，但如果有人在起居厅，他们就会把电视一直保持打开，我也不知道为什么。但是是的，我同意，太吵了。"

4. 多样的互动元素

环境中丰富的活动道具和引导性标识能够促进认知症老人独立开展个性化活动。A1设施遵循蒙台梭利模式，在公共活动空间中设置了许多带有引导标识活动角，促进老人独立开展活动，如摆放在桌面的填字游戏、报刊，沿走廊布置的艺术品展台、展柜、钢琴、缝纫机等（图5-21、图5-22）。其中，最受老人欢迎的是报刊阅读和艺术品欣赏，调研中看到多位老人自主拿起桌上的报刊开始阅读，或是驻足于艺术品展柜前欣赏。

图5-21　A1设施中，老人在阅读摆放在咖啡厅桌上的报纸　　图5-22　A1设施中，老人在欣赏走廊展柜中的艺术品

园艺活动是对认知症老人非常有益的五感刺激，三所案例设施在绿植布置与园艺活动引导上呈现较大差异。在观察中，C1设施的每个单元内南向落地窗处都设置了绿植架，并鼓励老人照料绿植。例如，一位喜欢养花的老人会在护理人员的陪伴引导下定期为绿植浇水，活动中一直兴致勃勃地与护理人员聊着每一盆花的生长情况。阳光充足的公共空间、开放可及的水池、宽大的台面和操作空间都为老人开展园艺活动提供了支持（图5-23）。C3设施中，护理人员表示单元里没有老人喜欢的植物，之前有一些盆栽都死掉了，只有三两株作为装饰的大型绿植，有时会引导有兴趣的老人一起擦叶子上的灰尘。在观察中发现，有位老人每次路过橡皮树时会欣赏并反复表达"这些都是我弄的"，表示出开心与自豪（图5-24）。该老人平时表现出明显的短期记忆障碍，但对这株植物却印象深刻，可以看出，园艺活动是一些老人非常喜欢的，也是为数不多的能够使认知症老人产生成就感的活动。

近便的活动用品储藏、展示空间也能引发老人独立开展活动。C1设施单元内活动设施和元素也较为多样化，各单元根据入住老人的兴趣、特点进行了个性化的布置。首层单元的餐厅和起居厅中布置了植物架、电子琴、麻将桌、飞镖盘、书架、照片墙等，这些丰富的活动元素激发了一些老人的自发活动，例如拿起沙发上的杂志阅读、整理照片墙、打麻将、弹琴等（图5-25、图5-26）。

图5-23 C1设施中老人在开放洗手池处为绿植浇水

图5-24 C3设施中老人热情介绍自己照料的绿植

图5-25 C1设施单元起居厅内活动设施丰富

图5-26 C1设施单元内的手工作品展示架

5. 家务活动空间

开放式备餐间、近便的水池是支持老人开展家务活动的重要空间要素。在观察中看到，一些女性老人很喜欢参与家务活动，护理人员也会引导老人适当参与家务。家务活动不仅能够锻炼老人动手、动脑能力，也使老人产生被需要感、归属感和自我价值。例如，C1设施中，机构负责人在访谈中表示："我首先从来不给认知症老人强加任何的标签，他就是普通人……很多都能做，能做50%或10%都没关系，这个很重要，我认为他们所有的家务都能做，哪怕就在旁边看着也是一种参与，我认为是有意义的，表现出一种感兴趣，他觉得他存在也很重要。"C1设施中，老人会参与许多家务活动，例如擦桌子、洗碗、打扫卫生等。邻近餐厅的备餐间、近便易用的水池使老人能够很自然地参与到活动当中（图5-27）。C2设施中，叠围嘴则是爱做家务的两位老人的"必修课"。每天饭后，护理人员会把老人们摘下的围嘴堆放在邻近餐厅的备餐台上，当老人路过备餐台时，护理人员会邀请、提示老人帮忙叠起来（图5-28），大部分时候老人也都非常乐意帮忙。

 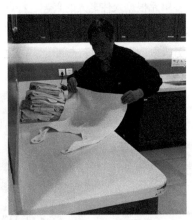

图5-27　C1设施中老人自主清洗碗筷　　　图5-28　C2设施中老人在备餐间叠围嘴

四、支持餐饮活动自主性的空间环境要素

1. 多样的就餐区域

在调研中发现，由于认知症老人的就餐能力、状态不同，多样的就餐区域能够为老人提供更好的环境控制感、就餐独立性。在三所中国设施中，都出现了个别老人不适合或不愿意与其他老人一起用餐的情况，也都为老人提供了单独的就餐空间，但在形式上有所差异。由于空间所限，三所设施中都仅设置了一处餐厅。C2设施中，个别需要喂餐、精神行为症状较多的老人由护理人员陪伴，在护理站旁或窗边的茶几边用餐。但由于台面高度、位置等不适宜，护理人员只能端着餐盘喂餐，老人的用餐体验也较差。C3设施中，有两位老人因与其他老人不合或被其他老人"嫌弃"，在起居厅角落的麻将桌或在居室内独自用餐，这一方面降低了老人的用餐体验，另一方面也增加了老人独自用餐的风险（图5-29）。C1设施中，老人的单独就餐空间安排则较为灵活。例如，三层单元中有一位老人较为易怒，不喜欢他人接近。这位老人的餐位被安排靠近护理站外侧的角落，具有一定的视觉私密性。此外，老人需要时，也会在起居厅边看电视边一人用餐（图5-30）。

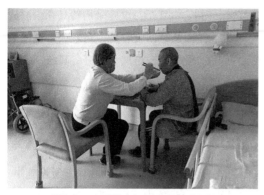

图5-29　C3设施中老人在居室接受喂餐

图5-30　C1设施中在餐厅一角独自用餐的老人

2．相对独立的就餐空间

独立的用餐空间能够使老人更加自主、从容地用餐。C2设施中，由于餐厅兼作活动厅，部分用餐时间晚、吃饭较慢的老人只能在边缘区域用餐，并会被厅中开展的做操等活动分散注意力，不利于其自主用餐。

3．安全可及的家庭式小厨房

灵活的餐饮服务模式与单元内备餐间的加热、冷藏设备能够支持认知症老人用餐时间自由。例如，C1设施采用中央厨房烹饪菜品、各单元分餐的形式，并由各单元自主烹饪米饭、洗收碗碟。备餐间布置了多种厨房电器：如冰箱、电磁炉、电饭锅、电热水瓶、微波炉、面包机等，橱柜的样式与尺度都近似家庭厨房（图5-31、图5-32）。C1设施负责人表示："如果偶尔睡个懒觉，一般酌情，晚吃就晚吃。多睡一会儿对他（老人）也有好处，叫起来又吃不下……针对自由起床睡觉用餐这些有机构的日程安排，但不作严格要求，身体不适都可以调整。（例如）这个老人刚出院回来，少吃多餐或只吃两顿也都可以。"可以看出，支持老人灵活、自由的生活作息，必然要求餐饮服务的灵活性。此外，老人的认知症状导致的黑白颠倒等也对用餐时间的灵活性提出了要求。例如，C1设施中一位有黑白颠倒症状的老人，因近清晨才入睡，自然醒时已接近午餐前夕，护理人员遂为老人提供了加热好的早餐。单元备餐间的冰箱、微波炉、电饭煲、保温餐车等设备使得护理人员能够及时保鲜或加热食物。

图5-31　C1设施中开放式备餐台紧邻餐厅

图5-32　C1设施中备餐台设施齐全，有家庭厨房氛围

餐具洗消模式也会影响老人能否自己掌握用餐节奏、时长。C2、C3设施采用餐具在中央厨房统一洗消的方式，老人大多在半小时内全部吃完。为了保证及时回收餐具，对吃饭较慢的老人，护理人员会采取喂饭等形式加快老人用餐速度。而在C1设施中，虽然大部分餐具统一由食堂洗消，但各单元也设置了消毒设备，可以灵活洗消个别老人的餐具。例如，三层单元中有两位老人用餐速度较慢，常常边吃边玩、四处张望，用餐时长是其他老人的三四倍，达到1.5～2小时。护理人员会适时帮助老人加热餐食、提醒老人用餐，但不会采取喂饭的方式替代老人的自主用餐或强迫老人迅速吃完，而是在老人用餐结束后在单元备餐台洗消餐具。

开放式备餐间与餐厅的近便联系能够促进认知症老人自主开展餐饮相关活动。三所设施中，C1设施与C3设施的备餐台均较为开放，C2设施则相对封闭。C1设施中，由于餐厅离备餐间十分近便，老人经常往返于餐厅和备餐间，自己倒水、送餐具、擦餐桌等（图5-33）。除了备餐空间的开放性之外，护理人员的鼓励与引导也对餐饮活动自主性起到决定性作用。如前所述，C1设施的运营理念中，将作业治疗融入生活，鼓励老人根据自己的能力自主完成家务、参与烹饪。在C1设施中，一位老人过去有做饭给家人的习惯，常因"要送饭给家人"而焦虑。观察中，护理人员提议老人一起做玉米饼，并从和面、烤芝麻、擀面到烙饼全程陪伴老人完成。在做饼过程中，出现了需要用开水烫面、用电饼铛时容易烫伤等安全风险，护理人员与老人商量，较为危险的烙饼等环节由护理人员代为完成。做玉米饼的过程中，老人非常快乐和投入。这一活动不仅成为吸引其他老人围观、交流的趣味事件，玉米饼做成后也成为单元内的小零食，给这位老人带来了成就感（图5-34）。活动当天，这位老人没有出现任何焦虑、想回家的情绪。自主制作食物延续了这位老人的生活日常，为老人创造了回忆、交流的机会，也使老人收获了幸福感与价值感。

图5-33　C1设施中老人自主接水图　　　　图5-34　C1设施中老人和护理人员共同制作玉米饼

4. 自助式取餐台

开放的自助吧台能够促进认知症老人餐饮活动的独立性。澳大利亚的A1设施的咖啡厅一侧，设置了一个茶水吧，摆放了饮料、饼干、茶杯等，老人可以根据自己的喜好自助拿取，在咖啡厅中喝咖啡、聊天、看报（图5-35）。在调研中看到，在茶水吧自助拿取茶点的老人络绎不绝，咖啡厅氛围十分热闹。即使是乘坐轮椅、使用助步器的老人也大多能够自己拿取食物，给老人充分的自主选择性和独立感（图5-36）。

A1、A2设施均为不同认知症程度的老人分设了就餐区，以最大限度地支持老人的餐饮活动独立性。观察中发现，许多轻中度认知症老人仍旧可以独立选餐、取餐，而重度认知症老人则很难做到。A1设施中，轻、中度认知症老人在一层的大餐厅中就餐。餐厅中设置了自助沙拉吧和取餐台，部分活动能力较好的老人会在这里自助拿取餐食、根据个人喜好选择适合的种类和分量，这大大提升了老人的餐饮独立性（图5-37）。而在A1设施的中重度认知症单元中，护理人员会根据老人的喜好为老人搭配好餐食并端送到桌上。尽管该单元中也设置了开放的小厨房，并布置了自助茶水吧，但观察中发现重度认知症老人即使看到、认识到这些自助的设备，也无法自主拿取，而会要求其他人为自己倒水（图5-38）。在A2设施的调研访谈中，也发现了相同的情况，A2设施活动专员表示："他们（重度认知症老人）不会自己拿，是我们喂他们。"可见，老人认知程度的下降可能导致其无法有效利用自助吧台等设施。

图5-35　A1设施中的自助茶水吧

图5-36　A1设施使用助步器的老人自主拿取茶点

图5-37　A1设施大餐厅轻中度认知症老人自助取餐

图5-38　A1设施中重度认知症单元中的自助茶水吧无人使用

三所中国案例设施中，均采用固定套餐，老人不可自主选择餐食种类。在访谈中了解到，餐食不可选主要是考虑到管理服务难度大和老人营养均衡的保障，与空间环境的关联不显著。例如，C3设施的护理人员表示，让老人选择餐食会增加分餐工作量，并担心大多数老人无法做出选择，因此根据对老人的了解，替老人做出选择。C1设施负责人则从保证老人营养角度考虑，表示："我们不给老人挑的权利，因为一旦给他选择，他就偏食。不仅是老人，我们永远是吃自己喜欢吃的。"C2、C3设施中为老人提供小炒和零点，但C2设施护理人员表示："一般都是我们来点，家属告诉我们老人喜欢什么，一般很少和老人商量，像这种问题有的时候你问得越多他（老人）纠结得就越多，觉得多花钱了，但是家属不介意，想提高他的生活质量，喜欢吃什么就点他喜欢的。"可以看到，在餐食选择方面，我国护理人员多基于自己对老人的了解、老人身体状态提供餐饮，而非提供选择。

五、支持行动寻路自主性的空间环境要素

1. 开放式平面布局

开放式平面布局有助于形成良好的监护视线设计，能够帮助护理人员及时发现老人的跌倒风险。例如A2设施中，护理站设置于单元拐角处，护理站中的工作人员可以随时透过百叶窗观察到餐厅、电视厅和开放厨房中的老人（图5-39）。在调研中，一位行走不稳的老人在护理人员引导下来到电视厅的躺椅上午休，随后该老人不断尝试起身，动作十分危险。护理人员在护理站中看到后，立即赶到帮助该老人起身，有效防止了老人跌倒。在A3设施中，护理人员在起居厅中使用"可移动护理站"进行记录工作，既兼顾了填表工作，也能随时监护老人的行动安全（图5-40）。

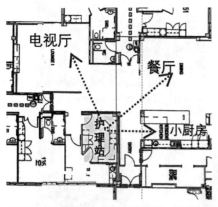

图5-39　A2设施中，护理站视野开阔，护理人员能够及时监护老人的动态

图5-40　A3设施中护理人员使用可移动护理站，便于监护老人们的活动

餐厅、起居厅等公共空间邻近式的开放布局，也能支持老人自主地在各空间之间移动。例如，在C1设施中，由于起居厅、电梯厅与餐厅彼此相邻，行动不便的老人也可以自己扶着助步器在护理人员引导下，在各空间之间转移、参加各类活动。然而，在观察中也发现，空间之间距离较近时，有些老人会尝试不使用助步器移动，加之设施走廊未设置扶手，老人只能断断续续地扶着水池、墙面或者矮柜移动，有一定的跌倒风险（图5-41）。

图5-41　C1设施部分老人常会忘记使用助步器，　　图5-42　C3设施走廊较长、无目的徘徊行为较多
把墙当作"扶手"

2. 短捷、简单的走廊格局

在长走廊中，老人的无目的徘徊行为增多。C3设施平面为一字形走廊，总长达64m，老人沿走廊无目的行走的频次明显高于其他两所设施。C3设施中，共观察到了32人次的无目的行走行为，C1、C2设施则分别为8人次和17人次。老人无目的的行走可能与长走廊带来的迷失感、机构内活动较少有关（图5-42）。尽管无目的地行走仍属于认知症老人的自主行为，但长期无目的行走易带来老人体力消耗过大、缺少有意义的感官刺激等负面效应。

3. 居室入口个性化标识

居室的标识与色彩对比能够较好地支持认知症老人独立找到自己的居室。A1、A3设施中，每位老人的居室门均采用了不同的色彩，便于老人记忆并找到自己的居室。A3设施中，还通过门贴的形式，使门的样式尽可能贴近老人以前住宅的大门，以利于老人识别（图5-43）。色彩不仅利于老人独立找到自己的房间，也便于护理人员引导老人找到自己的房间。在观察中，一位老人表示找不到自己的居室，护理人员指着她前方红色的门说：那就是你的房间，该老人很快明白并独立走回了自己的房间。A1设施中，则通过门上贴挂老人的照片、名字、有特殊记忆的图片，甚至在走廊设置老人房间的导向标识等方式，最大限度地支持老人找到自己的房间。此外，A1、A3设施还通过走廊的色彩变化与导向标识，引导老人找到自己的居室。

图5-43　A3设施中利用个性化门贴装饰居室门，便于老人识别

4. 清晰的导视系统

色彩导视系统能够促进轻度老人自主使用电梯、在各楼层之间移动。A1设施共有9层，各层电梯厅被粉刷成不同的色彩，并且在电梯按键上标示了对应的楼层色彩。在调研中，绝大部分认知症老人能通过色彩标识自主使用电梯，到达想去的楼层（图5-44）。此外，每个楼层电梯厅入口还设有大字号的楼层号码，电梯按键旁也设有楼层色卡，一些老人的助行器上还贴有其所居住的楼层的颜色和房间号码提示，这些环境信息都有效支持了老人行动寻路的自主性（图5-45）。

图5-44　A1设施电梯面板设置楼层色彩代码提示　　　　图5-45　A1设施各层电梯厅的墙面色彩与楼层编号能够辅助老人定向

5. 兼顾安全与自由的单元出入口

A1、A2设施均设有多个照料单元，两所设施采取了不同的进出单元管理方法。A1设施中，各单元通过电梯联系，除中重度认知症单元之外，其他单元的轻中度认知症老人可以自由乘坐电梯到达设施中的公共空间。A1设施负责人表示，设置门禁主要是考虑到重度认知症老人需要较为密切的护理关注，而单元外其他空间的人员配比均低于该单元，因此老人需要在护理人员的陪伴下到单元外的空间活动。可见，重度认知症老人独自行动的风险是在该单元设置门禁的主要原因。

A2设施中，所有认知症老人都可以自由进出本层单元，或者使用电梯到达其他楼层单元。一层认知症专区原本被划分为4个小单元，彼此之间由门分隔。但在运营过程中，机构管理团队发现单元之间的分隔成了隐形"约束"，导致一些不断寻找出口的老人产生"挫败体验"。考虑到，认知症专区老人行动能力均较差，许多老人需乘坐躺椅或者轮椅，走失风险较低，该机构决定在白天人手较为充裕的时段敞开认知症专区各单元之间的门，让专区中各单元的老人可以自由往来（图5-46）。根据A2设施负责人发表的论文，这样的策略不仅支持了认知症老人的行动自由，也促进了单元之间老人的社交和活动参与。在观察中看到，多位老人会在单元之间"串门"。然而，这样的做法虽然使老人行动更加自由，但原本格局简单的小规模照料单元连通形成了格局复杂的大规模单元。在调研中也发现，部分老人在单元之间移动时产生了定向障碍，无法找回自己居住的单元（图5-47）。

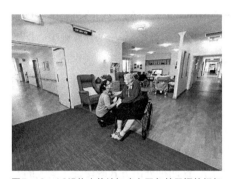

图5-46　A2设施中将认知症专区各单元间的门打开，便于老人自由出入

（图片来源：https://journalofdementiacare.com/challenging-tradition-unlocking-the-dsu/）

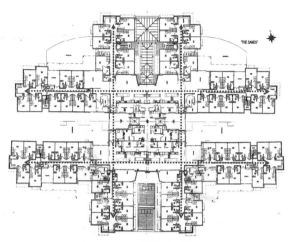

图5-47　A2设施单元间动线示意

中国的三所设施出入单元均需要使用电梯。C2、C3设施的候梯间设置了门禁，老人必须在护理人员带领下使用电梯。C3设施护理人员解释道：地下室等空间存在风险，又因技术原因电梯无法设置刷卡权限，因此认知症老人自主使用电梯十分危险。C1设施中，老人可以自主使用电梯到达各单元和活动空间，但到达地下室、顶层等存在风险的楼层需要刷卡。然而，在C1设施的观察中，没有发现有老人自主使用电梯，均为护理人员带领老人上下楼层。在观察中，大部分老人不会主动离开单元，但个别首层单元的老人会自主来到同层的书吧空间休息、活动。

门禁的隐蔽性设计对老人的寻找单元出入口行为有较大影响。C2与C3设施均设置了单元门禁。C2设施中，由于出入口较为隐蔽，观察中，仅有一位老人试图通过该门出去"找弟弟"（图5-48）。C3设施中，门禁是透明的，有两位老人多次停留在玻璃门处，向外张望、摇晃把手、试图出去，甚至还为对方是否有门禁卡引发争执与推搡（图5-49）。C1设施并未设置单元门禁，但在楼梯间设置了门禁并设有透明观察窗，观察中看到两位老人试图打开楼梯间的门。可见，透明的门、窗常引起认知症老人外出的念头，带来被关起来的"挫败感"，隐蔽的门禁则能够尽量减少老人寻找出口的行为。

图5-48　C2设施采用壁画隐藏门禁

图5-49　C3设施中的玻璃门禁引发老人多次尝试开门

6. 支持安全外出的设施出入口设计

三所澳大利亚案例设施中，均设有门禁以避免认知症老人外出走失。A1、A2两所设施通过监控技术、人员陪伴等方式支持老人在护理人员知情的前提下自由进出设施活动。A1设施中，配置了可通话的GPS手表，经过评估的认知症老人可以佩戴手表并在前台签字登记后，独自离开设施自由活动。通过GPS手表，护理人员可以随时定位老人所在地点，老人也可随时呼叫护理人员（图5-50）。A1设施周边街区较为繁华和成熟，设有许多餐厅、商铺，并且有连贯的步行道，这些要素使得老人具有相对安全的外出活动环境。此外，A1设施还开设了陪伴老人外出的活动，称为"Walk N Talk"项目：一位活动专员一周7天，每天7小时陪伴不同的老人到周边的地区活动（每次2~3人），即便是坐轮椅或者行动不便的老人也可以外出（图5-51）。这两种外出方式既保证了老人的安全，也充分满足了老人外出活动的心愿。在访谈中，该机构负责人特别强调了照护和风险可以共存的理念，以及对老人"冒险的尊严"（Dignity of Risk）的重视，并认为这种理念的实现需要基于对老人的充分评估和了解："当在养老院工作的时候，护理认知症老人的时候，最重要的是了解这个老人，什么对他最重要。"对一些以前就居住在附近老人来说，每天去熟悉的街区散步、喝杯咖啡是非常重要的日常活动。监控技术与外出陪伴项目平衡了风险与"冒险的尊严"，使得老人不必被困囿在设施中，而能够充分享受外出的乐趣，体现了A1设施对自主性的充分尊重和支持。

图5-50　A1设施中老人佩戴GPS腕表独自出门散步　　　　图5-51　A1设施入口层设置了Walk N Talk活动的集合等候区

A2设施主入口为设有密码门禁的透明自动门，门禁密码标示在门边，所有能够识别密码的老人都可自己输入密码外出。门厅附近设置了接待台，接待人员可以随时观察到老人的进出情况，也会在有必要时陪伴老人外出（图5-52、图5-53）。A2设施的负责人表示，保证老人的出入自由非常重要，"人们（老人）可以下楼来，感觉到自己是社区的一分子。"但傍晚时，单元和设施的门禁则会关闭，老人无法自由进出单元和设施。这主要是由于晚间的员工配比大大降低，无法充分保证老人自由行动的安全。可见，只有当人员配比充足，且空间设计能够满足对老人的监护时，才能充分支持老人的自由进出。

图5-52　A2设施主入口边设置接待台，便于监护老人出入

图5-53　A2设施主入口门禁边设有密码提示牌，有一定认知能力的老人可自主出入

在A3设施，主要的3个出入口均设有门禁，老人无法自由出入设施。其中，2个出入口贴有磨砂膜，老人难以看到外面的事物（图5-54），而另一出入口未贴磨砂膜。观察中看到，一位老人一直在寻找出口，并尝试放倒自己的助行器以撞开该透明玻璃门。可以看出，过于暴露的门禁为老人带来了被监禁感，也存在相当大的隐性风险。然而，观察中也发现，老人最喜欢停留的休闲区域，便是这一透明出入口附近——该设施中唯一可以看到单元"外部世界"的空间（图5-55）。虽然该设施中设有可以自由进出的内庭院，但难以满足老人外出、与外面的社区和环境互动的需求。

图5-54　A3设施中，鲜有老人注意到半透明的主入口

图5-55　A3设施中，老人十分喜爱停留在没有贴膜、可以看到外界的出入口附近

六、支持如厕盥洗自主性的空间环境要素

1. 邻近老人主要活动区域的公共卫生间

邻近老人主要活动、就餐空间设置公共卫生间，能够支持认知症老人的独立如厕。例如，A1设施的活动室和咖啡厅中各设置了1处公共卫生间，并在入口处贴了醒目的标识（图5-56）。

图5-56　A1设施中邻近咖啡厅的公共卫生间非常近便醒目

观察中看到，大多数老人能够独立找到并使用公共卫生间。然而，中重度认知症单元中，许多老人无法找到自己的居室或者无法独立完成如厕动作，大部分需要在护理人员的引导下如厕。此时，近便的公共卫生间有助于护理人员及时协助老人如厕。

由于老人白天大部分时间在公共活动空间中，当公共空间邻近处没有公共卫生间时，容易导致老人失禁。在中国的C1与C3设施中，单元内均未设置公共卫生间。C3设施护理人员表示："找不到厕所，找到没人角落脱裤子就尿了，房间角落窗帘一围就尿尿，找不到没人的地方就尿裤子。……如果邻近公共空间有卫生间就会好很多，减少动线。新项目建议公共区一定要有卫生间。"在澳大利亚A1设施中重度照料单元中，也没有设置公共卫生间。当傍晚护理人员配比较低时，护理人员引导个别老人回居室如厕后，其他老人的如厕需求难以被了解到，许多老人出现了焦虑甚至激越情绪。因此，近便的公共卫生间对支持老人自主如厕十分重要，不仅有利于轻中度老人自主如厕，也有助于护理人员协助、引导中重度老人如厕。

2. 易识别的卫生间标识与色彩

清晰、易于辨识的卫生间导视系统能够支持认知症老人独立找到卫生间。A1设施中，居室卫生间的门上贴设了明显易找的标识，老人在居室中、走廊中都能较容易地找到卫生间。在走廊中设置卫生间导向标识也能够促进老人识别卫生间。例如，A3设施沿走廊墙面设置了卫生间引导箭头，并在卫生间入口的各个方位设置了卫生间图标（图5-57、图5-58）。观察中，许多老人都能够根据这些指引标识找到卫生间独立如厕。位于走廊尽端的公共卫生间使用率非常高，主要由于卫生间入口标识往往处于老人行进方向的正前方，较易被老人识别。

坐便器与座圈、墙地面的色彩对比能增强老人如厕的自主性。三所案例设施均在公共卫生间使用了带有色彩的坐便器盖和座圈（图5-59）。A2设施负责人表示，男性特别需要这样的座圈色彩对比，可以便于男性老人站在正确的位置如厕。而C3设施中，由于坐便器与地面色彩对比弱（图5-60），护理人员反映男性老人经常有小便在地面的情况，需要护理人员每天洗地消毒。

图5-57　A3设施中沿走廊设置带箭头的 "路标"，便于老人找到卫生间

图5-58　A3设施中公共卫生间入口在各个角度设置图标，便于老人识别

图5-59　A2设施中采用深色地面与座圈，便于老人识别坐便器

图5-60　C3设施坐便器与地面色彩对比弱难识别

七、支持居住行为自主性的空间环境要素

1. 居室空间格局具有灵活布置可能

三所澳大利亚案例设施居室空间均较为充裕，认知症老人能够依据自己的喜好摆放床的位置、自带各类家具。调研中看到，设施一般会提供床、壁柜、电视、空调风扇、窗帘等基本家具设备，其他家具与装饰物则由老人自由布置。老人通常会携带自己熟悉的座椅、沙发、柜子、台灯、置物架和装饰品等（图5-61、图5-62）。此外，三所设施中，居室内的柜格均由老人自由支配使用，没有锁闭柜子、限制老人使用的情况。

三所中国案例设施中，绝大部分设施允许老人自主布置居室，居室格局也较为方正，利于灵活布置，但观察中发现，较少有老人充分利用空间进行个性化布置。C2、C3设施中，由于设

图5-61　A1设施中,老人房间内的置物架构成纪念品墙

图5-62　A3设施中,老人自己携带的家具使居室氛围十分温馨

图5-63　C2设施中为老人配置全套家具

图5-64　C1设施中个性化布置的居室

施提供了全套的家具(如衣柜、电视柜、座椅等)(图5-63),且运营管理方并不引导家属自带家具,极少有老人自己携带家具进行个性化布置,居室的格局、氛围十分雷同。在C3设施中发现,当认知症老人与配偶同住时,配偶往往会对房间进行充分的个性化布置,但搬入大量原来家中的家具、物品,居室也往往稍显拥挤。C1设施的运营目标是让老人把设施当成自己的家,因而刻意地没有对卧室家具进行标准化配置,而是在老人入住后持续鼓励家属带来老人熟悉、喜欢的物品。一位老人在居室中布置了已有90多年历史的老家具,这位喜爱养花、阅读的老人在居室中还养了多盆兰花,摆放了书籍(图5-64)。在与老人的交流中,老人也表达出对目前居住环境已经熟悉并且有家的感觉。C1设施负责人认为,居室中布置老人有回忆的物品非常重要:"其实很多认知症老人视空间能力下降,对这个空间是哪搞不清楚。既然搞不清楚,哪里是家?过去独居的房子是家吗?所以为什么房子的空间布置要有她回忆的东西呢,她能看到这个东西,她有识别,就慢慢把这里当成家。"

护理需求引导下，护理人员会替代老人进行居室布置。例如，C3设施中，护理人员会根据老人的身体状态为老人调整居室布局，护理组长表示："（床）是我们来摆的。长期卧床需要翻身的，他的床就是尽量不要靠墙，靠墙的话，一个人翻身特别难，比如换个尿垫，我直接到（床的）另一边就可以了，不用折腾老人。还有摆在靠墙的是坠床风险比较高的人，我们尽量让他的床靠墙，这样（靠墙）一边是安全的，我们只用防一边就行。也是根据入住后老人的习惯去摆放的。"可以看出，对防止跌倒、坠床风险以及护理服务便利性等方面的考虑直接影响了老人居室的家具布置。

2. 提供可供夫妇入住的户型

三所澳大利亚设施均以单人间为主要户型，只有A1设施设置了极少的套间。单人间虽然能够充分保证绝大部分老人居住空间的私密性和控制感，但也无法为老人夫妇提供适合的居室选择。A2设施负责人表示，入住的夫妇不得不将一间单人间作为卧室，另一间作为起居厅使用，不太方便，并希望能够在设计之初就设置夫妇居住的套间户型。A1设施负责人则表示，虽然设施中非常需要提供给夫妇居住的房间，但套间昂贵的价格只有少数自费入住的老人能够负担。可见，老人普遍支付能力与套间收费高昂之间的矛盾，往往使得设施中难以设置多样的居室套型，对夫妇共同入住的选择造成了限制。

三所中国设施中，也均有多对老人夫妇入住，绝大多数为自理的老人陪伴患有认知症的老伴同住。C1设施中设置了单人间和夫妻间两种户型，认知症老人的配偶可以根据自己的需求选择分房居住或者和老伴共同居住。尽管单人间的建筑面积仅有19～21㎡左右，但因为格局方正，可灵活摆下两张单人床或者一张双人床（图5-65），为老人提供了更加经济的选择。C1设施夫妻间建筑面积约为30㎡，但均位于北向。调研中发现，入住设施的5对夫妇中，共有2对共住于单人间，3对分开于两个房间居住，没有夫妇选择入住夫妻间（可能与夫妻间朝北有关）。

C2、C3设施中均仅设置了一种户型，使得老人夫妇的居住选择有限。例如，C3设施中老人夫妇均选择共同居住，多位认知症老人的配偶表示感到空间较为拥挤，没有地方接待客人，希望能够设置更宽敞的夫妇间（图5-66）。而C2设施中，护理人员则表示不鼓励夫妇共住，主要原因是存在睡眠相互干扰、空间狭小、对老伴产生依赖后拒绝护理服务等问题。

图5-65　C1设施中单人间可灵活摆放两张单人床

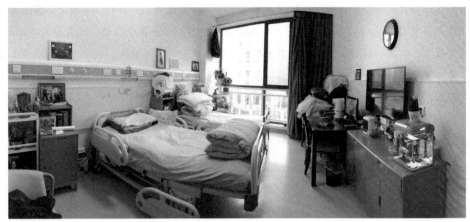

图5-66　C3设施中老人夫妇共居于单人间，空间较为拥挤

3. 提供充足的个性化布置、展示空间

挂镜线、开敞的柜格等元素便于老人居室的个性化布置。例如，A1设施中每个房间都设置了两条挂镜线，许多家属协助老人布置了照片墙，使得居室空间具有老人的个性化特点，从而帮助老人更好地保留对自我身份的感知和对家人朋友的记忆（图5-67）。A2设施中，每个居室都设置了固定的衣柜和置物柜，在居室入口处设置的置物平台成为老人摆放照片和纪念品的绝佳位置，当居室门开启时老人能够通过这些纪念品更好地识别自己的房间，也间接促进了老人的独立寻路（图5-68）。

图5-67　A1设施中某老人利用床头挂镜线吊挂了照片墙

图5-68　A2设施中的固定柜格便于老人自主摆放照片等纪念物

八、支持室外活动自主性的空间环境要素

1. 安全、围合、可自由进出的花园

三所澳大利亚设施中，均为认知症老人设置了安全、围合的室外活动空间，支持老人自由进出室外活动空间开展活动。A1设施入口层活动室边的花园十分受老人欢迎，自主使用率很高。该花园以通透的玻璃界面与活动室分隔，出入口采用自动门的形式，便于乘坐轮椅、使用助步器的老人进出（图5-69、图5-70）。在观察过程中，各时段均有老人络绎不绝地自主进出花园，花园中也充满了观景、聊天的老人。这不仅与花园良好可达性相关，也可能与该花园可以看到活跃的街道景观有关。

图5-69　A1设施通往花园的自动门便于轮椅老人自主进出　　　　图5-70　C2设施首层花园中，护理人员带领集体晒太阳

然而，A1设施的中重度认知症老人照料单元位于三层，没有设置专门的户外空间，该单元内老人的自主室外活动频次相比单元外的老人大大减少。由于认知症专区设置了门禁，老人无法自主使用电梯到达入口层的花园。在观察的两天中，亦没有看到任何居住在中重度认知症单元内的老人被护理人员带领使用室外活动空间。A1设施负责人在访谈中表示，非常希望能够在三层加设屋顶花园，让老人可以得到一些宁静（中重度单元中多位老人有激越的喊叫等行为）。可见，室外空间的可达性非常重要，特别是对于具有门禁的照料单元，护理人员往往无法抽出时间引导老人到单元外的花园活动，更需要设置单元专用的室外活动空间，便于老人自主进出。

C1、C2设施的室外空间可达性均较好且未上锁，但在观察中，老人鲜少自主使用室外活动空间，绝大多数情况都由护理人员或家人陪伴。在C2设施的观察中发现，部分老人有自己进出室外空间的意愿，但往往护理人员会以室外活动必须要集体行动，劝阻老人的自主进出。例如C2设施二层单元中，下午茶过后，一位老人起身提出想去屋顶平台晒晒太阳，但护理人员劝阻说："先别去，等大家一起出去。"老人回到了座位，而之后护理人员并没有带老人一起出去活动。C2设施中，仅观察到一位老人自主进入并使用花园，该老人居住在C2设施的一层单元，活动能力较好、认知衰退程度较轻。

C2设施中，受访护理人员表示："要求老人要随时盯着，不能离开视线，但是目前做不到。"室外活动空间存在的安全隐患，也导致设施管理者要求室外活动必须严格视线监护。在观察中看到，C2设施首层花园内散步道路缘石存在不易识别的高差，部分老人因视空间能力下降无法辨别高差，很容易踩在路缘石上崴脚、跌倒，必须在护理人员的陪伴和提示下散步（图5-71）。此外，室外空间与室内空间的视线不通透，也可能造成护理人员难以监护老人自主室外活动，限制老人自主开展室外活动。例如，在C2设施中，首层单元外的花园虽然紧邻起居厅布置，但护理人员一般在餐厅中带领老人活动，难以观望到室外活动空间。并且，白天起居厅窗户经常被晾晒的被单所遮挡（图5-72），更加剧了视线可达性差的问题。又如，C3设施认知症单元虽然有一处屋顶平台，但护理组长表示"户外平台的门从来没有开过，怕老人出去有危险"。

图5-71　C2设施花园散步道路缘石高起易崴脚　　　　图5-72　C3设施走廊尽端活动空间邻接屋顶平台

2. 出入口明显易找

A1设施中，首层的室外空间分布较为分散，为此，工作人员遵循蒙台梭利模式中"有准备的环境"（Prepared Environment）原则，在走廊墙面贴了许多黄底黑字的导向标识，以引导老人自主找到室外活动空间（图5-73）。此外，A1设施主入口与花园相邻，设施管理者将入口的玻璃门贴附了磨砂膜，使之与通透、明亮的花园入口形成鲜明对比，以促进老人使用室外活动空间（图5-74）。在观察中看到，大部分老人能够自主找到临街的大花园，室外空间使用率较高。

视野受限、标识不足可能导致认知症老人在户外空间感到迷失。在C2设施中发现老人在寻路过程中出现迷惑。C2设施首层花园设有两个出入口，一处位于餐厅南侧，相对明显易找，另一个位于公共起居厅西侧，相对隐蔽。南侧出入口是主要的花园出入口，但由于两侧的墙体，使该出入口视野较为促狭，老人在花园主要区域无法直接看到花园出入口，不利于老人自主寻路（图5-75、图5-76）。

图5-73　A1设施中引导老人自主找到室外花园的标识

图5-74　A1设施中，通过空间明暗对比促进老人自主使用室外空间

图5-75　C2设施花园出入口视野促狭，不利于老人室外寻路

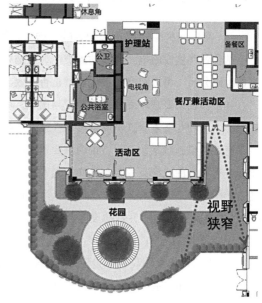

图5-76　C2设施中花园入口无法看到主要室外活动区域

3. 丰富的室外活动选择

　　三所澳大利亚设施中，均注重为认知症老人提供多样化的室外休憩空间。例如，通过遮阴棚、户外凉亭等方式为老人提供带有遮阴的户外空间；室外空间的桌椅大多为可灵活移动的形式，使老人能够开展集体活动、休闲聊天等多种活动。

　　多元的室外元素能够促进认知症老人自主开展园艺种植等户外活动。例如，A1设施设置了园艺花箱、鸟笼，并邀请一位老人担任照料者的角色，负责照料这些动植物。调研中看到，这位老人非常享受给植物浇水、养护的过程，也十分自豪地介绍自己养护的花园（图5-77）。又如，A2设施中一位老人十分喜欢晾晒衣物，工作人员在屋顶花园中专门设置了晾衣角，便于这位老人自主晾晒衣物（图5-78）。

图5-77　A1设施庭院中的鸟笼为老人创造了照料小鸟角色

图5-78　A2设施中，为某位老人设置的室外晾晒角

九、空间环境要素有效性检验结果

1. 案例研究中空间环境要素的有效性检验结果

结合各案例设施空间环境的系统性评估结果，以及对质性资料中老人自主行为、相关环境因素的编码分析，可以对空间环境要素是否有效支持了老人的自主性进行检验。

基于验证某要素有效的设施数量与比率，可将案例研究中空间环境要素有效性结果划分为1、2、3类，从而与要素受文献支持可靠性强度进行比较。采用这两个判定参数的原因是：当验证某要素有效的设施数量较多时，说明该要素应用较为广泛；而当得到验证的设施比率较高时，说明该要素有较大的概率有效支持认知症老人自主行为。而这两个判定参数中，验证比率是更加关键的。如图5-79，对案例研究中空间环境要素的有效性检验结果进行综合判定：

1）当验证某要素有效的设施数量超过案例总数一半（即≥4所设施），且验证比率高于2/3时，说明该要素应用广泛且较大可能支持老人自主性，判定其有效性较强（有效性强度=3）；

2）当验证比率较高、但验证设施数量较少时，说明该要素应用不广泛但能够有效支持老人自主行为，判定其有效性较强（有效性强度=2）；

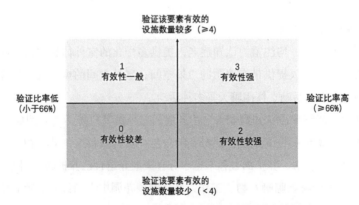

图5-79　案例研究中，空间环境要素有效性验证结果综合判定框架

3）当验证设施数量较多但比率较低时，说明该要素使用广泛、但支持老人自主行为的效果不稳定，判定其有效性一般（有效性强度=1）；

4）当验证比率低且验证设施数量少时，说明该要素应用不广泛且支持效果不稳定，判定其有效性较差（有效性强度=0）。

经过统计，在案例研究中，48个空间环境要素显示出强有效性，占81%；6个要素有效性较强，占10%；1个要素有效性较差，占2%。此外，4个要素有效性无法得到验证，占7%；这4个要素包括所有设施均不适用项（例如，所有案例设施均没有设置双人间，因此无从判别半私密双人间这一要素的有效性），或所有设施均未设置的要素（如老人居室通往花园）难以验证有效性，有效性强度记为N/A。

2. 案例研究与文献研究结果的比较与综合

对比文献研究与案例研究结果发现，大多数空间环境要素的有效性强度结果较为一致，说明已有文献与案例研究结果相近。72%的要素强度在案例研究与文献研究中呈现一致性。

具体来说，18个空间环境要素在文献与案例研究中一致表明强有效性（有效性强度=3）。例如，活动与餐椅空间的丰富性、户型多样性等均被证明能够很好地支持认知症老人的自主空间选择。又如，短捷的走廊、清晰的导视系统、小规模开放式单元平面等多个与自主定向相关的空间环境要素有效性也均很强。3个要素的有效性在案例与文献研究中一致显示出较强的有效性（有效性强度=2），包括：花园中的循环散步道、明显的标识物，以及不同照料单元空间形式有所变化。这几个要素主要用于支持认知症老人的自主寻路，但在案例设施中较少出现，相关文献研究也不多。

32个空间环境要素显示出"文献弱、案例强"的有效性特征。其中，14个要素在案例研究中显示出3级强度，但在文献中仅为1级。这些要素包括：多样化的室外休息活动空间与感官要素、单独的就餐空间、设置可以关上门的宁静活动空间、单元间设置活动室、有丰富的活动用具存储空间、设置监控系统等。这些要素在案例研究中均被证明能够十分有效地支持老人的自主性，但文献中仅有单篇经验性研究指出其有效。通过案例研究，增进了对这些在实践中被证明十分有效的空间环境要素的认识，未来可开展更加严谨的实验研究进行验证。

6个空间环境要素呈现"文献强、案例弱"的特征。其中，居室中设有个人物品展示空间这一要素在文献中显示出3级强度，但在案例中40%的设施中该要素的存在没有导致老人自主布置空间。此外，与双人间私密性控制相关的两个要素（双人间中采用不同色彩界定个人居住区域，用隔墙划分个人区域等），在中国与澳大利亚案例中未出现，因此显示出较差有效性。然而，在对美国两所案例设施的探索性研究中了解到，在双人间设置隔墙等形式能够有效提升老人对居住空间私密性控制。目前，绝大多数中高端认知症照料设施均采用私密性更好的单人间，但仍有部分设施会采用双人间以提升床位数，维持运营平衡。注重私密性的双人间设计仍旧可能为认知症老人提供更好的私密性控制，需要在未来研究中进一步探索其有效性。

综合文献研究与案例研究结果，92%的要素显示出强或较强的有效性。

十、不同程度认知症老人行为自主性比较

1. 不同程度认知症老人自主行为比较

不同认知功能衰退程度老人的自主行为类型和频次有十分明显的差异。通过对观察数据的编码（详见第六章第一节），共识别出54种自主行为（如家务活动、自主如厕等）。通过交叉分析不同GDS级别老人的观察笔记中各种自主行为编码的出现频次，可计算出不同级别老人各种自主行为的人均发生频次，该数据能够反映出不同级别老人的自主行为特征。结合自主行为编码频次统计与对行为观察笔记的质性分析，可将不同认知功能衰退程度老人主要自主行为类型与差异归纳见表5-6。

不同认知功能衰退程度老人自主行为表现与差异分析　　表5-6

行为类型	主要自主行为表现			差异分析
	GDS4级	GDS5级	GDS6级	
文娱活动	自主安排时间，开展兴趣爱好活动（如书法、园艺、阅读、看电视等）；参加集体活动并控制参与度、选择座位；自发进行力所能及的家务劳动（如打扫台面、摆放桌椅等）	参加集体活动并控制参与度、选择座位；在引导下发挥兴趣爱好（如唱歌、看电视、阅读）；在护理人员引导下进行家务劳动（如叠围嘴等）	在引导下参加集体活动；在引导下进行家务活动（如叠围嘴）；欣赏、抚触物品（如植物、照片）；看电视	随认知能力衰退，活动丰富程度、自发开展活动能力降低
餐饮活动	使用小厨房开展烹饪活动；自主进餐；找到自己的餐位；接水、取放餐具、拿取零食等	自主进餐；找到自己的餐位；接水（偶尔）	自主进餐；找到自己的餐位（偶尔）；接水（偶尔）	轻中度认知症能利用开放式小厨房自主进行餐饮相关日常生活活动，中重度不能
行动寻路	找到自己的房间；使用助步器；在组团内走动	找到自己的房间（经常）；使用助步器行走；在组团内走动	找到自己的房间（有时）；使用助步器行走；在组团内走动	随认知能力衰退，自主找到居室的能力降低；GDS6级老人走动更频繁
如厕盥洗	自主如厕、洗手	自主如厕、洗手（偶尔）	自主如厕、洗手（偶尔）	随认知能力衰退，自主如厕、洗手频次减少
居住行为	取放个人物品；开窗（偶尔）	关门、拉窗帘（偶尔）	关灯、关门、开窗（偶尔）	随认知能力衰退，控制个人物品的意识和能力减弱
室外活动	自主进出室外空间（偶尔）；开展户外活动	观看室外活动空间；在引导下开展户外活动	在引导下开展室外活动；观看室外活动空间（偶尔）	随认知能力衰退，室外活动从自发开展变为在引导下开展，更多地观看室外

统计结果显示，处于GDS4级的老人人均自主行为频次最高，约为29次；GDS5级人均自主行为频次最低，约为17次；GDS6级人均自主行为频次居中，约为22次。

GDS4级老人处于认知症早期阶段（Early-stage），根据编码频次统计，该级别老人表现出的

自主行为共计37类，较其他两级老人更丰富。发生频次较高的自主行为包括：找到自己的房间、在单元内走动（包括有明确目的的移动和其他类型的走动）、餐位识别等行动寻路类行为；用餐、如厕、洗手等个人日常生活行为；使用开放式小厨房、扔垃圾等日常家务活动；阅读、园艺、看电视等各类文娱休闲活动。此外老人也表现出对活动空间、座位的选择，对个人物品的控制、对活动参与度的控制等，根据个人偏好做出选择、实现控制的行为。特别需要说明的是，7位GDS4级老人，均能够自己独立找到居室（尽管部分老人的居室位于长走廊尽端），表明GDS4级老人仍保有较好的寻路能力。

GDS5级老人处于认知症中期阶段（Mid-stage），自主行为类型与频次均较GDS4级老人有所缩减。根据编码统计频次，该级别老人表现出的自主行为共计34种。发生频次较高的自主行为包括在单元内走动、找到自己的房间、使用助步器行动等行动寻路类行为；参与集体活动、开展兴趣爱好相关活动（多在护理人员引导下）、看电视以及阅读等文娱休闲活动。GDS5级老人也表现出选择座位与活动、控制活动参与度等行为。相比于GDS4级的老人，GDS5级老人自主如厕的频率大大降低，仅为人均0.44次（GDS4级为1.57次）。该级别老人没有表现出使用开放式小厨房、扔垃圾等自主日常家务活动行为，也没有表现出对物品的控制行为（例如将自己的物品拿出或放回房间）。在寻路能力上，9位老人中，7位表现出能够找到自己的居室，比例较GDS4级略低。值得注意的是，GDS5级老人共发生了5次通过窗户观赏室外活动的行为，为三个级别中频次最高的，这可能表明认知症中期阶段老人对室外环境更加渴求与敏感。

GDS6级老人处在认知症中后期阶段，自主行为类型范围较GDS5级进一步缩小，频次分布也更加集中于特定的行为类型。根据编码频次统计，该级别老人共表现出32种自主行为。发生频次较高的自主行为包括：在单元内走动、找到自己的房间等行动寻路类行为；选择座位、参加活动等行为。值得注意的是，GDS6级老人发生了7次欣赏物品行为（主要为欣赏植物、照片等），为三个级别老人中频次最高的，这可能表明认知症中后期对感官刺激有更强的需求。尽管GDS6级老人平均找到自己房间的频次（1.75次）高于GDS5级（1.44次），但其中能够自主找到房间的人数比例为三级中最低的，8位老人中仅有4位老人在访谈和观察中表现出能够找到自己的房间。此外，在家务等日常活动、兴趣爱好等文娱休闲活动、如厕、洗手方面，GDS6级老人人均频次均低于其他两级的老人。可以看出，随着老人认知能力衰退加剧，需要较高判断、理解、执行力的日常生活自主行为对老人来说难度提高。此外，值得注意的是，GDS6级老人的走动行为频次（包括有目的的移动与其他走动行为）明显高于其他两个级别的老人，这可能与该级别老人有较多焦虑情绪、激越状态相关，这一现象也是GDS6级老人人均自主行为频次在数值上高于GDS5级的主要原因。

对比三个不同GDS等级老人主要自主行为类型与差异可看出，总体来说，随认知能力不断衰退，认知症老人的自主活动类型范围逐渐收缩、对空间环境的利用范围收窄且需要更多引导和帮助才能开展活动。并且，随认知能力的衰退，老人自主支配时间、自发开展活动的能力减弱，兴趣活动的内容丰富程度也随之减少。GDS5、GDS6级的老人在大多数情况下，需要护理人员的引导才能开展文娱休闲活动。同时，老人自发利用室外活动空间，或利用开放式小厨房、洗手池等开展日常家务活动的能力也随认知能力衰退而减弱。老人的定向寻路能力也受到认知功能衰退的影响。观察中发现，同一设施中，尽管居室入口均设有门牌号码、姓名及照片等标识物，GDS6级相较其他两级的老人更难以识别这些信息、找到自己的居室。

　　尽管大多数自主行为都随认知能力的衰退而减少，有三种自主行为并未表现出随认知能力衰退而频次降低，甚至频次更高。第一，如此前所述，GDS6级的老人表现出较GDS5级老人更高频次的走动行为。第二，GDS6级老人表现出更高频次的欣赏物品行为，这一方面是由于该级别老人难以开展较为复杂的活动，对感官刺激需求更高；另一方面，设施内缺少适宜这类老人的活动与感官刺激，老人因无聊、感官剥夺而感到不安，从而导致反复整理沙发靠垫、抚触植物叶片等行为。第三，不同等级老人均能够自主进餐，这可能是由于进餐能力是人较早习得的能力，因而得以保存至认知症病程中期。但观察中看到，认知能力的不断衰退导致老人的用餐速度变慢、用时变长，有时需要一定的提醒和引导。

　　2. 不同程度认知症老人不自主行为比较

　　不自主行为主要是指老人的行为自由受限或无法独立完成某些行动。不同认知功能衰退程度老人在不自主行为的类型和频次上体现出明显差异。根据对观察数据的编码，共识别出33种不自主行为。从不同级别老人的观察田野笔记中的编码出现频次来看，GDS4级老人人均不自主行为频次最低，仅有约2次；GDS5级则为人均约3次；GDS6级老人不自主行为频次最高，约7次。此外，随着认知能力的不断衰退，老人不自主行为的类型也越来越多，不同级别老人不自主行为主要类型与差异分析见表5-7。

　　GDS4级老人在观察中呈现的不自主行为类型最少，包括9类。从行为上看，老人的自主性基本得到满足，共有2位老人被强迫参加活动，2位老人尝试开启门禁失败、行动受限。在如厕盥洗行为上，大部分老人能够自主完成，但个别老人存在便后忘记冲水、小便位置不准（男性老人）等情况。GDS4级老人的自主性受限主要体现在生活安排自由度方面，包括就餐、洗漱、就寝的时间缺少灵活性，活动类型缺少选择等。这主要是由于照料设施中多采取集体活动、集体就餐的方式，就寝和洗漱时间也根据护理人员的工作安排确定。观察中看到，护理人员通常会先劝说老人用餐、洗漱、就寝，当老人持续表现出否定意愿时，部分护理人员会采取"强制执行"的做法，甚至可能引发激烈的冲突。

　　GDS5级老人在观察中表现出的不自主行为类型明显较GDS4级增多，共包括18类。认知功能的下降与安全风险的增高使GDS5级老人在各类活动自主性上都更加受限。在行动自由上，由于GDS5级老人安全意识相对较弱，护理人员更强调老人白天必须在"大厅"（主要活动空间）、不允许其独自在居室中，甚至补觉也被安排在大厅中。然而，并没有老人因此被约束在座椅上、被限制行动自由。护理人员多采用拉拽、劝说等方式，使老人留在"大厅"。寻路方面，更多的老人因认知能力衰退表现出难以找到居室，或者误入他人居室。GDS5级老人的自主如厕能力也进一步降低，部分老人开始出现偶尔找不到卫生间、如厕需要护理人员提醒和引导、无法打开卫生间灯等情况。此外，老人自发接水、拿取零食的能力也较GDS4级老人减弱。在室外空间的使用上，GDS5级老人无法自由进出室外空间，均需要他人看护引导。

不同认知功能衰退程度老人不自主行为表现与差异分析　　　　表5-7

行为类型	主要不自主行为表现			差异分析
	GDS4	GDS5	GDS6	
文娱活动	被迫参与集体活动；缺少活动选择；无法自主使用单元外的活动空间	白天必须在大厅，不能自己在居室活动；不能自主选择座位	白天必须在大厅，不能自己在居室活动；不能自主选择座位	随认知能力衰退，安全意识减弱，护理人员会限制老人行动、避免老人独自在房间或限制座位选择
餐饮活动	无法拿取零食（偶尔）	难以自发接水、拿取零食（偶尔）	大多数情况无法自己倒水、喝水；难以自发拿取零食	认知功能衰退、行为问题导致老人无法自发拿取零食、接水等
行动寻路	无法找到自己的房间（偶尔）	不能自由回到居室；无法找到自己的房间；寻找出口、感到门禁约束（偶尔）；无法自主使用电梯、不能自主在组团间移动	躯体被约束，行动自由受限；反复寻找出口、感到门禁约束；无法找到自己的房间；无法自主使用电梯、不能自主在组团间移动	随认知能力衰退，部分老人行动自由愈发受限，反复尝试打开门禁；难以找到自己的房间；无法自主在组团间移动
如厕盥洗	找不到自己的漱口杯；便后忘记冲水	如厕需要提醒、引导；无法找到卫生间的灯	找不到卫生间失禁；如厕需要提醒、引导、辅助；不会使用水龙头；不会自己洗漱	认知能力衰退导致难以自主使用设施设备自主洗漱；逐渐丧失自主如厕能力，包括丧失尿意便意、无法找到卫生间或难以自主擦拭、冲水
居住行为	无	不能自主使用洗衣机	居室布置受限；开窗行为受限；限制使用门锁	激越行为和安全意识不足导致居室布置、门窗使用受限
室外活动	无	不能自由回到室内；无法自由使用室外空间	无法自由使用室外空间	随认知能力衰退，护理人员限制老人独自使用室外空间，室外活动采取集体形式，无法自由回到室内

　　GDS6级老人在观察中表现出16种不自主行为。其中，增长最显著的不自主行为是老人身体被约束，以及尝试开启门禁失败。其他形式的行为限制也在GDS6级老人中凸显。例如，由于老人的激越或精神行为症状（如砸家具、藏衣服、乱吃东西等），C3设施护理人员采用锁柜子、锁冰箱、拔电子水壶插销等形式禁止老人自主拿取个人物品、零食、饮水等。此外，GDS6级老人的自主如厕能力进一步下降，大部分老人丧失尿意便意、找不到卫生间等，部分老人还出现随地大小便、抠便、玩纸等行为，因而必须在工作人员引导下如厕。老人自主使用水龙头、自主洗漱的能力也进一步下降，有老人开始表现出不会使用混水龙头、按压式洗手液的现象。

　　对比三个不同GDS等级老人主要的不自主行为类型，可以看出差异主要体现在3个方面：第一，老人认知能力下降带来的生活能力衰退，导致无法自主洗漱、如厕、寻路等。第二，老人安全意识的减弱，增加了其独处、独自行走的风险，使得护理人员不得不采用限定活动区域，甚至身体约束的方式确保老人的安全。第三，面对部分精神行为症状较重的老人，护理人员采取限制其自主行动的方式避免类似行为发生。

第三节　支持性要素的本土化检验

本节中，采用专家问卷调查方法，进一步检验前文提炼筛选出的空间环境要素对于我国认知症老人和照料设施的适用性，为提出契合我国国情、具有可操作性的设计策略奠定基础。需要说明的是，尽管这些空间要素来源于系统性文献综述与跨文化多案例研究，经过了文献和实证的检验，但综述中的文献多来自于国外，案例研究数量亦有限。因此，通过收集中国认知症照料环境领域专家的意见，能够更好地检视这些空间环境要素的本土适用性，也有助于进一步完善、补充要素条目。

一、适用性检验方法与过程

专家问卷调查中，采用内容效度指数（Content Validity Index，CVI）作为评定空间环境要素适当性的指标。内容效度是指一个量表中所包含的条目是否适用于测量该目标、条目内容是否与待测量的目标有关。内容效度没有绝对客观的测量方式，较为常用的方法是由一组专家（一般8～12人）共同评估条目的效度。评估时通常采用1～4分打分法，1分代表不适当或不相关，4分代表非常适当和相关[1]。CVI是针对某条目打出3或4分的专家人数占总专家数的比例，当CVI大于等于0.78时，通常认为该条目具有很好的内容效度[2]。在本书中，内容效度代表了空间环境要素是否适用于评价空间环境对认知症老人自主性的支持程度。当一条要素的CVI较高时，说明专家团体一致认为该要素能够支持认知症老人的自主性，该条目适合于评价空间环境对自主性的支持度。

专家问卷调查采用研究者自拟的《支持认知症老人自主性的空间环境要素专家打分表》。该打分表中包括96个条目、3类待评估的空间环境要素，分别为：经过案例检验的62条要素，通过案例研究新增的20条要素，以及系统性文献综述中提取的但在案例研究中未及检验的14条要素（以洗浴空间、照明设施等要素为主）。针对每一个条目，专家按照1～4打分法，根据自身经验评价该要素是否适用于评价空间环境对认知症老人自主性的支持程度。其中，1分为非常不适当，2分为较为不适当，3分为较为适当，4分为非常适当，并请专家针对评分为1、2、3的条目，给出其认为不适当的原因、修改建议。此外，问卷中还请专家针对八类空间环境要素分别进行条目补充，并对支持认知症老人自主性的空间环境相关要素给出整体性建议。

问卷调查中选取了10位国内认知症照料环境领域的专家学者。10位专家分别来自五个不同的专业方向，每个方向2位。五个专业方向分别为：照料设施空间环境研究、照料设施运营管理、照料设施建筑设计、照护培训与社会工作、医疗护理等。10位专家从事认知症照料环境研究、实

---

① POLIT D F, BECK C T. Nursing research: Principles and methods[M]. Lippincott Williams & Wilkins, 2004.

② 史静玲，莫显昆，孙振球. 量表编制中内容效度指数的应用[J]. 中南大学学报（医学版），2012，37（2）：152-155.

践的时间平均为17年。来自不同的专业方向、具有资深研究与实践经验的专家组，使得本次问卷调查结果能够较好地代表目前我国认知症照料环境领域专家的观点。

二、检验结果

回收问卷后，在Excel 16软件中对专家打分结果进行了统计，96个空间环境要素的CVI值在0.70 ~ 1.00。其中，共有4个要素条目CVI值（I-CVI）为0.70，小于0.78的指标，需要作一定修正。其他92个条目均显示出较高的CVI值，说明问卷中绝大多数空间环境要素有很好的内容效度，能够很好地评价空间环境对认知症老人自主性的支持程度。整体来看，该问卷的所有条目CVI平均数（S-CVI）为0.95，高于0.90，显示出很好的整体内容效度。

96个要素条目中，共有62个要素的有效性同时经过了系统性文献综述研究、案例研究和专家问卷三种检验方式。CVI较低的4个条目分别为：在居室与走廊之间提供缓冲空间；针对不同身体情况的老人设有两个就餐区域；居室的装修风格能为老人提供选择；居室内设置淋浴空间，并可摆放个人洗浴用品。

三、空间环境要素条目修正

针对CVI较低的4个条目，通过比对不同研究方法下该条目的有效性检验结果，分别进行了删除或者修改。针对其他CVI较高的条目，均予以保留，并逐条根据专家意见修改。修改方向主要包括5类：条目本土化、语义清晰化、做法灵活化、要求细腻化、适用对象精准化。例如，在条目的本土化方面，一位专家提出"咖啡机、炉灶和面包机等，不适合中国国情"，因此在条目修改中删除了咖啡机、面包机，并将炉灶改为电磁炉（观察到在中国案例设施中多使用电磁炉）。又如，在适用对象的精准化方面，主要是针对专家指出部分条目只适用于某一认知症病程阶段的老人，对这类条目适用范围加以界定。例如，针对"设置自助茶水吧、取餐台，便于老人自助拿取饮品、零食"一条，两位专家同时指出该条目适用于轻度、早期认知症老人。因此将该条目修改为"针对轻度认知症老人，设置自助茶水吧，便于老人自助拿取饮品、零食。"

此外，修改中还根据专家意见，调整了部分条目的语序、用词。例如，多位专家指出"不赞成设立护理站，应尽可能去机构化"或"更主张取消护理站，护理人员应时刻在老人身边"。因此，在修改后的条目中，采用其他方式替代与护理站有关的说法。如原条目"护理站的位置便于护理人员监护走廊中老人的行动，从而间接促进老人独立、安全地行走"，修改为"走廊的形式使护理人员在服务中能够随时监护走廊中老人的行动，从而间接促进老人独立、安全地行走"。

通过梳理专家对各类空间环境要素的补充建议，可总结出其他与支持认知症老人自主性密切相关的要素条目。例如在活动设施方面，专家补充"应有一些肢体功能锻炼的设备，不仅仅是精神认知方面的活动"。又如在提示标识方面，专家补充"有鼓励活动、利于健康的短语（可以在墙上，也可以在地上）""日期、时间的提示""储物空间有明确的标识或者图标"。此外，还有专家补充"洗涤衣物可以由护理员指导患病轻的老人自己洗衣（根据老人在家的情况），或者使用洗衣机洗衣"、增加"入户门的探视窗口"的设置必要性与方法等。这些建议有待在未来的实证研究中进一步检验。

　　针对少数条目，专家意见呈现出一定的矛盾性，主要集中于3个方面：行为风险的控制、居室私密性程度、空间的家庭化氛围与辅助设施（如扶手、标识）设置之间的矛盾等。在行为风险控制方面，例如针对老人自主使用电梯的条目，有一位专家认为："电梯最好隐藏，不隐藏老人会闹着要坐电梯出去，增加不必要的麻烦。"其他9名专家则支持认知症老人自主使用电梯，还有专家补充建议"同时在电梯按钮处提供色彩鲜明文字清楚的楼层导向。"在居室私密性程度方面，针对居室与走廊之间提供缓冲空间一项，有专家认为"在认知症区域，不需要。反而不易一目了然识别"，而其他专家则认为有必要提供但实现方式可以更灵活。在空间的常态化与辅助设施设置的矛盾性上，例如在设置清晰、连贯的导视系统上，一位专家认为"机构要家庭化，尽可能减少或不使用导视系统"，而其他专家则均认为该条目十分重要。在条目的修改中，主要依照少数服从多数的原则，按照多数专家的意见进行了修正。然而，这些存在矛盾的意见也反映出目前我国认知症照护中深层的理念差异，有待在未来的研究中进一步探讨。

第四节　本章小结

　　本章中，首先遵循循证设计方法，系统检索了包括综述研究、实证研究、标准导则、专家观点等五类文献在内的证据，筛选、汇总了现有文献中表明可能支持认知症老人各类自主行为的空间环境要素，并根据要素所在空间分为八类。可以看出，已有大量文献关注空间环境对认知症老人各类自主行为的支持，且研究中所涉及的空间环境要素基本可对应支持上一章中提出的自主行为类型。接着，以六所中国、澳大利亚认知症照料设施为案例，开展了设施空间环境评估、认知症老人自主行为观察、设施管理、护理等工作人员访谈。基于多角度的质性数据与定量数据，分析了设施中认知症老人自主行为特征，比较了不同认知衰退程度老人的空间环境利用特征，检验了空间环境要素支持老人自主行为的有效性。最后，通过专家问卷，所有空间环境要素均经过了系统性文献综述、案例研究、专家问卷调查中至少两种研究方法的检验，形成了研究中的"三角测量"（Triangulation），大大增强了研究内容效度，最终得出的空间环境要素能够很好地支持认知症老人的自主性。

第六章

构建支持自主生活的照料环境体系

第一节　空间环境支持自主性的作用机制

一、数据分析

本节中，将对中国和澳大利亚六所认知症照料设施中采集的质性资料进行扎根理论取向的分析，提炼空间环境支持认知症老人自主性的作用机制。通过扎根理论的典型操作程序——三级编码，空间环境对认知症老人自主性的支持作用机制逐渐浮现，并得以反复检验和修正。下面将对本书使用的质性资料来源，采取的扎根理论数据分析程序，各编码阶段的结果，及最终研究结果的质量检验进行逐一阐述。

1. 资料来源

本部分研究资料包括在中国、澳大利亚六所认知症照料设施中的行为观察田野笔记，以及护理、管理人员访谈记录笔记。从样本特征上看，六所照料设施在运营服务理念、机构类型、空间环境特征等方面均具有较大的差异性，能够较为全面地反映不同情况下空间环境对认知症老人自主性的支持路径。

2. 数据分析程序的选取

本书中，借鉴斯特劳斯与柯宾的程序化版本的扎根理论取向，分3个阶段对质性资料进行分析。在开放编码阶段，研究者将原始数据逐句编码、概念化，并逐渐归纳出概念类属，从而提取与空间环境支持认知症老人自主性相关的因素。在主轴编码阶段，研究者进一步将与自主行为相关的各类现象脉络化，梳理现象的原因条件（为什么）、脉络条件（时间地点、人物、如何）、介入条件（其他相关条件因素）、行动与互动以及结果。通过主轴编码，概念与概念之间、概念与概念类属之间的逻辑关系得以连接和明确。在选择编码阶段，选择最能彰显研究主题的概念、撰写故事线并发展能够解释空间环境支持认知症老人自主性机制的理论。

3. 开放编码中的数据分析

在开放编码的过程中，研究者首先在Atlas.ti 8软件中对所有质性资料进行了逐句的编码。表6-1给出了开放编码过程的示例。通过识别文本中与空间环境、认知症老人及其自主行为相关的关键字、关键事件或现象，并为其赋予更加抽象的编码。例如，文本资料中烤盘中刚烤熟的芝麻、开水等被研究者抽象为"烫伤风险"。在扎根理论中，编码又被称为概念。在开放编码过程中，不断将相似概念进行比较、修改和合并，最终确立形成了585个概念。

根据概念内容，又进一步将概念归类，提炼出48个概念类属（例如"烫伤风险"可归类于"受伤风险"）。通过将概念类属进一步概括、抽象，又形成了10个类别（例如"受伤风险"可归类于"一般风险"）。而类别又可进一步抽象为6个核心类别，最终通过开放编码形成了4个层级的编码体系（表6-2）。

开放编码示例　　　　　　　　　　　表6-1

文本资料	概念	概念类属	类别
在护理人员不经意的提议下在公共厨房中和护理人员一起用电磁炉和烤盘做玉米饼（小时候经常吃的河北风味）。坚持自己把烤熟的芝麻倒在案板上（护理人员一开始不让，后给老人垫了毛巾）。护理人员把玉米面拿出来，并给老人倒了一碗从饮水机打的开水用于烫面（提示老人这是开水）。老人主动问围裙呢？护理人员从抽屉里拿出来给她穿上，并给她换了大的新案板	烫伤风险	受伤风险	一般风险
	兴趣爱好	性格	身心状态与能力
	与老人一起活动	护理支持	护理服务
	视线监护		
	提供适合老人兴趣的活动	活动安排	运营管理
	不刻意、零压力	目标理念	
	备餐区域开放	餐饮活动空间	各空间环境
	厨房设备齐全		
	使用厨房	餐饮活动空间	自主行为

编码层级体系　　　　　　　　　　　表6-2

核心类别	类别	概念类属	
自主的实现与否	不自主行为	文娱活动	如厕盥洗
		餐饮活动	居住行为
		行动寻路	室外活动
	自主行为	文娱活动	如厕盥洗
		餐饮活动	居住行为
		行动寻路	室外活动
个人因素	身心状态与能力	习惯	职业
		性格	自理能力
		文化	认知能力
		身体状态	
	精神行为症状	口头—攻击	身体—攻击
		口头—非攻击	身体—非攻击
		如厕	
风险可控性	情境风险	独处风险	夜间风险
		室外活动风险	如厕风险
	一般风险	受伤风险	走失风险
		健康风险	自杀风险
护理环境	护理服务	护理支持	负面护理方式
	运营管理	目标理念	活动安排
		人员安排	餐饮安排
		安全管理	空间利用

续表

核心类别	类别	概念类属	
空间环境	整体空间环境	整体	细节
	各空间环境	文娱活动空间	如厕盥洗空间
		餐饮活动空间	居室空间
		交通空间	室外活动空间

4. 主轴编码中的数据分析

在主轴编码阶段，研究者基于资料文本中呈现的逻辑关系，在Atlas.ti 8软件中将开放性编码中识别出的概念与概念进行了链接，链接关系包括导致、限制、属于、相关、影响、支持等。主轴编码中，选择了自主与不自主行为两个核心类别的现象，又根据自主性的4个维度——行动自由、生活选择、环境控制、行为独立，划分为8类。在对8类现象开展脉络化分析的过程中，按照程序化扎根理论的典范模型，将现象的原因条件、脉络条件、介入条件、行动/互动、结果等关键信息进行了结构化梳理，以捕捉自主与不自主行为现象背后复杂的结构和历程关系[1]。

表6-3中选取了8类现象中较为典型现象的主轴编码作为示例。例如，针对"室外活动行动自由的不自主"这类现象，C2设施一位老人表示想到屋顶平台中活动（原因条件）。该设施屋顶花园内存在地面高差等安全隐患，且该老人安全意识较差（脉络条件）。该设施存在护理人手短缺的情况，无法做到一对一照看老人，在活动中采取尽可能集体活动的策略（介入条件）。该设施将屋顶平台的门保持长关状态，护理人员也对这位老人进行了劝阻（行动/互动），最终导致老人无法自由进出室外活动空间（结果）。

自主与不自主行为8类现象主轴编码示例　　　　　　　　　　表6-3

现象	原因条件	脉络条件	介入条件	行动/互动	结果
不自主—室外活动—行动自由	老人想自己去室外活动	屋顶花园存在安全隐患；老人安全意识差	护理人手短缺；尽可能集体活动的策略	护理人员劝阻个体室外活动，封闭屋顶花园	老人无法自由进出室外活动空间
不自主—文娱活动—生活选择	需要开展活动	活动空间丰富老人难以自发活动	护理人手短缺；人员专业度不足；领导强调安全，护理人员之间价值观不一致	护理人员劝阻个体室外活动；没有根据活动安排表组织活动	活动种类单调，老人活动量不足
不自主—文娱活动—环境控制	老人在走廊中行走	走廊照明使用声控开关；下午傍晚天色变暗	认知症老人不知如何使用声控开关	老人无法控制走廊照明	老人在黑暗的走廊中行走，可能存在风险
不自主—如厕盥洗—行为独立	老人想要如厕	在组团间共享活动空间活动；老人抑制冲动能力弱	公共活动空间无公共卫生间	老人乘坐电梯回到组团	老人未找到卫生间，在电梯中失禁

---

[1] 钮文英. 质性研究方法与论文写作[M]. 台北：双叶书廊，2014.

续表

现象	原因条件	脉络条件	介入条件	行动/互动	结果
自主—餐饮活动—行动自由	部分老人用餐时间长	餐厅和活动区域分别设置；餐厅与小厨房邻近设置；老人存在边吃边玩的行为	鼓励老人独立用餐	护理人员适当加热食物，适当督促老人用餐	老人缓慢、独立地用餐，用餐时长自由，餐后看电视的老人不影响用餐的老人
自主—文娱活动—生活选择	引导老人参加集体跳舞活动	部分老人较为内向；设置组团间共享活动空间且与组团邻近	护理人员人手充足，单元内有护理人员值守	老人选择回到单元内看电视	老人实现自主的活动选择
自主—文娱活动—环境控制	个别老人讨厌参加集体活动（认为幼稚）	活动空间旁设有观望空间	护理人员邀请老人参加活动	老人选择在观望空间，不直接参与集体活动	老人实现了活动参与度的控制
自主—如厕盥洗活动—行为独立	老人想要如厕	公共卫生间邻近活动空间；易于护理人员视线监护	护理人员口头引导老人使用公共卫生间	老人独立使用公共卫生间后，回到公共活动空间	老人实现独立如厕

5. 选择编码中的数据分析

在选择性编码阶段，研究者基于对概念、概念类属、类别、核心类别及其相互逻辑关系的不断比较分析，最终提炼出核心类别之间的故事线，构建了"有条件的自主"这一空间环境支持认知症老人自主性的作用机制。认知症老人自主性的最终实现，有赖于空间环境因素、护理环境因素、风险可控性和个人因素的层层条件筛选，只有当所有因素条件均具备时，空间环境才能真正发挥有效作用、支持认知症老人的自主行为，具体的作用机制在下面分析阐述。

二、空间环境支持自主性的作用机制阐释

基于前文中扎根理论取向的三级编码，空间环境支持认知症老人自主性的过程可被归纳为"有条件的自主"这一理论机制。空间环境要素为老人发挥自主性的环境提供了可供性，而护理环境的支持，机构管理、护理人员感知某一行为的风险可控性高低，以及老人个人因素支持与否，则会筛选、决定特定的自主行为是否能在空间环境要素的支持下最终实现。可将影响因素间彼此作用关系与支持路径绘制为概念图示（图6-1）。下面，将分别分析空间环境因素、护理环境因素、风险可控性、个人因素在"有条件的自主"理论机制中的影响作用路径。

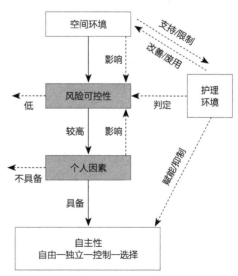

图6-1　"有条件的自主"——空间环境支持认知症老人自主性的作用机制

1. 空间环境影响认知症老人自主性的多重路径

空间环境对认知症老人自主性的影响方式主要包括三条路径：直接支持/限制老人自主性，通过护理环境间接影响自主性，影响护理人员感知到的风险可控性（图6-2）。

图6-2　空间环境影响认知症老人自主性的3个路径

（1）直接影响自主性

空间环境的丰富性、可及性能够直接支持老人的自主选择。多样化的活动空间能够为老人提供有意义的空间选择，使老人能控制适宜的社交强度。例如，C1设施中，同时设置了单元内的起居厅与单元间共享的活动空间，观察中一位较为内向的老人在参加集体唱歌活动当中，选择回到单元内看电视，多样的活动空间为老人提供了有意义的活动选择。丰富、可及的活动用品和元素能够促进认知症老人选择自己感兴趣的活动。例如，在A1设施中，依据蒙台梭利认知症照护理念，设置了多种多样的活动角，观察中多位老人根据自己的兴趣选择涂色、看报、猜谜等活动。

空间环境的易识别性也能够为认知症老人赋能，增强其在特定情境下发挥尚存身心机能、独立行动的能力。例如，尽管A1设施中大多数认知症老人存在空间定向能力的衰退，但由于楼层电梯厅与电梯楼层按键采用一一对应的色彩编码，许多老人都能够记住自己所居住楼层的色彩，并能自主使用电梯在楼层间移动。

反之，空间可及性差、可识别性差、设施设备操作形式不便会直接限制认知症老人的自主性。例如，在C1设施中，由于单元间共享活动空间附近未设置明显易找的公共卫生间，造成一位认知症老人因无法找到卫生间而在电梯内失禁。又如，C2设施中老人和护理人员在单元之间移动需要使用员工电梯，该电梯位于封闭电梯间中，位置隐蔽，因而老人无法自主使用电梯去到其他单元。护理人员表示："电梯也是我们带着才能用……这是员工通道，给独立区老人打扫卫生就走这个电梯。"观察中还发现，智能洗衣机、声控灯、语音控制遥控器等老人不熟悉的设施设备难以被利用。例如，C3设施中，在问到声控灯使用效果如何时，护理人员表示"不要全是声控的，特别不好。下午的时候走廊特别暗，像失智区老人可能不知道……。毕竟这个岁数，必须要有几个一直亮着的小灯，不用特别亮、功率特别大。"

（2）通过护理环境间接影响自主性

除直接支持外，空间环境因素还能够通过助力或者阻碍护理服务、运营管理，间接支持或者阻碍认知症老人实现自主性。

视野的开阔、空间的近便性、设施设备的齐全性能够提高护理服务效率，从而使护理人员能够更从容地支持认知症老人的自主性。例如，在调研时看到，C1设施照料单元规模较小，餐厅、开放式小厨房、客厅等老人主要活动空间彼此邻近、视线通透，护理人员能够在各个位置随时监护老人的动态。在C1设施中，约束的使用远低于C2、C3设施，几乎没有老人使用约束带。又如，调研中发现，当室外空间与室内活动空间邻近时，护理人员会更频繁地引导老人到户外活动，或者鼓励老人自主到户外活动。这主要是由于在多数所调研的设施中，认知症老人的室外活动大多以集体的方式开展，室外空间近便能够大大降低引导老人到户外活动所需的时间和人力。再如，齐全的备餐间设备（如微波炉、电磁炉、洗碗机等），便于护理人员保温、暂存饭菜，以根据老人需求灵活调整供餐服务，也便于引导老人独立开展家务活动（如C1设施中的开放式小厨房）。反之，视野可达性差、较远的活动空间会限制护理人员的服务便利性。例如，当室外活动空间较远时，护理人员常因人手不足等原因无法经常引导老人去室外活动。在调研中发现，C1设施与C2设施中，非首层单元的认知症老人集体外出至室外空间的频次远低于位于首层单元的老人。

空间环境的整体氛围有助于机构支持认知症老人自主性。例如，C1设施运营目标是让老人在不刻意、零压力的状态下，边生活边缓和，充分发挥其尚保有的机能。C1设施负责人在访谈中表示，环境氛围对实现这样的目标十分重要："我现在最大的感觉就是空间能不能形成一种非常好的环境，温暖平和，那个感觉特别重要，合适的大小，和煦的阳光，声音、色彩、亮度、家具抚摸的感觉，人，员工的平和，没有那种'哎呀你快点'，我们所有人（员工）就像潺潺流水，特别柔、慢慢地，体会每一个瞬间都好似我在做的那种感觉，参与、没有人强迫我（老人）。"C1设施中，通过大面积落地窗、居家感的色彩、材质与家具设计，配合小规模单元、层次丰富的公共活动空间等，营造出明亮、具有安心感和居家感的环境氛围。这种环境氛围有助于员工、老人心境状态的平和，从而促进老人充分参与到活动中并发挥机能。

（3）影响风险可控性

空间环境的安全性能够直接影响设施管理、护理人员感知到的老人行为风险可控性，从而间接影响老人的自主性。当空间环境中的风险得到妥善地考虑和预防时，老人自主行动的风险可控性较高，更易实现。例如，U1、U2、C1、A1、A2等设施通过电梯门禁的设置，电梯未刷卡情况下只能达到的安全楼层（跳过机房层、地下层、顶层等），使得老人能够自主使用电梯上下楼层。再如，C1设施开放式小厨房中采用带有电子锁的开水机，降低了老人自主接水的烫伤风险，促进老人自主接水。

当空间环境存在安全隐患且未得到预防与控制时，工作人员可能限制老人的自主行动，以规避风险。例如，在C2设施首层单元外花园中，散步道边缘有抬高的路缘石，老人独自散步可能发生跌倒。在访谈中，当问到老人去花园是否要有人跟着时，护理人员回答"对，因为外面有不平的地方"。又如，C2、C3设施电梯因没有限制到达楼层，采用了封闭电梯厅的做法，老人无法自主使用电梯。当问及C3设施护理主管是否担心老人走到楼下有危险时，其回答："对的，有走失风险，如果电梯到B2、B3就很难找到这个人（老人）。因为电梯没有限制，有可能家属直接坐到B2、B3，不知道老人的情况，老人尾随着就出去了。再加上地下监控不是特别好，有死角。"在对C3设施的老人行为观察中看到，由于电梯厅门禁为透明玻璃门，两位老人反复尝试摇门、开门，甚至引发了老人之间的暴力冲突。可见，当空间环境的风险可控性较低的情况时，虽然可以限制老人自主性保证其安全，但老人也可能因自由度和控制感的丧失，产生较为强烈的负面情绪或精神行为问题。这凸显了需要通过系统的风险评估与环境设计，平衡好风险可控性和自主性的关系，尽可能避免牺牲老人的行动自由求取安全。

2. 护理环境影响认知症老人自主性的多重路径

护理环境因素包括护理服务、目标理念、活动安排、餐饮安排、人员安排、空间利用方式、安全管理等。与空间环境因素相似，护理环境因素也同样通过三个路径影响着认知症老人的自主性：直接支持或抑制老人自主性，通过改善、废用空间环境间接影响老人自主性，以及通过判定风险可控性影响老人的自主性（图6-3）。

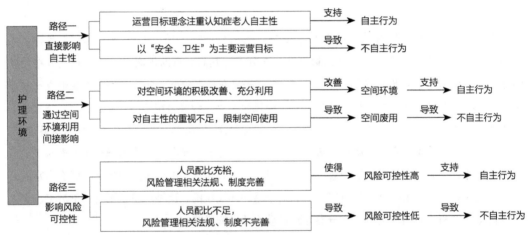

图6-3 护理环境影响认知症老人自主性的三个路径

（1）直接影响自主性

照料设施在运营目标和理念上是否注重认知症老人自主性对其实现有较大影响。例如，在尊重老人的个性化生活习惯的设施中（如U1、U2、A1设施），老人能够实现个性化的生活作息，包括灵活的起床、用餐、活动时间等。又如，支持老人冒险的尊严是A1设施核心理念之一，工作人员定期陪伴有意愿的老人外出，或给想要单独外出的认知症老人佩戴GPS腕表，实现了老人外出行动的自由。反之，当机构以"安全、卫生"为主要运营目标时，老人的自主需求常被忽略和牺牲，而被迫适应集体作息和活动。例如，C2设施要求老人必须在员工监护之下活动，出现跌倒等事故必须对责任员工进行相应惩罚（扣钱或绩效）。又由于一名员工往往同时负责照料多位老人，这使得老人作息、行动被迫高度一致化。例如，C2设施护理组长针对老人无法自主进出花园的现象表示："之前有一部分人（老人）有活动能力，叫他们自己走的，但是领导后来要求必须要有人陪同……要求我们强调安全这一块……如果没人陪同，（老人）自己出去了你不知道，因为你不是一对一的，会看不过来。"可见，领导的理念与管理方法在很大程度上决定了机构整体的照护目标，也决定了员工能否支持认知症老人自主性。

　　人员安排也直接影响到机构中活动的可选择性和丰富性。当人员充裕特别是配有多位专门开展活动的人员时，往往能够为老人提供更加丰富、可选的活动种类。而当人员配比低、没有专业负责策划开展活动的人员时，老人则往往只能参加唯一的集体活动或者无所事事，活动选择受限。以往研究表明，人手不足、老人活动匮乏是目前绝大多数照料设施的常态[①]，因而，更需要通过空间环境提高运营效率、助力护理人员将精力投入到支持老人自主行为中。

　　服务的提供方式也极大影响着认知症老人自主性的实现。当设施护理服务人员了解老人的身心状态与特点、尊重老人的偏好和意见，并尽可能采取支持老人发挥自身能力的服务方式时，能够最大限度支持老人实现自主性。以活动的组织为例，U1、U2、A1、C1等设施通过个性化的评估，根据每一个老人的需求开展个性化兴趣活动，例如引导老人做家务、进行园艺活动等，老人的尚存能力与兴趣被激活，生活参与度较高。C1设施中，在护理人员的陪伴和引导下，老人甚至可以自己完成烤芝麻、烫面、擀面、烙饼等一系列操作。反之，当护理人员没有主动激发、挖掘老人剩余能力时，也可能压抑某些老人的能力。例如C2设施中，面对一位老人持续表达"想找点事做"，护理人员常回答"现在没有什么事情给你做"，导致老人的自主性无法发挥。此外，在服务中注重为老人提供选择、支持老人自主做选择也十分重要。例如，A1设施的中重度认知症照料单元中，护理人员仍会询问老人意愿，鼓励有一定行动能力的老人到单元外用餐、活动。又如，当老人行动不便无法到自助餐台取餐时，护理人员会问询老人的餐食选择再到自助餐台帮老人取餐。再如，A1、A2设施均会为老人提供活动安排表，便于老人选择想参加的活动，并定期调查询问老人意见，不断改进优化活动安排。

　　（2）通过对空间环境的利用间接影响自主性

　　护理服务人员对空间环境的积极改善、引导老人利用环境元素能够间接支持认知症老人的自主性。例如，在A1、A2、A3等案例设施中，服务人员通过在空间中布置大量丰富的互动元素，促进老人自主开展阅读、手工、填色、拼图、自助拿取饮料零食等。A2设施中，服务人员通过在屋顶花园增加晾衣架，为一位喜欢自己晾衣服的老人提供了自主晾晒的场所。调研中也看到，许多老人由于身体能力所限，难以自发利用活动元素。在A2、A3设施中，护理服务人员会引导老人利用空间中的活动要素，例如和老人一起阅读一本书架上的画册、引导老人做填字游戏等。可以看出，一些情况下空间环境中丰富的活动元素本身不足以激发老人自主使用，还需要护理人员根据老人的能力和兴趣加以引导。

　　反之，运营管理者对自主性的重视不足时，会通过废用部分空间以保证安全或监护效率，使得支持性空间环境要素失效。例如，U1、C3设施中，均设置了围合的室外活动空间，但护理人

---

① SLETTEBO A. Safe, but lonely: Living in a nursing home[J]. Vard i Norden, 2008, 28(1): 22-25.

员因担心老人跌倒，将室外空间锁闭，仅在有人看护时才允许老人使用。又如，在C2、C3设施中，虽然设置了多样的室内活动空间，但考虑到距离护理站较远的空间中老人难以被看护、存在一定风险。因此，两机构均尽可能引导老人在单元中部的活动厅中活动，老人无法有效利用丰富的空间选择。这一现象也在国外研究中得到了证实，机构的运营目标、使命和管理理念对老人能否自主使用户外空间活动有影响作用。当机构的服务者过分注重安全时，往往会采取保守的方式限制老人自主使用某些空间。

（3）影响风险可控性

护理环境对风险可控性起着很大的影响作用，主要体现在人员安排与安全管理方式两个方面。当人员配比不足时，无法随时看护每一位认知症老人，风险可控性低，许多设施会采用限制老人行动自由的方式保证其安全性。例如，C2、C3设施中，均采用约束带的方式，将高跌倒风险的老人绑在座椅上。几位老人连续数小时被约束在椅子上、床旁、轮椅上，反复尝试站起、解开带子或呼喊求助。C2设施护理人员在谈到约束目的时表示"主要就是怕他们（老人）跌倒了，还有一个，可能不太好说，就是人员配备不足的时候，这样的话就可以减少人，不是拴着了吗，就省得他们自己站起来"。可见，保障认知症老人的自主性与设施人员配比密不可分。当人员配比充裕时，护理人员能够及时发现潜在风险，风险可控性较高，老人自主性也会相应得到支持。例如，A2设施门厅处白天设有接待人员，其视线可兼顾到出入口附近的认知症老人，老人可以自主出入设施。当接待人员感知到老人外出有风险时，会及时陪伴老人或采取其他应对措施。然而，高人员配比意味着高运营成本，绝大多数设施都难以提供充裕的人员配比，与支持自主性构成了矛盾。

设施的安全管理方式决定了其管控风险的方式。风险可控性既是基于机构或者护理人员对老人的客观评价，也源自于护理人员服务中每时每刻的主观感知。在不同的社会文化环境、护理政策下，机构对同一行为的风险可控性感知可能截然不同。例如，A1设施经理表示，当机构已经确保行走环境安全、无障碍，并为高跌倒风险老人提供了护胯等保护性辅具时，老人自主行走时意外跌倒不需要机构承担责任，这也使该机构能够放心地支持老人行动的自由。然而，在国内多家机构访谈中了解到，目前相关法规尚不完善，老人跌倒后的责任多归属于照料设施，高跌倒风险的认知症老人因而往往被约束在椅子上。

3. 老人个人因素影响其自主性的多重路径

老人的个人因素主要通过三个路径影响其自主性。首先，老人的身心状态与能力能够直接支持认知症老人自主行为。其次，认知症老人的身心状态与能力、精神行为症状等个人因素对其能否利用空间环境要素而最终实现自主性有筛选作用。最后，个人因素也会通过影响风险可控性而间接影响自主性的实现（图6-4）。

（1）身心状态与能力直接支持自主行为

老人的个性特征和身心能力能够促进老人的活动自主性。例如，每个案例设施中，都有一些勤劳、独立、"想找点事做"的老人。护理人员往往会通过鼓励他们做一些力所能及的家务，帮助老人建立信心、获得成就感。此外，部分轻度认知症老人还保持着自己支配时间的能力和兴趣爱好，能够在房间内或者公共区域自主开展活动，例如阅读、练书法、发微信、写日记等。

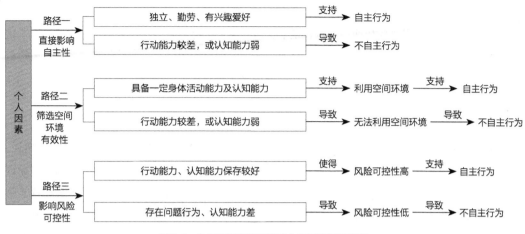

图6-4　个人因素影响认知症老人自主性的三条路径

（2）个人因素对空间环境要素有效性的筛选作用

尽管空间环境能够为老人特定情境下的能力进行赋能，但仍不可否认，认知症老人不断衰退的认知能力和身体能力会制约其对环境支持要素的感知和利用。例如，A1、A2设施中，尽管在中重度照料单元和轻中度老人活动区都布置了自助茶点台，但中重度照料单元中，老人无法独立拿取茶点。又如，A2设施中虽然设置了近便可及的屋顶花园，但重度照料单元中许多老人已经无法自主行走或者不能辨识室外空间，只能在护理人员的引导下使用室外空间。

老人的身心状态和能力也可能影响并限制护理支持方式的有效性。例如，在A1设施的中重度认知症单元当中，尽管布置了许多活动道具，并尝试引导老人开展蒙台梭利式的活动、为老人赋予力所能及的角色，但护理人员表示，随着单元内老人认知能力的下降，许多活动和角色他们都逐渐无法参加或承担。

综上所述，空间环境要素对自主性的支持作用因人而异。营造空间环境时，必须要考虑不同使用者的身心状态与能力，以使空间环境能够支持尽可能多的老人、最大限度地实现自主生活。

（3）老人个人因素影响风险可控性

老人的精神行为症状可能导致风险可控性低，使护理管理人员采取限制老人自主行为的措施。例如，C3设施中，一位老人因有暴力倾向，会乱砸家具、乱扔东西，护理人员将其房间内所有家具清空、柜体上锁，以避免她"捣乱"。此外，个别老人的精神行为症状还可能会限制其他老人自主使用某些空间环境要素。例如C2设施中，一位老人喜欢和玻璃中的倒影（误认为是自己的妹妹）对话，并且喜欢开窗探头外望。因此，护理人员将所有窗户都贴上磨砂膜、将窗扇上锁，使得其他老人也无法看到室外活动空间、无法使用窗扇。这一现象体现出照料设施中支持老人自主性的特殊性——集体（设施内所有老人）的自主性不得不让位于个体（设施内个别老人）的安全性。

此外，认知症老人在认知能力（如寻路能力等）上的差异，也会使得对于同一类型的自主行为，不同个体呈现出的风险可控性有所差异。例如，A1设施通过评估老人能力水平，判定对周边社区非常熟悉、行走能力好、能够应答电话手表的老人可以独自佩戴GPS腕表出行，而其他老人则需要在护理人员人陪伴下出行。A2设施中，则通过风险评估矩阵的方式，认定部分行走能力弱的老人（如需要乘坐轮椅或者步行速度非常慢的老人）可以自主走出设施。这主要是由于这部分老人不可能走得太远，而在设施所在封闭养老社区中散步的风险可控性较高。可见，风险可控性与老人能力并非呈绝对线性相关关系，而需依具体行动和具体场景而定。

4. 风险可控性对实现自主性起到筛选性作用

风险可控性是指护理人员针对老人的某种行为判断其可能存在的风险可控程度。如前所述，风险可控性受空间环境、护理环境及老人身心状态、精神行为症状等的综合影响。在风险可控性较高时，老人的自主行为通常会得到设施工作人员的支持。例如，C1设施中，机构管理者了解老人在使用开放小厨房时可能存在一定的烫伤等风险。但由于该机构的护理人员安排中，确保随时有护理人员在小厨房边的护理站值守，因此老人使用开放小厨房的风险可控性高，老人能够自由使用电动开水机，甚至可以制作面包、烧饼等食物。反之，当空间环境和护理环境因素部分缺失时，可能导致工作人员感知到风险可控性低，采取限制或部分限制老人自主性的方式来保障老人的安全。

5. 小结

综上所述，由于认知症老人存在认知身心机能的下降、风险意识较低、设施承担着保障老人安全的重大责任等原因，其自主性的实现是"有条件的"。这种条件又可以分为四个层次，第一，空间环境需要提供支持性的条件，具备可及性、便利性、易识别性等特征的可供性，使老人能够利用尚存机能开展各种活动。第二，护理环境需要能够从运营和护理服务上提供必要的支持和引导，因为认知症老人许多情况下难以自发开展活动，其喜好、习惯等需要被更加小心地"识别""保护"和引导，以维系老人的尊严与身份感。第三，认知症老人认知能力下降、风险意识薄弱、存在精神行为症状等因素都可能阻碍其发挥自主性，或者有效利用空间环境的支持。第四，机构对自主行为的风险可控性评判决定着其能否支持老人的自主性，只有机构认为老人面临的风险是可控的，才能支持老人自主性。

第二节　支持认知症老人自主性的社会环境因素

通过前述章节中对美国、澳大利亚、中国照料设施中认知症老人自主行为的分析，可以看出，美国、澳大利亚对认知症老人自主性的重视程度与具体支持策略上与中国差异显著。除了照料设施中的空间环境和护理环境，整体的社会价值观、政策法规、照护模式、个人认识等社会环境因素也从宏观层面影响着照料设施中认知症老人的自主性。下面，将通过探讨美国、澳大利亚、中国在这些社会环境方面的差异，结合对三国照料设施中自主性受支持情况的分析，加深对宏观环境影响老人自主性的理解，从而完善生态学视角下支持自主性的环境体系。

一、社会价值观对个人自主性的影响

从社会主流价值观方面，包括美国、澳大利亚等国家在内的西方国家相比于有着儒家传统文化的中国更加重视个人的独立与自主。而随着中国社会的现代化进程，个人的自主性诉求亦逐渐凸显。

自文艺复兴时期开始，西方国家在现代化进程中，个人地位逐渐凸显，个人主义成为西方社会的核心价值观。个人主义强调自我独立、个人价值，尊严、个性和自由，一切价值均以人为中心。在个人主义思想引领下的社会，政府和法律的最高目的是保障个人的权利、自由、心理和精神的发展。在医疗道德伦理上，包括美国、澳大利亚等国家在内的西方国家中，原则主义（Principlism）是被广泛采纳的准则。原则主义包括四大原则：尊重自主、为他人利益采取行动的义务、避免故意伤害、公平正义。在个人主义核心价值观与原则主义医疗伦理下，西方国家的护理政策中均十分强调对被护理者自主性的尊重和保障。

中国等东方国家在现代化的进程中保留了传统的儒家道德伦理，更强调家庭、社会关系的构建，对个人的自由、个性的重视程度不高。在儒家思想中，个人是存在于社会网络中的，需要作为子女、父母等角色承担相应的义务，并能够尽可能关爱他人。与西方个人主义思想截然不同，儒家不强调独立于社会的、个体作为独立生命体的权利，而更强调其在家庭、社会中的互爱与道德。这也就不难理解，在中国的文化语境中，自主常与国家的自主性、区域自治等理念相联系，而鲜有关于个人自主性的探讨。在儒家看来，对个人权利的强调似乎意味着利己主义与自私，而理想的社会中个人应当"忘却"自己的权利，着重于参与和谐的家庭与社会关系的维系与经营[①]。

儒家伦理以"关系"为核心的理念表现在养老方式上便是老年人对子女的依存关系。我国《老年人权益保障法》中明确规定了赡养人对老年人经济供养、生活照料、精神慰藉的义务。通过法制的方式强调子女对父母的赡养，这一定程度体现出老年人在关系中的弱势和不独立特征。在西方国家中，子女赡养父母则以道德准则和家庭伦理的形式存在。大多数西方发达国家建立了完善的福利制度，能够支撑老人独立、自主生活。对老人处于弱势、依存状态的假定，可能也是在我国养老照料的基本法规之中，从未对老人自主性提出重视和保障的深层原因。

然而，随着我国社会的现代性演进，以老人为中心的传统大家庭不断瓦解，家庭呈现小型化、核心化特征，家庭边界日渐凸显。与此同时，经济发展与养老金制度使得部分老人有较好的自我赡养能力。越来越多的老人从"依赖型"转化为"独立型"，他们选择独自居住或者主动入住养老院，更加独立自主并注重保有私人空间[②]。能够推论，相较于"依赖型"老人，"独立型"老人对于在照料设施生活的自主性也有着更高的需求。

① CHAN J. A Confucian perspective on human rights for contemporary China[M]//BAUER J R, BELL D A. The East Asian challenge for human rights. Cambrige University Press, 1999: 216.
② 张再云. 关系主义的个体——城市老年人入住养老机构的个体化理论阐释[J]. 老龄科学研究, 2016（10）: 25-37.

二、护理法规对个人自主性的影响

社会文化与核心价值观决定了国家政策法规的价值导向。美澳两国的护理法规中均十分重视保障入住老人自主性，包括保障其行动的自由、支持其独立性和自主选择、自我控制等，而中国的护理法规和标准中尚未涉及相关内容。国家法规是照料设施运营的重要导向标，法规中对老人自主性保障的缺失可能是导致中国与其他两国设施中认知症老人自主性差异较大的重要因素。

1. 美国护理法规基于以人为中心理念保障老人自主性

个人的自主性是美国社会的核心价值，其护理院相关法规也十分重视以人为中心、保证老人的自由、独立和选择。自由、自立、避免依赖其他人是一种根植于美国人心中的意识形态。半个世纪以来，照料设施中老人的自主性随着医护伦理的进步逐渐被重视。自20世纪70年代开始，尊重患者自主性、支持患者成为决策者便一直是医疗护理伦理学的核心议题。20世纪80年代末，美国政府发现护理院中存在大量虐待、不恰当护理老人等现象，开始重新审视照料设施入住者人权与福祉的保障问题。1987年，美国颁布的《护理院改革行动》（Nursing Home Reform Act）联邦法案中第一次规定：入住者有权利免于不必要的物理或药物束缚。该法案的提出显著减少了护理院中束缚的使用，对重度认知、生活能力缺陷老人的束缚率从1990年的63.9%[1]，下降至2004年的9.99%[2]。2017年，美国医疗保险与医疗辅助服务中心发布的最新法规《国家运营手册》（State Operations Manual Appendix PP）中进一步规定，除了由医生、护士确认为治疗患者的某些症状所必需的约束之外，所有居民有权利免受任何形式的物理和药物约束，特别是那些为了护理的便利和效率所施加的约束。

除对老人行动自由的保障外，美国的联邦护理法规也对护理院中老人的生活选择、独立性进行了细致的规定。2017年发布的《国家运营手册》中首次提出要全面实施以人为中心的护理，包括支持老人为自己的日常生活做出选择与决策，使居住者相信自己可以控制自己的生活（Locus of Control）。在该法规中，非常详细地说明了各项服务的目标、服务方式与检查方式。在"自我决定与参与"一项中，详细说明了在检查时督察员需要访谈老人和家属，了解老人能否自主选择参加的活动和时间安排，例如选择用餐、洗浴的时间、适合个人兴趣的活动等。此外，该法规也强调通过空间环境和护理服务共同支持老人的自主性。例如，尽可能支持老人个性化布置其居住空间和公共空间，通过辅助设施支持老人达到最大限度的活动独立性等。在政府法规的引导与细致的督查下，伴随养老业内人士的持续努力呼吁，越来越多的美国照料设施将支持认知症老人的自主性作为其核心理念。

---

① HAWES C, MOR V, PHILLIPS C D, et al. The OBRA-87 nursing home regulations and implementation of the Resident Assessment Instrument: Effects on process quality[J]. Journal of the American Geriatrics Society, 1997, 45(8): 977-985.

② LUO H, LIN M, CASTLE N. Physical restraint use and falls in nursing homes: a comparison between residents with and without dementia[J]. American Journal of Alzheimer's Disease & Other Dementias, 2011, 26(1): 44-50.

2．澳大利亚护理法规尊重老人冒险的尊严和自主性

与美国相似，澳大利亚政府法规也十分重视保障入住照料设施中的老人的自主性，特别是行动上的自由甚至是"冒险的尊严"。2012年，澳大利亚政府开始呼吁照料设施打造"零约束"环境（Restraint Free Environment），并提供了许多更加安全、高质量的约束替代方案（Australian Government Department of Health，2015）。2019年4月，澳大利亚卫生部发布的最新《照料设施质量标准》（Aged Care Quality Standards）中，明确规定了所有约束在使用前均需要医护人员系统评估，记录曾经使用但无效的替代方案，定期上报约束带来的负面效应。该标准中还明确定义了约束，不仅包括物理约束、药物约束还包括环境约束，如将老人限制在自己的房间，通过门禁系统不允许老人去户外庭院或者阻止老人离开建筑物等。

除保证老人的行动自由之外，《照料设施质量标准》的第一条便是尊重入住老人的尊严、维护其个人身份感，支持其自主决定护理方式、选择自己想过的生活并保持独立性。该条标准中还特别提到了照料设施需要支持入住老人承担风险，使他们能够过上自己能力范围内的最佳生活。在对澳大利亚A1设施负责人的访谈中，她也多次强调在护理实践中"冒险的尊严"（Dignity of Risk）的重要性。认知症照料机构多关注对老人安全与健康的保障，但往往是采取限制其活动的方式（例如为避免着火与烫伤限制老人使用炉灶烹饪）以避免危险的发生。然而，这种方式意味着牺牲老人的自主性与生活品质来换取安全。澳大利亚认知症护理专家朗达·奈（Rhonda Nay）曾说："生活本身就是一场冒险。不可能在不削弱个人自主性的前提下降低风险。"安全与自主性存在的矛盾需要十分用心才能找到最佳平衡点，而对"冒险的尊严"的关注说明澳大利亚政府与业内人士已经普遍认识到自主性的重要性，并对其有深刻的理解。

3．中国护理法规中对老人自主性的保障缺失

我国目前照料设施相关的标准、规范中，几乎没有任何保障入住老人自主性的要求。在我国现行的《养老机构服务质量基本规范》中，内容偏重服务标准化，以及对卫生、安全等基本质量的考虑，没有关于支持老人自主性、个性化服务等方面的内容。其中，唯一涉及老人自主性的条目是约束的使用。该规范中规定应遵医嘱使用约束用具，并与相关第三方签署知情同意书，但对于其他形式的环境约束、使用约束的前提条件等方面没有具体规定。在对国内多家认知症照料设施的调研中了解到，除了对老人的手脚进行束缚需要医嘱外，对老人使用束缚带（将老人束缚在椅子或者床上）并不属于约束用具的范围。而出于对部分老人安全和机构服务效率的考虑，一些机构将有一定跌倒风险的老人常年束缚在座椅或者轮椅上。这样的做法不仅使得老人的行动自由受到严重限制，对其身心造成巨大伤害，还可能引发次生风险（例如久坐或老人活动不足带来的机体能力下降）。除《养老机构服务质量基本规范》外，各地出台的养老机构等级划分与评定标准中也没有保障老人自主性的相关规定。

三、主流照护模式对自主性的影响

如前所述，美国、澳大利亚和中国的社会文化对自主性的价值观，以及护理法规对自主性的

保障存在相当大的差异。这些差异直接导致三个国家在照料设施的照护模式中对入住者自主性的重视程度不同，从而使认知症老人自主性实现程度呈现差异。

1. 美国、澳大利亚采用以人为中心的照护模式支持老人自主性

与国家政策法规的倡导一脉相承，美国和澳大利亚的绝大多数照料设施采用了以人为中心（Person-centered Care）的照护模式。该模式下，运营管理和具体服务中均重视与尊重入住者的个体需求与历史，最大限度地支持老人自主选择和决定，帮助其实现有意义的生活。从美国、澳大利亚五所案例设施可以看到，这种照护模式渗透于许多方面。例如，从活动开展上，美国的U1、U2设施均为老人提供了多元的活动空间和活动类型，使老人能够进行有意义的选择。又如，在餐饮的选择上，澳大利亚的A1设施通过设置自助茶水吧、取餐台等方式，促进老人独立拿取食物，选择餐食。再如，在行动自由上，五所美澳案例设施均为老人设置了可以自由进出的安全的室外花园，避免老人产生"被关起来"的感受。A1设施还通过GPS定位手表、陪伴出行等方式支持老人自主外出到街区中活动。可以看出，支持认知症老人的自主性已经是美国、澳大利亚认知症照料设施的核心理念。

经历了近30年的发展，PCC照护模式在美国和澳大利亚等国家进一步分化形成了多元化的照护模式。例如美国的两所案例设施采用"我依然在这里"（I'm Still Here）模式，通过多样化、有针对性的活动，提升老人有意义的活动参与。又如，澳大利亚的A1、A2设施采用蒙台梭利认知症照护模式（Motessori for Dementia），通过有准备的环境和个性化的照护方案设计，最大限度地支持认知症老人发挥尚有的机能，自主生活。此外，澳大利亚的A3设施还采用了蒙台梭利模式和"爱的礼敬"方法（Namaste）相结合的照护模式，通过个性化的五感刺激提升认知症晚期的老人的生活质量。虽然这些细分的照护模式很多，但总体而言仍是围绕PCC理念展开，采用不同的方法将PCC理念落实到老人的日常生活之中，支持老人自由行动、独立生活、自主选择和自我控制。

2. 我国传统的机构化照护模式忽视老人自主性

目前，我国绝大部分照料设施仍旧采用较为传统的机构化照护模式，以完成护理任务为导向而非以老人为中心，对老人精神需求重视不足，老人的自主性与掌控感较差。尽管大多数照料设施在公开宣传中均会提到"维护老人尊严""一切以老人为中心"等口号，但通过案例研究和文献研究不难发现，我国大部分照料设施仍以集体生活和标准化管理的方式，较为程式化地安排、执行老人的生活与照护[①]。

机构化的照护模式极大地削减了认知症老人的自主性和独立性。在本书中的三所中国案例中，C2、C3设施是这种传统机构化照护模式的典型代表。例如，在活动的安排上，两所设施均存在老人活动量不足、活动种类单调的现象，老人或是被迫参与到"做操、唱红歌、拍球"等

① 王甜甜. 从约束到关怀：关怀照顾训练对改善机构老人自主性的成效研究[D]. 南京：南京理工大学，2018.

"老三样"集体活动当中,或是呆坐着无所事事。又如,老人的生活日程安排过于机械化、缺少弹性,被迫适应机构的时间安排。在访谈中,C2设施护理人员也认识到这种"军队式"养老生活存在弊端:"在这种企业上班,干什么事儿的时候就是太流程化,很多时候忽略了感情。就比如说老人七点要起床,他不起来,我就交不了班啊,那我可能会想各种办法让他起来。可能在家里照顾他的人,就会说那再多睡一会儿吧,我们这儿做不到……反正我就觉得个性化太少了,就像一个军队或者像一个……反正就是太集体生活了"。又如,在餐饮的选择当中,三所机构则均为老人提供统一的餐食,管理者往往认为认知老人无法做出选择或者自主选择需要花费太多时间,从而剥夺了老人自主选择的权利。

3. 机构的风险评估与应对方式影响老人自主性

以人为中心的照护模式与传统的机构化照护模式,在风险的评估、预防、应对方式上存在显著差异,对老人的生活自主程度具有重大影响。在澳大利亚,尤其强调老人拥有"冒险的尊严"。各机构统一采用"风险评估矩阵"的方式,依据风险发生概率高低与风险发生后果严重性,评估老人各项活动(如独自外出、使用开放厨房等)的风险等级。通过这样的评估,机构可以识别并支持老人自主开展低风险且后果不严重的活动,并通过增加环境安全性(如设置监控摄像、安全厨房用具)、调整人员安排(如增加出入口接待人员、厨房区护理人员)等方式预防高风险事件的发生。此外,澳大利亚的照料设施会提前与家人沟通风险发生时的责任认定方式,并随时做好记录。一旦事故发生,如果并非由照料设施引起而属于意外(例如老人自己散步时跌倒),则不会追究照料设施的责任。这样的风险评估与定责制度使得照料设施能够尽可能减少约束的使用,将老人的权利和自由放在第一位。

在中国,由于对风险评估和定责制度的不完善,照料设施责任险等不够普及,照料设施仍旧采用较为保守的方式,通过约束老人躯体、禁止老人外出的方式避免风险,严重影响了老人的自主性。在访谈中,C2设施护理人员表示"我们现在只要出了事儿全都怪我们,所有跌倒必须对责到人,护理员就会接受相应的惩罚,有一阵儿扣钱,现在就扣绩效"。此外,老人家属对照料设施"过分严苛"的要求,也间接造成了老人的自主性无法被支持。调研中了解到,一些家属在老人一旦跌倒时,不分原因地苛责机构、索要赔偿,使得机构不得不采取比较保守的束缚方式,宁可牺牲老人的自由,也要保证老人不跌倒、规避赔偿等责任。

在西方发达国家的照护理念中,有积极承担风险(Positive Risk Taking)的观点。支持老人自主性的方式是与老人、家属共同决策,平衡老人的独立自主带来的积极作用和风险可能带来的消极作用[①]。没有任何的决定和行为是零风险的,而不承担任何风险、被剥夺行动权利的生活也注定是质量极低的。当护理人员替代老人完成了所有的事,将加速老人认知功能衰退和身体机能的衰弱。帮助老人表达自主性和重申老人的责任同样重要。从哲学视角看,自主行为就意味着承

---

① MORGAN S, WILLIAMSON T. How Can 'Positive Risk-Taking' Help Build Dementia-Friendly Communities[J]. Viewpoint, Joseph Rowntree Foundation, York, 2014(11).

担责任，只有当老人、家属、机构共同决策，确定对老人真正重要的事物，并明确相关风险的承担形式，才能够真正支持老人自主性的达成。

四、个体对自主性的认识带来的影响

照料设施中认知症老人自主性的相关个体包括认知症老人、机构工作人员与家属。认知症老人是自主行为主体，支持方则是家属和机构的运营管理及服务人员。受文化价值观和国情影响，我国的老人、家属、服务人员对自主性的认识与西方存在一定差异。在西方的普遍个人主义价值观下，尊重个人的自由、权利、独立性成为老人、家属、护理人员的普遍共识。而在集体主义价值观为主导的中国，个人利益往往从属于集体、社会、国家等，也使得我国照料设施中老人对自主性的需求长期处于自我压抑状态，或因不被机构重视、不被家属允许而得不到满足。

1. 老人对自主的需求差异不大，但被满足程度不同

对自主性的需求并不分国界，自主是人类达成个体幸福感的共同需求。部分学者曾质疑自主性的重要性具有文化差异，认为东亚国家人群对自主性的满足并不那么看重。但调查研究表明，中国人自主性的满足仍旧与自我实现有着很强的相关关系[1]。而在更大的样本范围下，也显示美国人和东亚人群在自主性之于个人幸福的影响上没有差异[2]。针对老年人的研究也表明，国内照料设施老人对授权服务水平的感知（Perceived Empowerment）与其生活质量得分有正相关作用[3]。可以看出，对自主性的需求是全人类共同的，而不是重视自主性的西方国家人群所特有的。

目前阶段我国入住照料设施的老年人因青年时期的时代经历，对牺牲自我、服从集体生活的容忍度较年轻人要高。目前入住设施老人以80岁以上为主，多出生于20世纪20～40年代，青年时多经历了新中国成立初期的农村人民公社、计划经济等有集体主义色彩的生活方式。这样的生活经历一定程度上使老人能够压抑自己的自主需求，努力适应机构的生活、以"集体"的利益为重、避免给机构"添麻烦"。然而，从多篇对入住机构的老人的访谈中看出，许多老人表达了对自主性不足的强烈不满，例如无人询问自己的意见、把自己当小孩、丧失对自我的掌控、独立行动受到限制等。在对国内认知症机构的调研中，能够感受到许多认知症老人对于目前自主性受限的生活感到无奈、不满，例如，C2设施中一些老人在被迫参加活动时表现得十分消极，又如C2、C3设施中被约束的老人连续数个小时尝试解开约束。可以看出，尽管人生经历使得目前入住机

① LYNCH M F, LA GUARDIA J G, RYAN R M. On being yourself in different cultures: Ideal and actual self-concept, autonomy support, and well-being in China, Russia, and the United States[J]. The Journal of Positive Psychology, 2009, 4(4): 290-304.

② YU S, LEVESQUE-BRISTOL C, MAEDA Y. General need for autonomy and subjective well-being: A meta-analysis of studies in the US and East Asia[J]. Journal of Happiness Studies, 2018, 19(6): 1863-1882.

③ WANG J, WANG J, CAO Y, et al. Perceived empowerment, social support, and quality of life among Chinese older residents in long-term care facilities[J]. Journal of Aging and Health, 2018, 30(10): 1595-1619.

构的"老一辈"人群更容易妥协个人需求、服从集体生活，但他们仍旧对生活的自主性有着相当高的诉求。

2. 护理服务人员对认知症老人自主性认识差异大

护理服务人员的支持是设施中认知症老人自主性的重要影响因素。当前，我国专业护理服务人员紧缺，大多数照料设施中的护理人员为40~60岁的农村女性，对于老人的精神需求关怀能力有限。认知症老人对自己需求的表达能力不足，许多护理人员采用"家长式"护理，大量替代老人做决定（例如吃什么菜、穿什么衣服、何时洗澡），或者将认知症老人孩童化，一概采用喂食或穿尿不湿的方式，而没有耐心倾听、了解老人的自主行动需求并给予支持。再加上照料设施中人员流动性大、缺少考评等因素，护理人员鲜少能够对老人自主性有足够的支持。

而在美国、澳大利亚等发达国家，以人为中心的照护模式中很重要的环节就是对护理人员的考核与持续培训。例如，澳大利亚的A1设施作为全澳洲第一个通过认证的蒙台梭利小屋，所有机构员工均接受了蒙台梭利认知症照护培训并通过考核。在A1设施中，每一位护理人员甚至是保洁人员均对支持老人自主自立的理念有深入了解，从而能够在各类服务中最大限度地支持老人发挥其自主性。尽管美国、澳大利亚也存在护理人员缺口严重、照护人员素质偏低等问题，但持续地培训和理念引导使得大部分机构中护理人员能够从认识上了解自主性对认知症老人的重要性，在日常护理操作中不断实践。

3. 家属对老人自主性的认识和支持程度不同

家属的"家长式"作风也可能对认知症老人的自主性造成一定限制。中国家庭伦理中虽然强调孝道，但也由于赡养关系使得老人对子女较为依赖。认知症老人往往由于认知能力的衰退，在某些事情上难以自主决策，不得不由家属代理部分的自主决策权。但当家属过度采用"家长式"作风、忽略老人意愿，以"为老人好"为由限制其自主行动时，亦可能加剧认知症老人的自我失控与无助感。例如，在对国内认知症照料设施的调研中发现，许多入住老人性格独立、勤劳，不愿意麻烦别人，希望尽可能自己照顾自己，并为机构做一些力所能及的事务。当有叠围嘴、整理东西等任务时表现得尤为积极和开心。然而，也有护理人员反映，部分家属把老人当成"老宝贝儿"，不认可老人做家务，只好不再引导老人做家务。又如，许多国内照料设施员工表示，由于家属无法承受老人在设施中因自由行走而意外跌倒，机构只得将老人约束在座椅上，以避免其跌倒。

在美国、澳大利亚等发达国家，越来越多的家属将老人的生活质量放在第一位，理解并拥护以人为中心的照护理念。在案例研究中，许多机构负责人表示，他们能够支持老人自主进出花园、自主外出等，并不是因为他们认为老人拥有绝对的安全，而是因为当出现问题时，家属能够理解老人是因为享受了"冒险的尊严"而发生了意外。许多家属已经与机构达成共识，老人生命的质量远比生命的长度更加重要。

综上可以看出，不同国家的社会文化与价值观、护理政策与法规、机构的照护模式以及老人、家属、护理服务人员对自主性的认识均有较大的差异。这些宏观环境因素造成了不同国家设施中认知症老人自主性实现程度的差异。

第三节　支持认知症老人自主性的环境体系构建

图6-5展示了支持认知症老人自主性的环境体系。经过文献分析与跨文化案例比较，可将影响认知症老人自主性的社会环境因素、护理环境因素、空间环境因素与老人个人因素整合为支持自主性的环境体系。从微观到宏观，不同层次的影响因素相互作用、共同支持着认知症老人达成包括行动自由、行为独立、环境控制和生活选择等四维度在内的日常生活中的自主性。

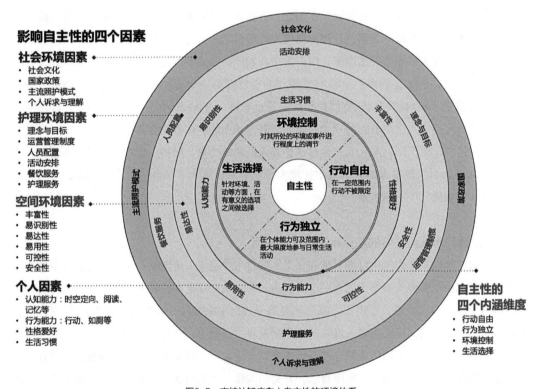

图6-5　支持认知症老人自主性的环境体系

第四节　本章小结

综上所述，通过对案例研究中质性数据进行扎根理论取向的分析，本章剖析了认知症老人自主性实现（或未实现）过程中，空间环境以及其他影响因素的作用关系，从而构建了支持作用机制——"有条件的自主"。该机制为理解空间环境要素在何种条件下能有效支持认知症老人自主性提供了理论框架，并可简要概括如下：

1）空间环境因素能够直接支持认知症老人的自主性，也可通过对照护理念、服务便利性的支持间接影响自主性，还可能通过增加或减弱行为的风险可控性影响老人的自主性。

2）护理环境因素（包括照护理念、人员配比、活动安排等）能够直接支持认知症老人的自主性。同时，机构工作人员能够改善或者废用空间环境，间接影响认知症老人利用空间环境开展自主活动。

3）照料设施工作人员（通常是管理者或护理人员）会对老人在具体情境下某行为的风险可控性进行判断，决定是否支持老人进行自主行为。当风险可控性较高时，一般会支持老人的自主行为（例如在护理人员陪伴下，使用安全的烹饪设备做点心）；反之则会避免或者限制老人进行该行为（例如禁止老人在无人陪伴下离开设施院区或单元）。

4）老人的身心状态与能力、精神行为症状等个人因素，将筛选其是否能开展自主行为。当其身心状态与能力能够支持其利用空间环境、护理环境进行某项自主活动时（例如有足够的认知能力和动手能力做点心），老人该活动的自主性得以最终实现。当老人不具备开展该活动的身心状态与能力时，则自主性无法实现（例如老人因下肢肌力不足、乘坐轮椅时，无法自主使用室外活动空间）。老人的精神行为症状（如乱翻物品、过度饮食等）可能导致工作人员采取限制措施，影响老人的自主性。

5）当特定环境下空间环境、护理环境因素均能够支持老人特定行为的自主性，行为风险可控性高且老人具备相应身心状态与能力时，所有条件皆达成，老人最终实现该行为的自主性。

从社会生态理论出发，基于跨文化案例研究结果，本章初步探讨了社会环境作为宏观系统对照料设施中认知症老人自主性的影响作用。社会价值观中对自主性的重视程度影响了不同国家的护理法规政策、主流照护模式对自主性的保障和支持程度。不同文化下个体对自主性的需求和认识差异也使得家属、护理人员和老人对自主性的支持采取不同的做法和态度。最终，本书将影响认知症老人自主性的社会环境、护理环境、空间环境、个人因素整合，从生态学视角构建了支持认知症老人自主性的环境体系，该体系为理解宏观至微观的环境因素对认知症老人自主性的影响作用提供了更加全面的视角。

第七章

支持自主生活的照料空间与环境设计策略

第一节   总体设计原则

空间环境设计策略包括总体设计原则与各空间设计要点两部分。通过提取支持性空间环境要素的共性特征，可归纳出六条支持认知症老人自主性的空间环境总体设计原则。各空间设计要点则从老人的自主行为类型出发，提出针对性的支持性设计策略。

1. 常用空间与设施近便可及，便于老人到达和使用

伴随认知功能的衰退，认知症老人的寻路能力降低，其行走能力也常伴随衰老而减退。案例研究中发现，近便的空间布局能够促进老人自主定向、在空间之间移动。在设计中，应确保老人常用的室内外活动空间，以及卫生间、盥洗池等设施的近便性，从而促进老人选择适宜的空间和活动，以及自主如厕、洗手等。同时，近便的空间联系也有助于护理人员看护和协助老人开展活动，减少老人的行动风险，支持老人的行动自由。

2. 空间环境易于理解和辨识，促进老人自主定向

认知症老人的信息感知、理解、判断、执行能力逐渐衰退，复杂的空间环境会使其难以识别自身位置或自主定向。调研中发现，老人对其所处位置视野可及的空间通常可较好辨识，而对视线范围之外的空间不敏感，在长走廊或有较多转折的走廊中常表现出迷茫与困惑。因此，空间环境整体布局需清晰、简单，减少岔路口、增强空间的视觉通透性，尽可能使老人一目了然地了解自身位置和目标空间。同时，配合导视系统设计，给予老人适当的提示，能够降低老人定向过程中的认知负荷和决策难度，促进老人独立寻路。

3. 设施设备熟悉易操作，便于老人独立使用

认知症老人往往能够保留技能、习惯等程序性记忆，能够较好地使用过去生活中熟悉的物品、设备。观察中看到，许多老人仍能够自主开展洗碗、照料植物甚至制作点心等过去常做的家务活动，但往往难以学会新型设备的操作方法。因此，空间环境中的家具、洁具、开关等设施设备，应尽量选择老人所熟悉的类型，便于老人利用其尚存的机能。同时，设施设备的操作方法应简单或设置辅助标识，以适应不同认知功能衰退程度的老人使用。

4. 环境刺激程度可调节，提升老人自我掌控感

认知症老人对环境中的刺激更加敏感，能够适应的刺激程度也随认知功能的衰退不断降低。案例研究发现，过度且难以控制的噪声等环境刺激可能引发老人的不适甚至激越行为。针对环境中的声音、光线、温度等刺激因素，应提供机会让老人可根据个人需求自主调节（如可调节的灯光、可关上门的安静空间等），从而提升老人的自我掌控感。当老人所处的环境刺激程度较为适宜时，其精神状态更加平和，也更有助于其最大限度发挥尚存机能。

5. 活动空间及设施丰富多样，为老人提供有意义的选择

由于不同的认知症老人存在身体和认知功能不同程度的衰退，并且有着不同的人生背景与兴趣特长，其所适合的活动类型也不尽相同。在设施调研中看到，许多早期认知症老人能够自主利用环境的可供性，开展多样的活动；而当空间与设施较为单一时，老人则很难自发开展活动。因此，空间环境需要根据老人的身心特点，为老人提供丰富的活动空间和设施，让老人能够自主选择参加其感兴趣、适宜其能力的活动，从而提升老人的活动参与度。

6. 空间环境与设施设备确保安全，降低老人自主活动风险

随认知功能衰退，认知症老人风险意识减弱，难以识别环境中存在的安全隐患。从前文构建的作用机制可以看出，护理人员对老人行为的风险可控性的感知对其能否实现自主性有筛选作用，而环境中存在的各类风险与老人行为风险可控性密切相关。因此，需要通过空间环境和设施设备的安全性设计，最大限度降低环境中存在的风险（如跌倒、烫伤、走失等），以使老人能够更加安全、独立地使用。

第二节　各空间设计策略

一、整体布局与交通空间设计策略

1. 支持寻路独立性的措施

能够自主找到想要到达的活动空间、自己的居室或是卫生间是认知症老人自主活动的基础。然而，由于认知症老人存在空间记忆、视空间构建等多重能力的缺失，很难在脑中形成"认知地图"。因此，认知症老人十分依赖即时所处的建筑环境中的信息辅助其寻路和方向决策，建筑格局、标识、导视系统等具有十分关键的支持作用。

（1）采用小规模单元、短捷走廊或开放式平面

认知症老人难以在脑中复现当下看不到的空间，单调而重复的长走廊易导致认知症老人的定向困难。因此，应尽可能采用短捷的走廊以最小化老人到目标活动空间的距离（图7-1）。小规模的单元中，可采用开放式的平面，使绝大多数居室邻近公共空间而非走廊，以使老人能够在走出居室时即看到所有的目标活动空间。在稍大规模的单元中，常出现较长的走廊。此时可将单元划分为若干区域，或将长走廊划分为若干段并赋予不同的特征，以避免过长的走廊为老人带来寻路困难（图7-2）。

（2）走廊平面线形尽可能简单

案例与文献研究均表明，认知症老人在寻路过程中很难完成复杂的路线计划与决策。因此，应尽可能减少走廊的转折次数、避免设置多岔路口。当不得已出现转角或岔路口时，也应采用更加通透的转角形式（例如采用大窗扇、玻璃幕墙等形式），便于老人统览空间、做出决策

图7-1　开放式平面、居室邻近公共空间有助于认知症老人自主定向

（图片来源：Chmielewski E, Eastman P. Excellence in Design: Optimal Living Space for People with Alzheimer's Disease and Related Dementias）

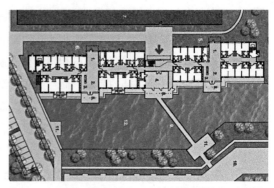

图7-2　大型建筑平面可划分为小区域，并使走廊错动、动线缩短

（图片来源：Regnier V. Housing Design for an Increasingly Older Population: Redefining Assisted Living for the Mentally and Physically Frail）

（图7-3）。此外，将尽端、拐角等关键决策点（Decision Point）设计为令人印象深刻的空间，或摆放有特点的装饰物（如毛绒玩具、大的钟表等）能够帮助老人创造空间锚点，有助于其空间认知。

（3）主要活动空间布置在同层

认知症老人的主要活动空间宜布置在同一层，以便于老人自主到达。主要活动空间不仅包括单元内的活动空间，也包括单元间共享的活动空间。案例研究中发现，许多设施将集体活动空间布置于首层，将居住单元布置于楼上，部分认知症老人由于不会使用电梯而无法自主到达集体活动空间。当由于用地限制无法实现同层布置时，也应尽可能使电梯的位置明显易达，电梯与活动空间动线近便。

（4）公共空间开敞通透

公共空间采用开敞的空间形式或通透的隔断，能为认知症老人提供直接的视觉信息，并使老人提前了解空间中正在发生的活动，从而促进老人自主寻路、参与活动（图7-4）。例如，可采用矮墙、柱廊划分走廊与活动空间，也可采用透明的玻璃隔断以提高空间的可识别性，但需要注意

图7-3　转角玻璃幕墙增强视觉通透性

（图片来源：Regnier V. Housing Design for an Increasingly Older Population: Redefining Assisted Living for the Mentally and Physically Frail）

图7-4　通透的隔断促进自主定向

设置防撞提示条避免老人误撞。

（5）设置清晰易懂的导视系统

当空间布局无法使老人对各空间一览无余时，设置清晰易懂的导视标识十分必要。标识的形式与位置选择对其有效性至关重要。案例研究和已有文献中均发现，箭头加文字的导引标识较易被认知症老人理解和有效使用。例如，"厕所"字样加箭头的标识比单纯的厕所图形标识更能促进老人自主使用卫生间。这主要是由于许多认知症老人仍保有阅读能力，但对图标较为陌生（图7-5）。标识中的色彩与字体选择也十分关键。研究表明，在各种光线强度下，黄底黑字对比度最高、最易被老人识别。字体宜选择新宋、黑体等，字体大小也应适当加大，以利于老人理解（图7-6）。

图7-5　文字加箭头的标识更易于理解

（图片来源：昱言养老微信公众号《国内首家蒙台梭利认知症照护专区到底什么样？光大汇晨科丰项目全面展示》）

图7-6　黄底黑字与黑体字易于老人识别

标识的设置位置也十分重要。许多老人因颈椎病等原因走路视线偏向下，因此标识的高度不宜过高。考虑到我国成人平均视线高度为1.5m，乘坐轮椅的老人视线高度约在1.15m左右，标识高度可设置在1.3~1.5m的范围。除设置在墙面之外，在地面设置标识也有助于老人认知空间（图7-7）。走廊尽端、拐角往往是老人容易迷失、无法作出决策的地点，在走廊转弯处设置标识能够有效帮助老人做出决策（图7-8）。

（6）居室入口采用可识别的色彩或标识

单元中居室入口的相似性常常会使老人"走错门"，引发矛盾和冲突。为便于老人自主找到自己的居室，空间设计时，可通过门与周边墙面，或与门框的色彩对比突出老人居室的出入口（图7-9）。各居室的门套可采用不同的色彩，或在门边、门上贴挂不同色彩的标识物（如老人喜欢的物品、记忆板等），便于老人识别自己的房间（图7-10）。研究表明，许多轻中度认知症老人仍具有一定的学习记忆能力，能够借助独特的色彩或者装饰物记忆，独立地找到自己的房间[1]。

① GIBSON M C, MACLEAN J, BORRIE M, et al. Orientation behaviors in residents relocated to a redesigned dementia care unit[J]. American Journal of Alzheimer's Disease & Other Dementias, 2004, 19(1): 45-49.

图7-7　地面标识有助于老人认知空间
（图片来源：周燕珉工作室）

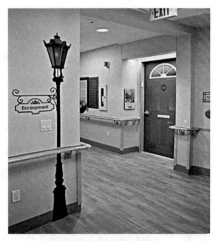

图7-8　走廊拐弯处设置标识
（图片来源：www.pinterest.com）

图7-9　通过门套色彩变化辅助老人找到自己的居室
（图片来源：https://www.oxford-architects.com/projects/
view/specialist-dementia-care-unit）

图7-10　通过门边记忆板辅助老人认知自己的房间

（7）各单元空间具有独特性

当设施中有多个单元时，各单元空间应具有一定特色，以便于老人区分辨别。例如，可以采用色彩代码的方式，每个单元采用不同的主题色彩，在墙面、家具、窗帘等空间元素中采用主题色彩，营造不同的色彩氛围（图7-11）。又如，在单元入口处设置独特的装饰品等也能帮助老人找到自己的单元。

（8）沿走廊设置连续扶手与休息座椅

沿走廊设置连续的扶手与休息座椅有助于老人更加安全地独立行走，并在需要时随时休息。案例研究发现，许多认知症老人存在忘记使用助行器、行走不稳的情况，因此在单元中设置连续的扶手或能够替代扶手的连续台面是十分必要的（图7-12）。沿走廊设置休息座椅，既有助于老人在疲惫时恢复体力，也能够吸引老人的停留与交往。休息空间可结合趣味元素布置，转化为小型活动、交流空间，如宠物角、棋牌角、书报角等，促进老人参与到有意义的活动中，减少无目的徘徊（图7-13）。

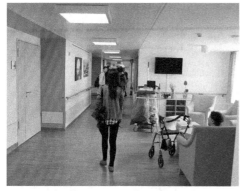

（a）单元采用绿色主题的硬装与软装　　　　　　　　（b）单元采用红色主题的硬装与软装

图7-11　通过单元主题色彩变化辅助老人找到自己的单元

图7-12　连续扶手有助于行动独立　　　　　　图7-13　休息区结合鸟笼布置形成有趣味的活动交流角

2．支持行动自由的措施

行动自由被限制是许多认知症照料设施中最易使老人感到挫败、引发老人激越情绪的问题。在保证老人基本安全的前提下，尽可能营造老人能够自由通行的环境十分重要。交通空间设计中一方面要增强出入口、电梯等的易用性与可达性，另一方面也要通过各种方式隐蔽地保护老人的安全，维护其尊严。

（1）设置能通往安全的单元外空间的出口

由于存在走失风险，认知症老人通常无法单独离开设施。为避免认知症老人产生"被监禁感"，至少需要设置老人能够离开其居住单元的出入口，例如通往安全花园的出入口、通往其他单元间共享空间的出入口，尽可能使得认知症老人在相对安全的前提下，享受最大限度的行动自由（图7-14）。

（2）可自主使用的出入口易于护理人员视线监护

对于老人能够自主进出的设施出入口或单元出入口，其位置需便于护理人员视线监护，以便及时看到老人的出入动态，提供必要的协助。视线监护使老人自由进出单元或设施的风险更加可控，从而使护理人员更加支持老人的自由行动。将出入口设置在邻近护理站、办公室或者主要室内活动空间等位置，都能够增强护理人员对出入口的视线监护（图7-15）。

（a）单元出入口保持开放

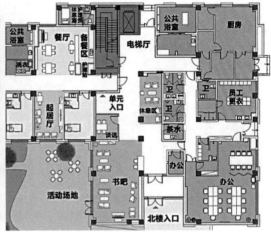
（b）单元出入口处平面图

图7-14　单元出入口可通往单元间共享书吧

（a）入口接待台与大门邻近

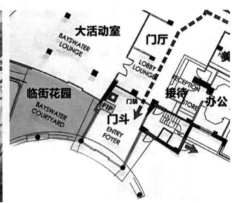
（b）入口平面图

图7-15　接待台紧邻出入口，便于视线监护

（3）设置隐蔽的行动监控系统

除视线监护之外，使用行动监控设备也能增强认知症老人行动的安全性，从而促进老人的行动自由。例如，荷兰的坦特·路易斯（TanteLouis）养老服务公司通过智能手环配合监控系统的使用，为老人提供最大限度的行动自由。该公司根据入住老人的认知状态和行动能力，将老人自由度划分为4级，一级行动范围包括个人居室及单元公共空间，二级包括电梯、走廊和庭院，三级包括设施内的商店和餐厅，四级包括设施外的社区周边空间。每位老人佩戴智能手环，使用居室、单元出入口、电梯、设施出入口时，相应的感应装置会根据手环中的自由度信息、自动打开门禁或使门禁保持封闭，护理人员也能够通过手环中的GPS定位系统随时追踪老人的行动（图7-16）。

（4）电梯可支持老人自主、安全使用

当设施为多层建筑，且老人需要使用到其他楼层的活动空间时，应尽可能支持老人独立使

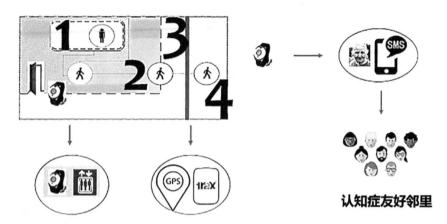

图7-16　坦特·路易斯公司养老设施通过智能手环为不同老人提供行动自由度

（图片来源：坦特·路易斯公司讲演文稿，周燕珉工作室拍摄）

用电梯。调研中发现，一些设施因担心老人独自使用电梯至地下室或者顶层发生危险，禁止老人使用电梯，对老人行动自由造成很大的限制。可将电梯系统进行楼层权限设定，使部分存在危险的楼层需刷卡到达，支持老人自由使用电梯。此外，多层设施中，认知症老人常常会忘记自己居住的楼层。此时，可以使用色彩代码帮助老人自主寻路。例如，可将每层的电梯厅涂刷成不同颜色，在电梯按钮边设置提示色卡，为部分容易迷路的老人制作随身携带的提示卡片等。

（5）隐蔽不希望老人使用的门禁

设施中往往会有一些不希望认知症老人到达或使用的空间，如后勤空间、楼梯间等。管理者往往会为这些空间设置门禁，员工进出时需刷卡或使用密码。这些出入口需尽可能采取隐蔽的形式，以降低老人的被限制感。可降低门禁与周边环境的色彩对比，避免引起老人的注意。例如，单元楼梯间的门、门框与周边墙面采用同一颜色，避免老人注意（图7-17）。还可采用壁画、门贴等形式，使出入口和周边环境融合在一起（图7-18）。

图7-17　楼梯间出入口与周围墙面同色，避免引起老人注意

（图片来源：周燕珉工作室）

图7-18　采用壁画隐藏楼梯间出入口

（图片来源：https://www.pinterest.com/）

二、文娱活动空间设计策略

1. 支持独立开展活动的措施

空间中丰富的活动元素及良好的可及性能够降低老人自发开展活动的门槛，鼓励老人自主选择喜欢的个性化活动。

（1）提供丰富可及的活动用具

每位认知症老人有不同的性格特点与兴趣爱好，集体活动往往无法满足老人的多样化需求。在活动空间中提供丰富的活动用具能够促进认知症老人自发开展个性化活动。活动用具的摆放形式应尽可能明显、可及，并可设置提示牌，邀请老人使用用具、开展活动，避免老人因不确定能否使用活动用具而放弃活动。例如，可以在走廊沿线设置互动墙，吸引老人开展配对、填空、猜谜等活动（图7-19），也可在电梯厅、走廊转角处等休闲空间摆放书报杂志、涂色画片、拼图、填字游戏卡等（图7-20），吸引老人自主开展活动。此外，还可布置形式多样的主题活动角吸引老人欣赏物品、引发回忆和交流。例如布置老照片和老物件的怀旧角，摆放唱片、海报和播放器的音乐角，放置娃娃、奶瓶、婴儿车的育婴角，摆放电话、办公桌和文件的工作角等（图7-21）。主题角的布置并非越多越好，而应当根据入住老人的特点灵活布置。例如，为喜爱钓鱼的老人布置有钓鱼图册、用品的钓鱼角，引发老人的回忆与兴趣。除布置活动角外，还可在活动空间附近设置活动用具架或书架等，供老人自己取用。活动用具的存储柜或搁架既需要一定的通透性、易识别性，也要考虑局部上锁的可能，避免个别老人误食小物等风险（图7-22）。

（2）活动空间形式各有特色

当有多个文娱活动空间时，各空间形式应在色彩、造型、尺度、家具材料选择等方面与空间功能对应，形成鲜明特色，促进老人自主识别活动空间。例如，以阅读活动为主的空间可布置书桌、台灯、书架、报架等；以音乐类活动为主的空间布置钢琴、留声机等家具（图7-23、图7-24）。特别是当单元平面采用标准化形式或者对称形式时，空间格局较为相似、老人更易迷失，需更加重视营造各活动空间的形式差异。例如，通过主题色彩、图像（如具有地方特色的照片等）、标识物等区分不同的活动区域。

图7-19　沿墙布置猜谜活动吸引老人参与

图7-20　走廊边的填色、猜谜角

图7-21　音乐主题角引发老人交流互动

图7-22　设置读物、填字游戏、桌游的活动用品架供老人自取使用

图7-23　阅读空间用书架和壁炉营造氛围

图7-24　音乐空间布置留声机与钢琴

2．支持环境控制的措施

认知症老人一天中的大多数时间在公共空间中度过，由于认知症老人能够接受的环境刺激差异性较大，因此需要为老人提供更多样的空间，使老人能根据自己的状态和需求调整其在公共空间中接收到的环境刺激。

（1）设有可关上门的宁静小空间

设置可关上门的宁静小空间有助于部分较为敏感的中晚期认知症老人控制其接收到的环境刺激，也有助于平复处于激越状态中的老人的情绪。认知症老人可承受的环境刺激通常较正常老人更低，尤其是进入疾病中后期，过多的声音刺激可能为老人带来不适，甚至引发老人的激越情绪。在设施中，一方面，室内公共空间开展的集体活动的声音等可能会给部分老人造成压力；另一方面，部分老人因难以控制情绪、持续叫喊等激越行为也可能给其他老人带来不适。可将宁静的空间设置为多感官治疗室，配置多媒体播放设备、香薰机等，配合舒缓的音乐、视频、香气、（仿真）宠物、窗景、植物等为老人提供柔和的感官刺激（图7-25）。同时，该空间还能够为老人与家属聚会，家属与员工交流等提供更加私密的场所。

图7-25   作为多感官治疗室的宁静空间

（2）围绕主要活动空间设置私密观望角落

如前所述，每一位认知症老人身心特点不同、适宜的空间刺激水平不同，并非所有老人都适合直接参加机构组织的各类集体活动。围绕主要的活动空间设置凹龛、在外围设置休息座椅等，能够让部分较为内向、个性独特或新入住的老人通过观望、旁听活动自主控制适宜的社交刺激程度（图7-26）。当空间较小，未考虑设置观望空间时，过度的社交刺激可能使老人感到强迫和压抑，引发激越情绪。

图7-26   围绕主要活动空间设置观望空间有助于老人控制社交刺激

（3）空间尺度适宜

适宜的空间尺度能够为老人提供环境刺激的控制，包括噪声、私密感等。当单元内的人数较多时（例如大于15人时），若仅设置一个活动空间，集体活动时容易产生较大的噪声，或因空间尺度大服务人员彼此呼喊而引发部分老人的不适与激越情绪。因此，人数较多的组团应当将公共空间划分为几个尺度更小的空间，例如分设起居与就餐空间等，以便老人获得更舒适、可控的环境刺激（图7-27）。

（a）图书角与电视角

（b）单元公共空间平面布局

图7-27   分设多个活动空间，使空间尺度更加适宜

（4）设置邻近居室的休闲空间

由于短期记忆的减退和环境认知能力的下降，认知症老人常有缺少安全感、不安的情绪。案例研究中发现部分老人表现出对居室空间的"依赖"，喜欢在居室周边活动，甚至搬椅子坐在居室门口观望。有条件时，可设置邻近居室的休闲空间，例如利用居室入口的空间设置凹龛、座椅等，形成半私密空间（图7-28）。老人可以选择坐在居室门口，保有安全感的同时又能观望来往的人，获得可控的社交刺激。

图7-28　居室入口设置休息空间，便于老人获得安全感

3. 提供多样室内活动空间选择

活动空间类型和层次的丰富性能够支持认知症老人根据自己的需求和偏好选择合适的活动类型和空间。

（1）空间多样化，层次丰富化

以人为中心的认知症照护理念的核心是根据每一位老人的身心特质，支持其开展自己喜爱的活动。因此，空间需有条件同时开展多组活动，以使不同病症阶段、个性特征的认知症老人拥有有意义的活动选择，而非被迫在一个大的活动空间中参加统一的集体活动。例如，探索性案例研究中的R和U1设施日间同时针对轻度、中度、重度老人开展多组活动，并对应设置了多个不同特色的活动室（如图书馆、起居室、阳光房等）。老人可以根据兴趣和需要选择参加小组活动，也可以在活动角、餐厅、花园开展个性化的活动。

设计时可以根据活动规模、特点设置不同类型的活动空间，例如分别设置适宜集体做操、拍球、唱歌等需空场的大中型活动空间，以及适合读书会、书画、手工等需要桌面的中小型活动空间。此外，空间功能也应具有较好的灵活性，以能够适应不同活动的开展。例如，家具宜轻便易于搬动、空间形式较为方正、能够播放多媒体文件、设有活动用具储藏设施、空间尺度适合4～8人小组活动等（图7-29）。

（2）分别设置单元内、单元之间的活动空间

当设施中设有多个照料单元时，需要设置单元之间的共享空间。照料设施中常会举行一些设施内老人集体参与的活动，例如新年联欢会、团体演出等。当同时设有单元内、单元之间的活动空间时，较为内向、敏感的老人可以自主选择在单元的公共空间中活动或参加设施集体活动。当缺少单元之间的共享活动空间时，集体活动可能会集中在某个单元中（如本书中的C2设施），对部分敏感的认知症老人造成过度刺激，引发不适甚至激越。

（3）单元间共享活动空间近便易达

单元间共享活动空间应尽可能易于各单元老人到达，以便于老人随时根据自身情况选择参加集体活动或"退回"到自己居住的单元内活动。案例研究中发现，当单元间活动空间近便易达时，护理人员更能够支持老人灵活地根据自身情况选择参加集体活动或陪伴其回到单元（图7-30）。当单元间活动空间距各单元较远时，护理人员往往因陪伴老人回到单元耗时较多而难以满足老人的需求。

图7-29　单元中设置多样、灵活的活动空间

（图片来源：改绘自《Design for Aging Review 10》）

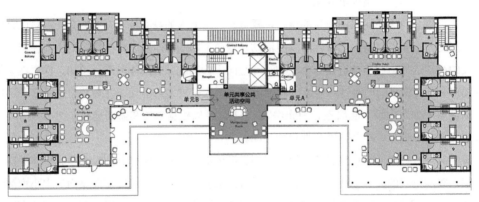

图7-30　单元间共享活动空间有助于老人根据需求选择活动参与度

（图片来源：NISHINO K, RODIEK S, LEE C, et al. Bright Forest Village, 2018）

三、餐饮活动空间设计策略

1. 支持用餐时间自由的措施

认知症老人的昼夜节律受到疾病、药物影响，个体差异较大，其用餐时间需要具有灵活性。传统的设施中常为追求服务效率规定老人在统一时间用餐，对认知症老人来说可能造成睡眠不足、身心疲惫、情绪激越等问题。相对独立的用餐空间和齐全的备餐设备能够支持护理人员为认知症老人提供更加灵活的餐饮服务，从而支持老人用餐时间上的自由。

（1）就餐空间相对独立

设置功能相对独立的就餐空间，而非仅设有一个兼作用餐和活动的起居厅，能够更好地支持认知症老人的用餐时间自由（图7-31）。独立的餐厅拥有三方面优势：第一，当部分老人与其他老人用餐时间不统一时，不会影响到其他正在活动的老人；第二，就餐环境更安静，老人可不受

图7-31　分别设置餐厅与活动空间能够支持老人用餐时间的自由

（图片来源：Regnier V. Housing Design for an Increasingly Older Population: Redefining Assisted Living for the Mentally and Physically Frail）

打扰地用餐；第三，部分用餐速度较慢的老人可从容地按照自己的节奏用餐，护理人员不必担心这部分老人影响到后续活动的开展，也能间接促进护理人员支持老人独立进餐，而非着急喂餐、收拾餐厅。而当没有老人在餐厅用餐时，该空间也能够灵活作为文娱活动空间使用。

当空间有限、无法分设餐厅和活动厅时，也需要确保在餐厅兼起居空间之外，有其他活动空间或角落能够用于就餐，以使用餐节奏较慢、用餐时间与其他人不同的老人能够安心、从容地就餐。

（2）单元内有齐全的备餐设备

当单元内有较为齐全的备餐设备时，能够支持护理人员为老人提供更灵活的餐饮服务。我国绝大多数认知症照料设施有多个照料单元，或依附于一个更大的照料设施，餐食往往由中央厨房统一定时配送。因此，许多认知症设施要求老人在固定的时间用餐，甚至因此强制老人起床，极易引起老人的不适与反抗。当单元内有保鲜（如冰箱）、加热设备（如电磁炉、微波炉）时，护理人员能够根据老人的情况将餐食暂时保鲜，在老人想用餐时加热，而不必受到定时配送的局限。单元中设置餐具洗消设备也能够让老人更从容地就餐，护理人员也不必为迎合中央厨房餐具洗消时间催促老人在特定时间前用餐完毕。此外，当单元开放厨房或备餐区内设置电磁炉等设备能够进行简单的早餐烹饪时，护理人员可以根据老人情况随时为老人提供早餐，从而使其个性化作息成为可能（图7-32）。

图7-32　在开放式厨房中设置早餐烹饪设备，为老人提供灵活的早餐服务

2. 支持独立开展餐饮相关活动的措施

一日三餐是认知症老人日常生活中非常重要的环节。围绕餐饮活动展开的餐食准备、餐具摆放、洗碗擦桌子等一系列家务活动则是促进老人自然地参与到日常生活中、获得归属感与成就感、保持身心机能的有效方式。因此，就餐与备餐空间的设计需要能够支持老人独立地参与到餐饮相关活动中。

（1）餐厅与备餐区具有良好可达性

餐厅与备餐区在视线和动线上的密切联系能够促进老人独立开展餐饮活动。餐厅的空间形式应较为开放，例如采用半通透的柱廊等划分，以便老人自主找到、到达餐厅用餐（图7-33）。备餐区应开放或部分开放给老人使用，例如设置为开放的吧台等，以鼓励老人参与到餐饮活动与前后准备过程中，而避免设置完全封闭、隐藏起来的备餐间（图7-34）。当备餐间中有洗碗机、粉碎机等存在风险、不希望老人使用的设备时，也可设置局部封闭的备餐间，而将相对安全的设施设备布置在开放备餐区，鼓励老人使用。

图7-33 开放的餐厅形式易于老人识别

图7-34 开放的备餐区鼓励老人参与餐饮准备活动

（2）备餐区、就餐区、活动空间邻近布置

在平面中，将备餐区、就餐区、活动空间邻近布局，有助于老人在各空间之间自主移动，自然地参与到正在发生的备餐等活动当中。当建筑采用围合型单元平面时，可将备餐、就餐、活动空间布置在中部，采用半高或通透的隔断方式进行空间划分，以便于让老人随时看到各空间中发生的活动，根据自己的兴趣独立前往，加入到活动中。当建筑采用走廊式平面时，也可将餐厅、起居厅分别布置在走廊两侧或并排布置在走廊一侧，以促进老人近便地到达（图7-35）。

（3）备餐设备丰富、易于到达和使用

备餐区域除设置基本的水池、冰箱、微波炉等设备外，还可设置自助饮水设备、电磁炉、面包机、烤箱、电饭锅等更加丰富的备餐设备，为老人参与到制作面包、煮汤、做饭等更多元的餐食准备活动提供硬件支持（图7-36）。丰富的备餐设备也是营造居家感和温馨感的重要元素，单元中制作的面包、汤或米饭的香味还能促进老人产生食欲（图7-37）。需要注意的是，多样的餐饮活动的开展与设施护理人员的支持、引导密不可分，只有配合服务理念与活动方案的落实，才能使多样的备餐

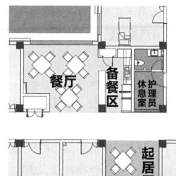

（a）从起居厅可看到餐厅与开放式备餐间　　　　（b）单元局部平面图

图7-35　餐厅与起居厅邻近促进老人参与到餐饮活动中

图7-36　多样的备餐设备支持老人开展多元的餐食制作活动　　　　图7-37　烤面包带来的香气为单元营造居家氛围

设备真正有效支持认知症老人参与到餐饮活动中。

（4）备餐区设置坐姿操作台面

在备餐区设置便于坐姿操作的低位台面有助于鼓励认知症老人更长时间地参与到食物制作的过程中。可将备餐台局部设置为高低台面，护理人员主要使用的高位台面高度约85～90cm，老人使用的低位台面高度约75cm，这种布局方式也更有助于认知症老人和护理人员在备餐过程中自然地交流（图7-38）。

（5）确保备餐区设备的安全性

为尽量鼓励老人使用备餐间的设施设备，需选用安全的设备，以尽可能减少老人独立使用设备的风险。例如，饮水设备可使用能够设定温度、设有童锁的电子热水壶。又如，炉灶应避免采用明火的形式，而采用电磁

图7-38　在备餐区设置低位台面便于老人坐姿操作

炉，护理人员不在备餐区域时能够被关闭，避免发生烫伤等意外。此外，对于较为锋利的刀具、打火机等有危险的物品可设置能够上锁的隐蔽储藏柜，便于护理人员在必要时隐藏这类用具。

3. 提供餐位与餐食选择

拥有多样化的餐位、就餐空间能够使老人根据自己的需求选择合适的用餐环境，而取餐台等设施则能够支持老人选择自己适合的菜品和菜量，从而增加老人对餐饮活动与生活的掌控感。

（1）设置多样化的餐位和用餐空间

认知症老人由于性格特点、病程阶段不同，用餐能力和环境需求有所不同。设置多样化的餐位和用餐空间能够满足老人多元的需求。例如，部分内向的老人喜欢独自用餐，而一些开朗的老人喜欢与他人共同用餐、交流。用餐空间可采用能够灵活拼合的小桌，以便根据老人需求随时调整餐位布置（图7-39）。此外，部分老人由于认知障碍与情绪问题可能在用餐时表现出边吃边玩、自言自语甚至拿取他人餐食、将餐具掷向他人等激越行为。也有部分处于认知症晚期的老人难以独立用餐，需要较多协助。当餐厅中仅设置了多人桌时，护理人员常将老人带到不影响他人的边角处喂餐或带老人回居室中就餐，不仅就餐环境不舒适，也容易使老人产生被"区别对待感"。餐厅中宜设置适合1~2人用餐的角落，或在备餐区域设置吧台，供有需要的老人有尊严地、安静地单独用餐。有条件时，还可以设置可关上门的小餐厅，使老人能够与家人、好友有更安静的用餐环境，部分情绪激越的老人也可在小餐厅用餐，避免影响到其他人用餐（图7-40）。

图7-39　轻便灵活的餐桌椅形式便于调整满足不同老人需求　　　　图7-40　餐厅中设置可分可合的私密就餐空间

（2）设置自助取餐台

自主选择餐食能够提升老人的自我掌控感、感到自己的意见得到尊重。绝大多数轻中度认知症老人仍具有自己选择餐食的能力，在餐厅应设置自助取餐或选餐台，其高度和形式应便于老人看到、自行选择或者拿取食物（图7-41）。取餐台的位置应距各餐位距离适中，避免部分老人取餐过远。需要注意的是，食物选择需尽量采取老人能够即时看到、当下选择的直观方式，以尽可能使不同认知能力的老人都能够自选餐食。目前我国部分养老机构采用提前预订或报菜名、看菜单的选菜方式，但部分认知能力较弱的老人忘记自己曾订过或难以将菜名与菜品对应，造成自主选餐的障碍。此外，在公共空间中设置自助饮料、零食吧，提供2种以上的饮品和零食，也能促进老人自主选择喜欢的茶点，补充能量和水分（图7-42）。

图7-41 近便可及的自助取餐台

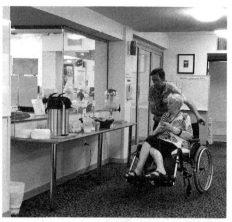

图7-42 自助茶水和点心鼓励老人选择自己喜欢的零食

四、如厕盥洗空间设计策略

能否自主如厕是决定认知症老人生活质量的重要一环。当卫生间近便、易达、易于使用时，能促进认知症老人自主使用卫生间，还可减轻照护负担。

1. 设置近便可及的公共卫生间

在老人经常活动的公共空间应配设邻近的公共卫生间（图7-43）。案例研究与已有文献均表明，当邻近设有公共卫生间时，许多老人能够自主使用卫生间。当公共空间没有设置卫生间时，若老人需回到居室如厕，更易出现失禁等情况，且当老人自主定向力不足时，还需要护理人员陪同。尽管如此，当组团规模较小且老人居室中均设有卫生间时，也可以不设置公共卫生间，但需要确保居室的可识别性和近便易达。

图7-43 活动室邻近设置公共卫生间便于老人自主如厕

2. 通过色彩对比增强便器识别性

认知症老人对色彩对比的敏感度减弱，而大部分卫生间墙面、坐便器、盥洗池等洁具都是白色的。当洁具与背景墙、地面融为一体难以识别时，老人可能因找不到坐便器而失禁，或在错误的位置如厕。为便于老人识别，可将洁具附近地面、墙面设为彩色，以突出洁具（图7-44）。此外，当发现老人无法准确找到坐便器座圈时，也可更换有色彩的座圈，便于老人识别（图7-45）。

图7-44　墙面与坐便器形成色彩对比

图7-45　带有色彩的座圈便于识别

3. 居室内卫生间可从老人床头看到

由于认知症老人空间记忆能力存在障碍，卫生间的即时可见性十分重要。研究表明，当老人能够直接看到卫生间中的坐便器时，其自主使用卫生间的次数将增长600%[1]。自主如厕能够避免老人失禁或产生一系列行为问题。因而，在设计时可采用斜开门、开转角门等方式，保证在卫生间门开启时，老人从床头可以看到卫生间（图7-46）。此外，卫生间中宜设置夜灯，引导老人夜间自主如厕。

4. 公共区域设置方便易用的盥洗池

在公共空间中设置盥洗池能够促进老人自主洗手、漱口或参与清洁打扫等家务活动。盥洗池的位置应明显易找，便于老人从多个空间看到、到达。水龙头应采用老人熟悉的形式，避免采用感应式水龙头等老人不熟悉的形式。有条件时，宜设置两种高度的盥洗池，便于坐姿

---

① Namazi K. A design for enhancing independence despite Alzheimer's disease[J]. Nursing Homes Long Term Care Management, 1993, 42(7): 14-18.

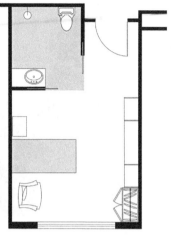

（a）居室内从床头可看到坐便器　　　　　　　　（b）居室平面图视线分析

图7-46　将卫生间门设置在转角处，便于老人从床头看到坐便器

（图片来源：https://www.theweeklysource.com.au/wp-content/uploads/2018/07/Villages-Scalabrini-hero.jpg）

和站姿使用。坐姿盥洗池需注意台面下方留空，便于轮椅老人接近、使用（图7-47）。

五、居室空间设计策略

1. 支持自由布置居室的措施

老人居室作为设施中最个人化、私密化的领域，对认知症老人在设施中的生活体验至关重要。当老人及其家属能够根据老人的偏好、个性、需求自由布置其居室时，认知症老人能够获得更强的归属感、掌控感和安心感。

图7-47　在主要公共活动空间附近设置盥洗池

（1）以单人间为主、避免设置多人间

为便于老人居室空间的个性化营造，居室户型应以单人间为主。双床及以上的居室中，通常采取并列排放床位的方式，难以划分出个人领域，也就难以实现居室空间个性化布置，更可能引发老人之间的冲突矛盾（如夜间睡眠干扰、疑虑东西被盗等）。而在单人间中，老人拥有空间的完整使用权，能够充分地个性化布置居室（图7-48）。

（2）居室布局适应多种家具摆放方式

每一位老人生活习惯有所不同，居室设计时应充分考虑不同的家具摆放可能，使之能够灵活适应老人的不同需求。例如，部分老人习惯将床贴墙摆放以获得安全感或避免坠床，而部分老人则习惯床头垂直于墙，便于上下床和打扫。因而，在空间尺寸、床头呼叫装置的安装等方

图7-48　单人间便于老人个性化布置

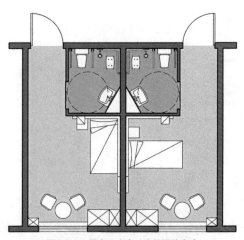

图7-49　居室适应多种床位摆放方式
（图片来源：周燕珉工作室）

面都应考虑多种家具布局可能性（图7-49）。在家具形式的选择上，应充分考虑到老人从家中自带家具的可能，尽量避免设置过多固定家具而带来布局上的僵化。

（3）为居室的个性化布置提供便利条件

案例研究中发现，照片和装饰品是老人实现居室个性化布置中的重要元素。在空间设计中提供便于布置照片等装饰品的搁架、挂镜线、软木板等设施，能够更好地支

图7-50　边缘可摆放照片的床围板

持老人和家属进行居室个性化布置。也可充分利用居室入口、床对侧和周边的墙面等设置置物架，使老人在进入居室、卧床休息时能感受到归属感（图7-50）。

此外，卫生间中也应提供充足的置物空间，便于认知症老人摆放洗漱用品，促进老人自主洗漱。少数老人会出现误用洗漱用品的精神行为症状（如大量倾倒浴液、吃牙膏等），可在卫生间内设置能够上锁的抽屉或柜格，使护理人员在必要时能将危险的日化产品隐藏起来。

2. 提供户型选择

尽管单人间能够使老人获得最大限度的领域感和私密性，但仍有部分老人因生活背景和个性喜欢拥有室友，或希望和老伴共同居住。因而，居室类型应当为老人提供多样化的选择，适量设置双人间或夫妇间，满足不同的居住需求。在双人间中，采用近似宾馆标间的形式并列布置床位常会造成老人居住领域的交叉干扰，私密性较差。可通过使用隔墙或家具、屏风等灵活隔断划分个人空间，为居住在双人间中的老人营造相对私密的个人领域（图7-51）。由于认知症照料设施

单元规模一般较小，为便于经营管理，单元内通常不会设置多种居室，以单人间为主。此时，设有能够灵活布置两个床位、面积较大的单人间，也可以作为夫妇间使用。

六、室外活动空间设计策略

1. 支持自由进出室外活动空间的措施

支持认知症老人自由进出室外活动空间需要具备两方面特征：确保室外空间良好的可及性及安全性。根据"有条件的自主"作用机制，只有当护理人员感知到老人自主室外活动风险可控时，才能更好地支持老人自主开展室外活动。

（1）设置方便易达的室外活动空间

设置方便易达的室外活动空间是支持认知症老人自主开展室外活动的重要前提。基于案例研究可以看出，室外活动空间与认知症老人居住或主要活动区域位于同层时，老人自主使用室外活动空间的频次大大提升。因此，有条件时，可将认知症照料单元设置在地面层，以便邻近设置室外活动空间（图7-52）。当单元设置在非地面层时，应尽可能设置可及的屋顶花园、室外平台等，为认知症老人提供一定户外活动空间（图7-53）。

除位置近便外，室外活动空间还需支持老人自由出入，而不应上锁。案例研究中发现，许多设施为了避免老人独自使用室外活动空间产生意外，将近便可达的室外活动空间上锁。这种管理方式牺牲了认知症老人室外活动自主性，大大降低了老人的生活质量。为使室外活动空间自由可达，设计时需与设施管理者充分沟通探讨，全面考虑老人室外活动的走失、跌倒、误食有毒植物等各类风险，通过适当的安全性设计、监护视线设计确保各类风险降至最低，从而促进老人自主开展室外活动。

（2）室外活动空间采用隐蔽的围护措施

为避免认知症老人走失，一般室外活动空间需采用围护措施。围护措施的形式最好较为隐

图7-51　具有私密隔断的双人间满足多样化居住需求
（图片来源：周燕珉工作室）

图7-52　单元位于首层便于附设花园

图7-53　为非首层单元设置屋顶花园

（图片来源：https://agedcareonline.com.au/uploads/netbookings/id6686/Business/residential-aged-care-goodhew-gardens-2.jpg）

蔽,以避免老人产生"被监禁感",维护老人的尊严。例如,可以采取较为高大、密集的灌木遮蔽栅栏或围墙,形成更加自然的边界(图7-54)。在屋顶花园中,可采用更加通透的维护形式如玻璃栏板或竖向栅栏等,使老人拥有更加开阔的视野,而避免采用过高的实墙带来压抑感(图7-55)。屋顶花园的围护措施还需考虑安全性,其高度应高于1.8m,并避免设置易于攀爬的横向构件,以防止认知症老人跌落。此外,当室外空间设置不希望老人使用的出入口时(例如通往停车场、马路的后门),宜采用与周边围护结构形式一致的方式消隐出入口,避免引起老人注意。

图7-54　竹子遮蔽金属围栏削弱压抑感
(图片来源:http://www.archcollege.com/)

图7-55　屋顶花园采用玻璃栏板兼顾安全性与视线通透
(图片来源:https://www.downsizing.com.au/)

(3)室外活动空间出入口尽量避免台阶或其他形式的高差

在案例研究中看到,当室内外无明显高差或采用平坡出入口时,许多认知症老人可以轻松自主地进出室外活动空间。而当室内外空间存在高差时,设施管理者常因台阶、坡道等带来的安全隐患锁闭室外空间,避免认知症老人自主使用。即便管理者允许老人自主使用室外空间,台阶和坡道也会带来一定的跌倒风险。因此,建筑设计与场地设计中应尽可能避免室内外空间存在高差。特别是屋顶花园中应注意降板处理,避免出入口处的门槛、台阶阻碍老人自主使用室外空间(图7-56)。

图7-56　平坡出入口促进老人自主进出室外空间
(图片来源:https://www.silverado.com/)

(4)室外活动空间出入口易于老人自主开启

室外活动空间出入口的开启形式是决定认知症老人能否自主使用户外空间的关键节点。当门扇开启所需力度较大或单扇门开启宽度较窄时,都不利于老人自主进出(图7-57)。自动门能够很好地支持认知症老人自主使用室外空间,特别是对于使用轮椅和助步器的老人。天气晴好、气温适宜时,将出入口保持开敞也能促进老人自主使用室外空间(图7-58)。

(5)室外活动空间出入口便于护理人员监护

当护理人员能够监护到室外空间及其出入口时,其感知到认知症老人自主进出室外空间的风险可控性提高,老人的自主性能被更好地支持。案例研究中发现,当护理人员无法看到室

图7-57　门扇较窄、开启费力，不利于老人自主开启

图7-58　自动门能够大大降低使用助行工具的老人进出室外空间的难度

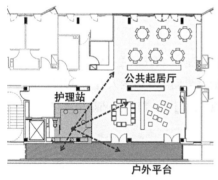

（a）设施局部平面图

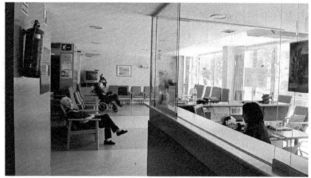

（b）护理站视野兼顾室内外活动

图7-59　护理站邻近户外平台出入口，便于随时监护老人室外活动情况

（图片来源：周燕珉工作室）

外空间出入口时，往往选择锁闭出入口，避免老人独自外出。为使护理人员能够随时监护到老人出入室外空间，可将室外空间出入口邻近开放厨房、起居厅、餐厅等护理人员经常服务的空间，或护理值班办公点布置（图7-59）。此外，室内外空间分隔界面的通透性也有助于保障监护视线的通达。

（6）确保室外散步道的安全性

散步是十分重要的室外活动，散步道的安全性是保障老人室外活动安全性的重要因素。散步道设计除满足平整、防滑、宽度可供轮椅通行等一般适老性需求外，当室外散步道邻接绿化区域时，还需通过色彩对比清晰突出步道边界，避免老人误踩入种植区崴脚。当散步道两侧铺设高起的路缘石时，需注意路缘石色彩与路面的色彩对比，避免老人误踩在路缘石上引发危险（图7-60、图7-61）。

图7-60　散步道边缘对比清晰

图7-61　路缘石与路面色彩一致易误踩崴脚

2. 支持在室外空间独立寻路的措施

当室外空间较大、植被等景观元素较多时，认知症老人可能会产生空间迷失，无法自主找到回到室内的道路。室外空间的格局明晰、易于识别能够有效支持老人室外的独立寻路，从而促进老人自主使用室外空间。

（1）出入口明显易找

明显易找的室外空间出入口能够促进认知症老人的自主定向，实现独立寻路。例如，在室内一侧，可以设置导向标识，利用色彩、光线明暗对比、通透界面等促进老人看到室外空间开展室外活动等（图7-62）。同时，在室外一侧，可采用造型独特的门斗、门廊等凸显出入口的位置，以引导老人独立寻路（图7-63）。

图7-62　出入口处通透的界面便于老人找到室外空间

图7-63　突出的入口造型能够促进老人独立找到出入口

（2）在主要室内活动空间可看到室外活动空间

认知症老人白天通常在公共区域活动，当室内公共空间能够看到室外空间时，能够吸引老人自主到达室外空间，提高老人使用室外空间的频率。因此，设计时应将室外空间作为室内活动空

（a）室内空间可随时看到室外活动空间　　　　　　　　（b）中庭区域平面图

图7-64　丹麦艾特比约哈文养老设施围绕中庭布置室内活动空间

[（a）图片来源：周燕珉工作室；（b）图片来源：Regnier V. Housing Design for an Increasingly Older Population: Redefining Assisted Living for the Mentally and Physically Frai]

间的延伸，进行整体布局（图7-64）。采用落地窗、较宽的条形窗的形式，能够使室内外空间邻接面扩大，从而增强室内外空间的联系。

（3）设置明显的标志物辅助定向

当室外活动空间面积较大或有多个出入口时，通过设置特征明显的标志物能够辅助认知症老人自主定向。例如，可在出入口附近设置造型独特的花池、雕塑、凉亭、大树等，有助于老人找到返回室内的道路（图7-65）。

（4）设置循环的散步道

由于认知症老人的空间记忆与认知能力下降，散步道线形不宜过于复杂、有过多岔路口。环形、"8"字形等闭合循环的散步道，能够支持老人以建筑出入口为起点，自然地循着道路找回室内空间（图7-66）。特别是当室外活动场地较大、难以一览无余时，设置循环散步道尤为必要。然而，当室外空间较小、老人能够在任何角度看到出入口时，循环散步道并非必需，如果勉强设置环形散步道，反而可能使室外空间布局单调、受限（图7-67）。

图7-65　大型花园出入口附近设置独特雕塑便于老人自主寻路

图7-66　循环散步道帮助自主寻路

图7-67　小花园因设循环散步道而空间单调

图7-68　私密的休息空间使老人能够控制环境刺激

3. 支持室外活动私密性控制的措施

在室外为认知症老人提供具有一定私密性的交流、休息空间，能够帮助老人控制外界刺激、舒缓心情。由于认知症老人大部分时间在室内空间中，且行动常仅限于照料设施内，室外的安静角落成为认知症老人能够"逃离"常规的机构生活，获得内心安宁的必要场所。私密的休憩空间应尽可能远离建筑出入口等较为热闹的区域，并以植被或矮墙等形式进行适当围合，为私密地对话或安静地独处创造更安定的环境（图7-68）。

4. 提供多样的室外活动选择

提供多样的室外活动场地、休息空间与刺激元素能够为不同身体能力、爱好、性格的老人提供有意义的选择，使老人能够开展自己喜爱的室外活动。

（1）提供丰富的感官刺激元素

丰富的感官刺激元素能使认知症老人拥有更丰富的室外活动选择，从而能够吸引不同需求的老人进行室外活动。丰富的园林小品能够为老人提供有益的五感刺激。例如，设置抬高的花池能够鼓励老人参与园艺活动（图7-69），色彩、造型多样的植物能够使老人通过触摸、观赏植物获得有益的感官刺激，流动的喷泉能够创造视觉焦点、带来情绪舒缓效果。宠物和孩子带来的生命活力也是十分有益的感官刺激。例如，在室外花园设置鸡舍或其他宠物饲养设施，能够触发老人通过照料宠物或与之互动，获得成就感及安慰感（图7-70）。又如，滑梯、沙坑、秋千等儿童游戏设施能吸引儿童在设施中玩耍，促进代际互动

图7-69　抬高的种植池便于开展园艺活动

图7-70　鸡舍吸引老人孩子与宠物互动

图7-71　儿童游戏设施鼓励代际互动

图7-72　街景提供社会接触窗口

（图7-71）。此外，与外界的视线交流互动对许多老人来说也是有益的刺激。案例研究中发现，城市型照料设施的临街小花园比内向庭院更受老人欢迎，许多老人喜欢在临街的位置闲坐观看来往的人流。街道景观不仅是有趣的人文景观，也是老人保持与社区联结的重要窗口（图7-72）。当照料设施位置邻近幼儿园或学校时，可在室外空间中设置能够观看到孩子活动的休闲座椅，为老人提供有意义的活动选择。

（2）提供多样的活动场所与休息空间

多样的活动场所与休息空间能够为不同需求的认知症老人提供有意义的选择。多样的活动场所（如凉亭、棋牌角、健身角、园艺角等）能为开展多样活动提供场所。当空间有限时，也应设置一定空场并布置能灵活移动的休闲桌椅，以适应不同类型的室外活动（图7-73）。

考虑到认知症老人对环境刺激的敏感程度不同，应设置丰富的过渡空间，避免老人进出时因光线、温度突变带来不适。过渡空间通常包括半室内空间与半室外空间。在室内，可设置阳光房等半室内空间，为身体较为虚弱的老人提供观看户外景观、晒太阳的空间（图7-74）。在室外

图7-73　灵活的桌椅可适应不同活动

图7-74　阳光房作为半室内过渡空间

图7-75 室外出入口附近设置半室外休息区便于老人适应环境变化

图7-76 室外空间中同时设置能够晒太阳和遮阴的休息区

空间出入口处，可设置门廊、伞座等半室外空间，便于老人进出停留，逐渐适应室外环境。邻近出入口的半室外空间尤其适合身体较虚弱、行动不便的老人使用，可方便老人随时回到室内（图7-75）。此外，在室外空间中，还要同时考虑布置能够晒太阳和有遮阴的座位，使老人能根据自己的需求自由选择（图7-76）。

第三节 面向不同程度认知症老人的空间环境营造策略

除上述通用性设计策略之外，还可根据不同程度认知症老人身心特征与行为特点提炼出针对性设计需求。基于第五章第二节中的行为观察结果分析，可将不同认知症程度老人对支持自主性的空间环境需求差异归纳为三方面。第一，认知功能衰退会影响老人对空间环境要素的感知、识别和利用能力（例如凭借居室门口标识找到居室的能力），对空间环境的易识别性、易用性要求随之提升；第二，认知功能衰退会导致老人安全意识减弱、各类活动的风险增加，需要加强公共空间中护理人员的视线监护密切度，否则可能限制老人自主使用空间（例如不允许老人白天独自在居室等难以被监护的空间中）；第三，认知功能衰退和其他环境因素可能引发老人精神行为症状，部分症状可能带来较高的风险，需要增强空间环境的安全性和设施设备的隐蔽性。对应上述3个需求差异，针对不同认知功能衰退程度的老人，支持其自主性的空间环境要素可归纳为如下3类。

第一，空间环境要素充分激发、支持老人使用尚存的认知功能和身体机能，助力其最大限度地实现自主。这类空间环境要素又可分为两个部分：根据不同老人能力范围有所差异的要素，以及有助于不同级别老人自主性的通用性要素。在差异性要素上，基于前文分析，可以看出早期（GDS4级）认知症的老人能够自主开展的活动较为丰富。空间环境中设置开放式小厨房、水池等能够为老人家务活动提供机会；多种多样的活动用品（如书报架、书画桌等）、个性化的活动角落等，能促进早期认知症老人根据个人兴趣开展丰富的活动。而认知症中期老人（GDS5级、GDS6级）逐渐丧失对认知能力要求较高的兴趣活动能力，对感官刺激元素的需求更高。在环境中可设置丰富的感官刺激要素，例如可以触摸的织物挂毯、可以翻找的物品箱、照片墙、室内绿植、近便可及的室外活动空间等，促进中期认知症老人自发开展有意义的感官类活动。在通用性要素上，一些空间环境要素能够兼顾不同程度的认知症老人的需求。例如，照料单元采用开放式平面布局、短走廊平面、主要用餐活动空间彼此邻近、视线通透等要素能够支持和促进老人自主定向，对于视空间功能（Visuospatial Function）严重衰退的中期认知症老人尤为必要。尽管早期老人还保留了一定的寻路能力，空间环境的易识别性同样有助于减少老人寻路时的认知负担。又如，在如厕洗手空间方面，与活动区域邻近的公共卫生间、盥洗池，配合明显易懂的标识，能够促进早期认知症老人自主如厕洗手，也便于护理人员引导、督促中期认知症老人及时如厕洗手。再如，通用设计要素（如单柄混水龙头、大面板开关等）配合必要的提示信息，能补偿不同级别老人缺损的能力、激发其发挥尚存能力自主使用设施设备。总之，差异性要素考虑到不同认知功能衰退程度的老人的需求差异，通用性要素则考虑到其共同需求，两类要素共同支持着老人最大化地发挥其尚存身心机能。

第二，根据老人的认知功能衰退程度与独处风险水平，空间环境需提供适宜的监护条件，包括视线监护与近便的服务动线。对于中期认知症老人，其主要活动区域需要便于护理人员随时监护并尽可能为其提供自主的活动范围。基于观察数据可知，由于认知功能衰退导致独处、独自行动风险增加，护理人员倾向于将中期认知症老人"聚集"在便于其看护的公共空间中，并制止、劝说想要独自去居室、去室外活动空间或其他活动角落的老人行动，对老人的自主性造成了较大限制。因此，为最大限度地平衡老人的自主需求与安全保障，需要使不同公共区域之间（如单元餐厅和活动厅）、公共区域与室外活动空间之间、居室与公共区域之间具有通透的视线联系和近便的动线联系，这不仅能够使护理人员随时监护老人动态、保障其安全，也促进了老人自主活动的范围最大化。并且，由于中期认知症老人的活动自发性降低，空间之间的近便联系也便于护理人员引导老人开展各类活动。而对于早期认知症老人，空间的通透性、近便性要求则可适当放宽，并可为老人提供更多个性化的活动角落、可安静独自活动的区域（如独自阅读、写书法的区域）。

第三，针对精神行为症状，空间环境需在维护老人尊严前提下，提供安全性设计，在减小精神行为症状风险的同时，最大限度保证老人自主使用其他空间环境要素。中期认知症老人（尤其是GDS6级老人）常存在一些精神行为症状，例如对镜言语、暴食、藏东西、反复摇门想要离开等。为保障老人的安全，空间环境需要根据老人行为特点在必要时限制其使用一些设施设备，并尽可能使其不易察觉，以避免老人产生被限制感。例如，采用能够隐藏的镜子、设有隐蔽的食物储藏空间、可隐藏不常用衣物的柜体、通过壁画等方式隐藏单元的门禁位置等。针对性、灵活化的隐蔽性设计可减少老人的精神行为症状，从而降低其自主行动风险，最大限度保障其他行为的自主性。例如，可以将老人第二天穿的衣物挂放在开敞的衣柜柜格，而其他不常穿的衣物可以存放在隐蔽的柜体中，这既使得老人能够自主选择、穿衣，也能避免其翻乱衣柜。尽管如此，禁止老人使用某些空间或设施设备并非根本性解决方案，更需要厘清精神行为症状原因，尝试从源头上减少症状的发生。

综上，随着老人认知衰退程度的不断加深与行为状态变化，支持自主性的空间环境要素也需有针对性地应对，简要概括为表7-1。

不同认知功能衰退阶段对应的支持性空间环境要素　　　　　　表7-1

基本变化	老人行为状态变化	认知症阶段	对应空间需求	对应空间环境要素
认知功能衰退	独立行动能力降低	早期	能开展多样的活动	丰富可及的活动道具、活动角落；开放式小厨房
		中期	有丰富的感官刺激	丰富的感官刺激元素；近便的室外活动空间
		通用	补偿缺损的机能，支持自主	易识别的空间格局与标识
				易用的设施设备
				近便的公共卫生间、洗手池
	独自活动风险提升	早期	有独自活动的空间，兼顾监护需求	个人化、安静的活动区域
		中期	能够密切监护、兼顾老人行动自由	室内外活动空间、居室紧凑化布置，动线近便、视线通透，便于监护
	精神行为症状增加	中期	保证老人行动安全，维护尊严	针对老人不同情况，设置灵活、隐蔽的安全措施：如隐蔽的门禁，可隐藏的储藏空间、镜子等

第四节　支持性设计要素总结

经过系统性文献综述、跨文化案例研究与专家问卷调查，具有较好内容效度的空间环境要素构成了《支持认知症老人自主性的照料设施空间环境要素清单》（表7-2），该清单可以用于评价照料设施空间环境对认知症老人自主性的支持性。清单中共有56条要素经过了三种方法检验具有强或较强的有效性（以粗体字形式标出），其他要素则分别经过两种方法检验。

在使用该清单评价照料设施空间环境时，采用0或1分的方式，当设施空间满足条目要求时计1分，未满足时计0分。当该要素不适用于该设施时，记为N/A（不计入总得分率评定）。评估结束后计算总得分率（＝总得分/（96−N/A项目数）×100%），作为空间环境评价的结果。评估时还应仔细记录该设施在每一个空间环境要素的具体情况，便于后续分析、改进。

清单总得分率高的设施，表示其空间环境对自主性的支持程度较高。但需要说明的是，本清单并非以评分、比较为主要目的，而主要供照料设施发现目前存在的问题，有针对性地改善、提升环境对认知症老人自主性的支持。未来，还将针对各类要素的分值权重、评分细则等方面进一步改进完善，形成空间环境评估量表。

支持认知症老人自主性的照料设施空间环境要素清单		表7-2
编号	空间环境要素	是否实现（0/1）
1 整体空间布局		
1.1①	采用小规模组团（9~15人为宜，不超过20人），为老人提供更舒适、平常化的环境，增强控制感，促进独立空间定向	
1.2	采用开放式平面布局，2/3以上的居室与活动空间直接连接，而非通过走廊联系在一起，便于老人找到和使用公共空间	
1.3	老人频繁使用的活动区域布置在同一楼层，易于老人到达和使用	
1.4	空间尺度适宜，主要文娱活动、餐饮空间等公共空间彼此邻近，利于老人在空间之间的定向识别	
1.5	当有多个照料单元时，空间形式、家具布置、装饰风格、色彩标识等有明显区别，避免老人在非本人居住的单元活动时迷惑混淆（如误入他人居室等）	
1.6	设有多个单元且老人可能到其他单元参加活动时，单元之间的交通动线简捷（如位于同层、彼此邻近，或可通过电梯直接联系），便于老人在单元之间移动。	
2 交通空间		
2.1	当平面布局中有走廊时，走廊平面线形简单（如呈一字形或L形），易于老人定向识别	
2.2	当平面布局中有走廊时，走廊短捷，增强老人对空间的识别	
2.3	走廊尽端可以被清晰地看到、有易于识别的标志物（如有特色的门、装饰物等），便于老人识别定向	
2.4	沿走廊设置连续扶手，便于老人借力撑扶，提升行动时的安全性	
2.5	较长的走廊在沿线或尽端、拐角处设置休息空间，便于老人行走过程中随时休息	
2.6	当设有电梯时，通过刷卡等方式限制老人到达地下室等存在安全隐患的楼层区域，同时在电梯按钮处提供色彩鲜明、文字清楚的楼层导向，以使老人能安全、独立地使用电梯	
2.7	走廊的形式使护理人员在服务中能够随时监护走廊中老人的行动，从而间接促进老人独立、安全地行走	
2.8	老人使用的公共活动空间入口开敞通透，或采用透明隔断、玻璃门等形式（注意设置警示标识带避免误撞），便于老人识别目标空间	
2.9	居室门边放置、粘贴老人熟悉的物品或者照片，可设置记忆箱、记忆板等，便于老人识别自己的房间	
2.10	老人居室入口门采用不同的色彩或标识物，便于老人识别自己的房间	
2.11	在居室与走廊之间提供缓冲空间（例如凹入的门廊或在居室内设置门厅），增强居室内老人的视觉私密感，避免路过者轻易看到卫生间内部、床头等私密空间	

---

① 采用加粗字体的条目为同时经过系统性文献综述、跨文化案例研究、专家问卷调查三方面研究，证实能有效支持认知症老人自主性的条目，其他条目为经过两种方法检验有效的条目。

编号	空间环境要素	是否实现（0/1）
2.12	至少设有一处老人能够自由进出的、通往围合花园或活动空间的出入口，并确保空间安全性，以尽可能为老人提供行动自由度，减少被监禁感	
2.13	设有监控系统（如老人离开单元感应报警系统、定位追踪器等），使老人能在安全范围内自由活动，避免其逃离、走失。同时，需注意保护老人隐私	
2.14	用隐蔽的方式（如隐蔽的门、绘画、不透明的门），防止老人出走或者进入不安全区域，同时维护其尊严	

3 文娱活动空间

编号	空间环境要素	是否实现（0/1）
3.1	活动空间具有从私密到半私密到公共的层次过渡（从个人的空间到小而宁静的空间，到可以观看活动的空间，再到集体活动的空间），便于老人自行选择，而非仅有一个大的公共起居厅或餐厅	
3.2	围绕主要活动空间设有小的半私密角落空间，为老人提供旁观活动（间接参与活动）、个性化活动的可能	
3.3	设有可以关上门的宁静小空间，便于老人独处或和亲友单独交流	
3.4	当有多个照料单元时，各单元设有小型的起居活动厅，单元之间设置共享活动空间，便于老人控制适宜的社交参与程度	
3.5	单元间共享活动空间位置近便（邻近照料单元或可通过电梯直达），易于不同单元老人到达	
3.6	不同功能类别活动空间各有特色，例如采用不同的地面材质、色彩、照明与装饰风格便于老人定向，避免产生困惑	
3.7	单元内活动空间与老人居室邻近布置，便于老人到达活动区域	
3.8	根据老人个性特点，设有丰富的活动角或工作站，促进老人自发开展有意义的活动，例如提供可以翻找东西的地方、音乐角、艺术角、"工作角"（如办公桌、育婴角、木工坊）等	
3.9	设有充足的、易于使用的活动用具存储空间（一些开敞搁架便于老人自行取用，一些位置较隐蔽的柜体存放不希望老人自行取用的用具）	
3.10	摆放多种多样、安全无毒的室内植物，便于老人观赏、开展室内园艺活动	

4 餐饮活动空间

编号	空间环境要素	是否实现（0/1）
4.1	就餐空间功能相对独立，或除一个主要的就餐兼活动空间外还有其他活动空间，使老人用餐时长可相对自由	
4.2	餐位数量能满足单元内老人就餐，并留出少量机动餐位，为协助用餐、家属探访等情况提供灵活选择	
4.3	为有需要的老人提供可单独就餐的私密、安静角落空间，可利用半私密活动空间，且位置需便于护理人员看护	
4.4	提供适合不同身体情况老人的就餐空间：针对活动能力较强的老人可设置自助取餐台等设施；针对需协助用餐老人加大桌椅间距、满足轮椅老人需求，并留出协助人员座位	

续表

编号	空间环境要素	是否实现（0/1）
4.5	就餐空间位置明显易找（例如位于单元中心位置、采用开放式格局、半开敞隔断、设有多个窗洞等），使老人可以在单元内很多位置看到餐厅	
4.6	单元中设有开放式小厨房，配置水池、橱柜、冰箱、电磁炉等设备，用于餐饮准备等疗愈性厨房活动。小厨房形式接近家庭厨房，以营造老人熟悉的就餐环境	
4.7	小厨房、就餐、活动空间邻近布置，便于老人在用餐前后参与食物准备等其他家务活动	
4.8	开放式小厨房拥有良好的视线可达性，便于护理人员随时监护老人安全使用厨房	
4.9	开放式小厨房面向就餐活动空间一侧设置无障碍台面，使部分老人不进入小厨房也能参与到餐饮准备活动中	
4.10	针对轻度认知症老人，设置自助茶水吧，便于老人自助拿取饮品、零食	
4.11	采用隐蔽的方式将可能有危险的厨房物品（如清洁剂、刀具）等隐藏起来，为开水机和电磁炉等电热设备设置隐蔽总闸，或者采用安全的清洁、烹饪工具（如带童锁的开水机、电磁炉）让老人可以在监护之下安全使用小厨房	
4.12	如有存在风险、不适合老人独自使用的专业备餐设备（如洗碗机），可设置在单独封闭的备餐区或较隐蔽的角落，以确保老人可以使用的小厨房保持开放性	
4.13	单元内设置餐具清洗消毒、食物保鲜与加热设施（冰箱、微波炉等），便于为老人提供更灵活的餐饮服务（根据老人需求调整供餐、收餐时间）	

5 如厕盥洗空间

编号	空间环境要素	是否实现（0/1）
5.1	在老人经常使用的单元活动空间、单元共享活动空间附近设置方便可达的公共卫生间	
5.2	公共空间邻近设置开敞、便于使用的洗手池	
5.3	居室内设置卫生间，便于老人如厕。针对有如厕问题行为或卧床的晚期认知症老人，设置不带卫生间的居室	
5.4	居室内设置夜灯（常亮或者感应亮），便于老人找到并使用卫生间	
5.5	居室内卫生间可以从床头位置直接被看到，便于老人识别	
5.6	卫生间足够大（至少1.5m×2m），便于两名护理人员共同协助老人如厕（体重较大、肌力不足老人可能需要两人协助），也便于老人自主使用	
5.7	卫生间出入口无高差，且卫生间内外地面材料交界处应避免采用引发老人视觉错觉（误以为有高差）的色彩对比，从而促进老人安全、独立地使用卫生间	
5.8	卫生间与坐便器形式采用老人熟悉的外观样式与操作方式，易于老人识别与独立使用。避免采用按键隐蔽、全自动冲水等形式的智能坐便器，引发老人困惑	
5.9	坐便器、洗手池与周围墙地面色彩对比明显（如强调背景墙色彩或采用彩色便圈），便于老人独立找到并使用洁具	
5.10	居室内卫生间提供储物空间，如架子或壁龛，便于将洗漱用品放置于老人可见的位置，促进独立盥洗	
5.11	轻度认知症老人居室内卫生间设置淋浴空间，可摆放个人洗浴用品（避免摆放易碎、可误食的用品）	

编号	空间环境要素	是否实现（0/1）
5.12	若有公共浴室，洗浴区有视线遮挡（帘子或隔墙），在浴室入口不会直接看到洗浴中的老人	
5.13	若有公共浴室，提供更衣、存衣区域，保障老人洗浴前后的私密性	
5.14	公共浴室的如厕区以拉帘、隔墙等形式划分，确保如厕、洗浴的私密性	
5.15	淋浴区出入口无高差、地面平整、排水找坡良好，支持老人安全、独立进出淋浴空间	
5.16	淋浴区设置稳定的浴椅，周边墙面设置横向与竖向扶手，支持老人安全、独立洗浴	
6 居室空间		
6.1	设有单人间，便于私密性控制与家属陪伴老人，减少与其他老人的冲突	
6.2	为老人夫妇入住提供适宜的套型选择（如一室一厅的套间、两个卧室联通的房间），或单间居室布局能够灵活容纳两人入住、夜间互不打扰	
6.3	同时设置单人间和双人间户型，且双人间设计考虑私密性，让老人可以选择独自居住或和室友居住	
6.4	除面向晚期卧床的认知症老人外，不设置含有三张及以上床位的多人间，以确保老人的居住私密性和安全性	
6.5	房间平面布局可适应床的不同摆放方向，能够便于老人安全地在室内移动，并设有充分的空间供家人探望	
6.6	设有老人可以展示、存放家里带来的有纪念意义的个人物品的地方（如照片搁架、挂镜线等），便于居室的个性化布置，促进老人识别自己的房间	
6.7	家具形式具有灵活性，考虑老人自主布置房间的可能，避免设置较多固定家具	
6.8	根据对老人需求的评估，在居室中适当设置提示标识或图标，促进老人独立如厕、使用呼叫设备等	
6.9	在双人间中采用不同的墙面色彩、装饰物等对个人的居住区域进行界定，便于老人识别自己的区域	
6.10	双人间空间能够提供一定私密性，例如使用隔墙、衣柜或卫生间划分居住区域等，而非仅使用布帘分隔	
6.11	居室的装饰风格（如家具、窗帘、床单色彩等）能为老人提供选择，或允许老人自己携带	
7 室外活动空间		
7.1	设有安全围合、易于到达且老人能够自由进出的花园	
7.2	老人在照料单元内（如活动空间、餐厅等位置）可以看到花园内的活动，吸引老人开展或参与室外活动	
7.3	花园出入口邻近室内主要公共活动空间，便于老人到达花园	
7.4	邻近建筑入口处设有半室外休息活动空间（如廊架、伞座、阳光房等），为老人提供过渡空间	

续表

编号	空间环境要素	是否实现（0/1）
7.5	在室内走廊中设置通往室外活动空间的引导标识或图片	
7.6	通过色彩差异、室内外光线明暗对比突出室外活动空间出入口	
7.7	室外空间出入口位置利于护理人员在护理服务中随时监护老人进出（例如邻近开放厨房、起居厅/餐厅等护理人员经常服务的空间，或邻近护理值班办公点）	
7.8	花园出入口位置明显，或花园内有明显的标识物或地标指示出入口位置，便于老人找到出入口	
7.9	连接花园与室内空间的出入口易于老人开启（如推拉时轻便的门或自动门等）	
7.10	花园与室内空间之间采用平坡出入口，没有台阶或较大的高差，便于老人进出	
7.11	花园周围采用隐蔽的安全围护措施，隐藏从花园通往其他不安全区域的门，保障老人使用花园的安全性	
7.12	花园设有循环的散步道，起点和终点均为连接室内外空间的出入口	
7.13	散步道平整、防滑，与种植区交界处色彩对比明显，避免老人误踏发生危险	
7.14	同时设有可晒太阳及带遮阴的休憩座椅供老人选择	
7.15	花园中有可移动的座椅以及树荫、凉亭等活动空间或场地，可供老人和照料人员共同开展多样的小组活动	
7.16	设有多感官刺激要素（如抬升的种植池、宠物角、晾衣角等），帮助老人克服行动、认知、感官交流能力上的障碍，开展有意义的活动	

8 通用细节

编号	空间环境要素	是否实现（0/1）
8.1	设有良好、充足的照明，保障不同天气下、一天不同时间中老人的日常活动	
8.2	采用较宽的窗户，促进老人通过观看室外景物增强时间、空间的导向	
8.3	设有低窗台窗扇（并设安全护栏），便于轮椅老人观看窗外风景	
8.4	在保障安全的前提下（设置限位控制装置），部分窗扇老人可以自主开启	
8.5	提供减少眩光（包括天窗、窗户、照明、地面反射等）与调节进光量的措施，如百叶、遮阳卷帘、纱帘等，使老人能够控制、获得适宜的光线刺激	
8.6	提供可调节的照明设施，便于老人根据个人需求控制调节照明强度（如强弱不同的照明档位、可调节的光色、日光变化模拟照明、台灯等局部照明设施）	
8.7	设有清晰、连贯的导视系统（如空间导引标识图文色彩与底色对比清晰、字体易读，同时采用文字与形象图标等），促进老人独立空间定向	
8.8	采用简单易用的设施设备，促进老人独立使用（例如大面板开关、杠杆式门把手、单柄混水龙头）	
8.9	提供减少噪声的措施，尽可能帮助老人控制噪声刺激。例如，在较为喧闹的活动空间采用吸声的界面材质、柔软的家具等，保障居室与居室间的隔声	

第五节 本章小结

本章提出了支持认知症老人自主性的照料设施空间环境设计策略。设计策略包括六个总体设计原则，以及针对各功能空间中各类自主行为的具体设计策略。此外，本章还总结了适合于不同程度认知症老人的支持性空间环境设计策略。最终，本书给出了《支持认知症老人自主性的照料设施空间环境要素清单》，该清单条目基于系统性文献综述、跨文化案例研究和专家调查等方法的检验，具有良好的内容效度，适用于评价照料设施空间环境对支持认知症老人自主性支持。空间环境设计策略与要素清单不仅有助于认知症照料设施的支持性环境营造，更将为护理服务者有效利用空间环境、不断改进空间环境，以及持续增强对认知症老人自主性的支持提供指引。

第八章

走向未来：以人为中心的认知症照料设施设计

提到疾病，人们不免首先想到其对生活负面影响。提到认知症，人们则往往认为那意味着记忆、自我意识、自理能力的丧失，这也使得患病人士和家属常伴随消极、绝望与病耻感。然而，近距离接触认知症人士时，我们总能发现无论其处于哪个病程阶段，仍然保有不同程度的情感知觉、自我意识与活动能力。日本失智症当事者协会会长佐藤雅彦先生曾在书中这样说道："得失智症之后，的确会有一些不便，但绝对不是不幸。自己要怎么活下去，是由自己决定的，而生命的价值也是自己可以创造的。""即便得了认知症，也要自主地生活。"既是认知症人士的心声，也是认知症照护者、照护环境的使命所在。

如本书第一章所述，认知症老人的自主性可以被细分为行动自由、行为独立、环境控制、生活选择等4个维度。大量实证研究表明，自主性对老年人的身心健康有相当大的促进作用，是决定其生活质量、主观幸福感的重要因素，也是让老年人对照料设施产生归属感的决定性因素之一。在笔者多年的调研中观察到，忽视认知症老人的自主需求，会导致老人生活状态消极、被动，甚至引发其激越情绪与行为。当前，拥护"以人为中心的照护"理念已成为全球公认的照护文化变革趋势。支持认知症老人自主性作为"以人为中心的照护"理念的核心之一，越来越受到各国学者、政府机构、运营管理者、照护者和家属的重视。在推行"以人为中心的照护"理念的国家和地区，照料设施的空间环境也随之发生了很大的变革。本书中的大量实证研究结果亦表明，空间环境对认知症老人发挥尚存身体机能、实现最大限度的自主有重要影响。

我国专业的认知症照料服务起步较晚。笔者在调研中看到，目前大多数照料设施仍采用国外早期的医疗照护模式，将认知症老人当作失能老人，提供简单的集体化生活照料。这无法满足认知症老人个性化的身心需求，照料者也常因为老人精神行为症状承受着巨大的身心压力。相信伴随老年人及家属对设施照护品质需求的不断提升，今后我国认知症照料设施也将经历与发达国家类似的照护理念和实践转变过程，拥护从个体需求出发、支持个体自主性的照护文化。与之相伴，支持认知症老人自主性也将成为我国认知症照料设施设计与建设的核心目标。

目前，我国不断增长的认知症群体对认知症照料设施需求十分迫切，专业设施的数量和质量都亟待提升。上海、浙江等老龄化程度较深的地区已经将认知症照料设施或专区的建设列入民政事业发展的重要指标，认知症照料设施正处于快速建设和发展阶段。考虑到空间环境的建设具有投资大、固定性强的特征，尽管目前许多认知症设施的照护理念与模式仍较为传统、有待转变，其设计与建造应具有一定前瞻性，为未来实践"以人为中心的照护"理念，支持认知症老人的自主生活作好硬件准备。

如何营造支持认知症老人自主性的空间环境？结合本书的主要研究结论，笔者认为可从以下4个方面出发。

第一，在认知症照料设施环境营造中充分应用支持老人自主生活的设计原则与设计策略。本书第七章中提出了六条支持认知症老人自主性的空间环境设计原则，包括：活动空间与设施近便可及，空间环境易于理解和辨识，设施设备熟悉易操作，环境刺激程度可调节，活动空间设施丰富多样，通过空间环境与设施设备降低风险等。同时，本书也基于文献、实证与专家访谈研究结果总结了支持自主性的设计要素，给出了各个功能空间中支持老人不同维度自主行为的设计方法、实例、应避免的设计误区等。对认知症老人的行为状态数据分析表明，当设施具备更多支持性空间环境要素时，老人的自主行为更多、活动参与度更高，因而情绪水平更好。因此，对于希望提升既有空间环境品质的设施，可参考《支持认知症老人自主性的照料设施空间环境要素清单》，评估认知症照料设施空间环境对老人自主性的支持程度，并进行针对性的改善调整。对于新建设施，则可参考设计原则与策略进行全面的支持性设计考虑与审视。

第二，考虑不同认知衰退程度老人的需求，提供兼具包容性和针对性的空间环境设计。本书第五章中，对比了不同认知功能衰退程度老人的自主行为与空间使用特征，并发现认知症早期（GDS4级）的老人具有更好的认知、行动能力，自主行为类型更丰富，不自主行为的频次更少。而伴随认知功能衰退，认知症中期（GDS5级、GDS6级）的老人行动独立性下降、独处风险增加、精神行为症状也增多，需要更强的照护支持与行为监护。因此，在空间环境营造时，针对早期认知症老人应设置更丰富的活动空间、提供个人化安静的活动区域；针对中期认知症老人应提供更丰富的感官刺激元素、空间格局应紧凑便于老人使用与护理人员监护，以及采取隐蔽的安全措施支持老人自主行动等。而易用的设施设备、易识别的空间格局与标识、近便的如厕盥洗设施等作为通用支持性要素，能够同时支持认知症早期、中期老人的自主性。

第三，在设计中综合考虑护理环境、个人因素、风险因素的影响，尽可能提升支持性空间环境的有效性。本书第六章中，构建了"有条件的自主"理论，诠释空间环境对认知症老人自主性的支持作用机制。支持性空间环境要素的有效性同时受到护理环境因素、个人因素、风险可控性的影响，即老人能否达成自主性需经过多方面影响因素的条件筛选。首先，空间环境要素能够通过可供性直接支持认知症老人的自主性，或通过影响护理环境因素、风险可控性等间接支持老人自主性。其次，护理环境方面，机构的理念与目标、人员配比、活动安排等能够直接影响老人的自主性，也可影响空间环境的使用方式与效果。养老机构会对老人各类自主行为的风险可控性进行判断，当风险可控性较高时，一般选择支持老人达成自主行为，反之则可能限制老人的自主行为。再次，个人因素方面，是否具备利用特定空间环境要素的认知和行动能力，决定了老人是否能达成自主性；而精神行为症状可能带来安全隐患、使护理人员对老人的自主行为加以限制。总之，只有当空间环境具备支持性要素，照护理念、方法支持老人利用该要素，工作人员判断该自主行为风险可控性强、老人具备相应的身心能力时，老人特定的自主行为才能够最终达成。从"有条件的自主"理论可以看出，支持性空间环境要素本身不足以支持认知症老人达成自主性，还需要考虑护理环境因素、个人因素的影响作用，进行相应的调整，以最终使空间环境实现支持自主性的目标。因此，设计营造支持性的空间环境时，不仅需要考虑设计原则与策略的应用，还需要设计者与工作人员进行充分的沟通与讨论，对设施中入住老年人的身心特征、行为能力有全面了解。只有通过设计帮助照护者在尽可能降低风险的前提下支持认知症老人的自主性，才能使最终的建成环境能够在照护与老人生活中被充分地利用。

第四，提升社会环境对认知症老人自主性的重视和支持度。本书第六章中，从社会生态视角构建了支持认知症老人自主性的环境体系，该体系能够使我们更加全面地理解影响认知症老人自主性的环境因素。社会环境作为宏观系统，对照料设施中老年人的自主性也有重要影响。通过对国家的社会价值观、认知症护理法规政策、主流认知症照护模式、相关个体对自主性诉求的对比分析，可以看出在这些社会环境因素系统地影响着不同文化下照料设施是否重视和支持认知症老人自主性。调研中发现，许多老人家属抱着"把老人送到养老院等于进了保险箱"的观念，使得养老机构将老年人的安全列为第一要义，甚至采用约束、限制活动等方式剥夺认知症老人自主性。此外，当前我国护理法规、标准中缺少保障老人自主性的内容，风险评估和定责制度的不完善也使得养老机构不得不选择更加保守的照护方式避免经营风险。因此，构建支持认知症老人自主性的环境，绝不仅仅意味着建设支持性的空间环境，或者采用支持性的照护理念。从美国、澳大利亚等发达国家的案例中可以看到，只有当全社会（包括政府、养老机构工作者、家属、老人自身）充分认识到认知症老人自主性的重要性，才有可能在国家政策层面重视和保障被照护者的自主性，在照护法规中订立具体的风险评估机制、工作标准，从而使照护者在实践中从容地支持认知症老人自主性。

本书是对支持认知症老人自主性的空间环境的探索性研究，相关结果如何切实应用于认知症照护环境的营造以提升认知症老人的自主性还有待研究，未来的课题包括以下几个方面。

1）基于支持性空间环境要素清单，开发支持自主性的空间环境评价量表，对量表的信效度进行检验，便于机构对现有空间环境的自主性支持程度进行评价。

2）基于自主行为类型，开发自主行为观察评估量表，对量表的信效度进行检验，并结合对认知症老人的直接访谈或问卷调查等手段，形成评估其自主性的系统方法。

3）形成"评估—改善—再评估"体系，基于空间环境自主性支持程度和认知症老人自主性的评估结果，对机构空间环境进行针对性地改善，再通过复评对比前后结果，不断优化提升设施的空间环境、老人自主性水平与生活质量。

让我们通过空间环境、护理环境、社会环境的共同营造，为认知症老人及其家庭提供支持性的环境！

整体布局			
序号	环境特征	目标行为结果	证据支持[①]	文献[②]
1	少于30人的小规模组团，为老人提供更舒适、平常化的环境	增强选择与控制感，提升活动参与、ADL。增强寻路和言语交流	R11+E4	Schwarz, Chaudhury, Tofle 2004; Torrington, 2006; Kane et al., 2007; Calkins, 2011; Annerstedt, 1997; Reimer, Slaughter, Donaldson, Currie, & Eliasziw, 2004; te Boekhorst et al., 2009; Thistleton, Warmuth, & Joseph, 2012; Marquardt & Schmieg, 2009; Smit et al. 2012; Verbeek et al. 2010; Morgan, Semchuk, Stewart, D'Arcy, 2004; Department of Health, UK, 2015; Guideline Adaptation Committee, AUS, 2016; Ministry of Health, NZ, 2016
2	提供多样的空间供老人选择在哪里休息、活动（起居室、餐厅、安静的角落、厨房、活动室、走廊）	使活动安排更有灵活性	R3+E6	Diaz Moore, 2002; Calkins, 2009; Cleary, Clamon, Price & Shullaw, 1988; Reed & Tilly, 2008; Lawton, 2001; Van Haitsma, Curyto, Saperstein & Calkins, 2004; Department of Health, UK, 2015; Ministry of Health, NZ, 2016; Alz, 2018
3	开放式平面布局，2/3以上的房间面向大的开放空间，而非通过走廊联系在一起	便于看护与自主性、便于定向	R3+E2	Marquardt et al., 2011; Morgan-Brown et al. 2013; Elmstaöhl et al., 1997; Van Haitsma, Curyto, Saperstein & Calkins, 2004; FGI, 2018
4	各组团空间形式有所变化	避免定向障碍	E3	Van Haitsma, Curyto, Saperstein & Calkins, 2004; Calkins, 2001; Department of Health, UK, 2015
5	老人主要活动区域布置在同层	便于到达	R1	Marquardt et al., 2011

① 表中R代表实证研究，E代表经验性文献；数字代表支持该要素的实证研究或经验性文献数量。

② 表中文献根据类型排序，实证研究在前，经验性文献在后。

		交通空间		
序号	环境特征	目标行为结果	证据支持	文献
1	可以清晰地看到走廊尽端	便于定向	R1	Marquardt & Schmieg, 2009
2	短捷的走廊	便于定向	R3+E1	Bakker, 2003; Morgan, Stewart, D'Arcy & Werezak, 2004; Passini and colleagues, 2000; Department of Health, UK, 2015
3	居室门边设置记忆箱或者记忆板，放置、粘贴老人熟悉的物品或者照片	便于找到居室	R6+E4	Namazi, Rosner & Rechlin,1991; Day, Carreon & Stump, 2000; Martichuski & Bell, 1993; Nolan, Mathews, Truesdell-Todd & VanDorp, 2002; Nolan, Mathews & Harrison, 2001; Oswald & Wahl, 2004; Alden, 2010; Calkins, 2001; Bakker, 2003; Department of Health, UK, 2015
4	在居室（私密空间）与公共走廊之间提供缓冲空间，例如创造一个门廊空间	提供控制感	E1	Cohen & Weisman, 1991
5	活动空间入口开敞通透，或采用透明隔断、玻璃门	便于定向	R1+E3	Milke et al., 2009; Marshall, 2003; Department of Health, UK, 2015; Guideline Adaptation Committee, AUS, 2016
6	老人居室的入口门采用不同的色彩或者标识	便于找到房间	R2+E2	Gibson et al.,2004; Kelly et al. 2011; Van Haitsma, Curyto, Saperstein & Calkins, 2004; Department of Health, UK, 2015
7	走廊平面线形简单，呈一字形或L形	便于定向	R1+E2	Marquardt & Schmieg, 2009; Department of Health, UK, 2015; Guideline Adaptation Committee, AUS, 2016
8	设置监控系统（出入口上锁，老人离开感应报警，定位追踪）	避免老人逃离走失	E3	Calkins, 2001; FGI,2018; Department of Health, UK, 2015
9	用隐蔽的方式（隐蔽的门、绘画、不透明的门）隐藏通向外界或不安全区域的门	防止老人出走或者去到不安全区域	R4+E6	Zeisel et al., 2003; Mayer and Darby, 1991; Dickinson et al., 1995; Dickinson and McLain-Kark, 1998; Calkins, 2001; Edgerton and Richie 2010; FGI, 2018; Department of Health, UK, 2015; Guideline Adaptation Committee, AUS, 2016; Ministry of Health, NZ, 2016
10	通往安全的单元外空间的不上锁的大门	给老人提供一定程度的活动自由感	R1	Namazi & Johnson, 1992
		文娱活动空间		
序号	环境特征	目标行为结果	证据支持	文献
1	公共空间具有从私密到半私密到公共的层次过渡（个人的空间、小而宁静的空间、可以观看活动的空间、集体活动的空间），使活动安排更有灵活性，便于在房间外接待访客，而非仅有一个大的公共起居厅或餐厅	使活动安排更有灵活性，便于在房间外接待访客，最大限度减少干扰、困惑和激越	R1+E9	Milke et al., 2009; Zeisel, 2009; Cohen & Weisman, 1991; Reed & Tilly, 2008; Barnes, 2002; Lawton, 2001; Calkins,2001; Department of Health, UK, 2015; Guideline Adaptation Committee, AUS, 2016; Ministry of Health, NZ, 2016

	文娱活动空间			
序号	环境特征	目标行为结果	证据支持	文献
2	为受到过度刺激的老人提供可以关上门的宁静小空间	受到过度刺激的老人可以平静下来	E5	Calkins, 2001; FGI,2018; Department of Health, UK, 2015; Guideline Adaptation Committee, AUS, 2016; Ministry of Health, NZ, 2016
3	围绕主要活动空间布置一系列小的半私密角落空间，供老人观看活动	供老人控制活动参与程度	R2+E2	McGolgan, 2005; Diaz Moore, 2002; Van Haitsma, Curyto, Saperstein & Calkins, 2004; Cohen & Weisman, 1991
4	提供充足、可及的各类活动用具存储空间（一些易找可及，一些可以稍隐蔽）	可供老人自主开展活动	E1	Calkins, 2018
5	各组团有小型的起居厅，组团间设置一个较大的活动空间，达到私密性和社交活动的平衡	可供老人选择社交活动	E1	Van Haitsma, Curyto, Saperstein & Calkins, 2004
6	活动空间被划分为小的空间，提供半高的隔墙或者可移动的空间划分设施	供老人控制活动参与程度，最大限度减少干扰、困惑和激越	R2+E4	Namazi & Johnson, 1992; Edgerton and Richie 2010; Calkins, 2001; Reed & Tilly, 2008; Van Haitsma, Curyto, Saperstein & Calkins, 2004; Department of Health, UK, 2015
7	在空间中提供丰富的物品提升老人与周边环境的互动，例如提供可以翻找东西的地方，在常规活动之外为老人提供一系列可及的感官刺激体验，或者提供可以开展一系列有意义的活动的"工作角"（如有文件的办公桌、育婴角、棒球卡片、木工坊）	可促进老人独立开展有意义的活动	R2+E4	Cohen-Mansfield et al., 2010; Padilla, 2011; Calkins, 2001; Geboy, 2009; Department of Health, UK, 2015; Ministry of Health, NZ, 2016
8	活动空间布局各有特色	便于老人定向，避免产生困惑	R1+E1	Marquardt & Schmieg, 2009; Guideline Adaptation Committee, AUS, 2016
9	公共空间与老人居室邻近布置，便于老人到达活动区域	便于老人自主定向	E1	Calkins, 2009

	餐饮活动空间			
序号	环境特征	目标行为结果	证据支持	文献
1	就餐空间被分成多个小空间，或设置单独的房间、角落（凹室等）	让老人可以控制隐私和社交的程度，拥有安静的就餐体验	R4+E4	Sloane et al., 2008; Namazi & Johnson, 1992; Morgan & Stewart, 1998; Skea & Lindesay, 1996; Van Haitsma, Curyto, Saperstein & Calkins, 2004; Brawley, 1997; FGI,2018; Department of Health, UK, 2015
2	就餐空间可与其他空间区分开，主要用于就餐活动（而非兼作活动室）	让老人可以自由用餐，不必担心要为开展活动让出位置	E1	Van Haitsma, Curyto, Saperstein & Calkins, 2004

餐饮活动空间

序号	环境特征	目标行为结果	证据支持	文献
3	设置两个餐厅分别对应不同认知症程度的老人需求（独立自主用餐或需要协助的用餐）	让老人可以控制隐私和社交的程度，拥有安静的就餐体验	E1	Van Haitsma, Curyto, Saperstein & Calkins, 2004
4	提供多样的大小餐桌供老人选择，少人数就餐或者多人数就餐	让老人可以控制隐私和社交的程度，拥有安静的就餐体验	R1+E2	Sloane et al., 2008; Van Haitsma, Curyto, Saperstein & Calkins, 2004; Brawley, 1997
5	设置充足（甚至富余）的餐位，每个老人能够有自己的空间	保证老人的尊严和用餐质量	R1	Rosen et al., 2008
6	有水池、橱柜、冰箱、咖啡机、炉灶和面包机的组团小厨房（用于疗愈性厨房活动），形式接近家庭厨房，营造熟悉感的就餐环境	营造熟悉感的就餐环境，支持老人使用厨房	R1+E4	Chaudhury, et.al., 2016; Calkins, 2001; Van Haitsma, Curyto, Saperstein & Calkins, 2004; Department of Health, UK, 2015; Ministry of Health, NZ, 2016
7	厨房设置无障碍台面，将厨房区域与外界划分	供部分不能安全使用厨房内电器的老人参与搅拌等活动，而不会进入厨房发生危险	E1	Van Haitsma, Curyto, Saperstein & Calkins, 2004
8	餐厅可以在组团的很多位置被看到（如设置内窗等）	便于老人找到餐厅	E1	Van Haitsma, Curyto, Saperstein & Calkins, 2004
9	烹饪、就餐、活动空间邻近布置，让老人可以在用餐前参与食物的准备和其他相关活动	便于老人参与餐前餐后活动	R2+E2	Marquardt et al., 2011; Elmstahl et al., 1997; Alden, 2010; Department of Health, UK, 2015

如厕盥洗空间

序号	环境特征	目标行为结果	证据支持	文献
1	卫生间出入口高差最小化	自主进出卫生间	E1	Van Haitsma, Curyto, Saperstein & Calkins, 2004
2	卫生间近便可及，与老人常待的地方接近	自主找到卫生间	R1+E2	Lin et al., 2009; Mahendiran & Dodd, 2009; Department of Health, UK, 2015
3	厕所易识别、直接可达，采用老人熟悉的外观样式	自主找到卫生间	R1+E3	Namazi, 1993; Cohen & Weisman, 1991; van Haitsma, Curyto, Saperstein & Calkins, 2004; Department of Health, UK, 2015
4	厕所足够大，可容纳两名护理人员共同协助老人如厕	自主使用卫生间	R2+E1	Hutchinson, Leger-Krall, & Wilson, 1996; Day, Carreon, & Stump, 2000; Van Haitsma, Curyto, Saperstein, & Calkins, 2004

续表

序号	环境特征	目标行为结果	证据支持	文献
		如厕盥洗空间		
5	厕所可以从床头（一般来讲床的摆放位置）直接被看到	自主找到卫生间	R3+E2	Morgan & Stewart, 1998; Day, Carreon & Stump, 2000; Namazi & Johnson, 1991; Van Haitsma, Curyto, Saperstein & Calkins, 2004; FGI, 2018
6	居室内设置夜灯（常亮或者感应亮），便于老人找到去厕所的路	自主找到卫生间	R1+E3	Figueiro, 2008; FGI,2018; Department of Health, UK, 2015; Ministry of Health, NZ, 2016
7	在居室中提供淋浴空间，并可摆放私人物品	增加老人洗浴的私密性	E1	Van Haitsma, Curyto, Saperstein & Calkins, 2004
8	浴室设置加热器	可以根据老人需求调节温度	E2	Van Haitsma, Curyto, Saperstein & Calkins, 2004; Calkins, 2001
9	洗浴区有视线遮挡（帘子或隔墙），在浴室入口不会直接看到洗浴中的老人	增加老人洗浴的私密性	E1	Van Haitsma, Curyto, Saperstein & Calkins, 2004
10	在浴室提供更衣、存衣区域，避免老人在洗浴过程中私密感受到侵犯	增加老人洗浴的私密性	E1	Van Haitsma, Curyto, Saperstein & Calkins, 2004
11	淋浴区安全可达（无障碍、无门槛），地面排水找坡良好，设置安全稳定的浴椅	增加淋浴安全性	E1	Cohen & Weisman, 1991
12	公共浴室的洗浴和如厕区以拉帘分隔	增加老人洗浴的私密性	E1	Van Haitsma, Curyto, Saperstein & Calkins, 2004

序号	环境特征	目标行为结果	证据支持	文献
		居室空间		
1	同时设置半私密的双人间和单人间两种户型	让老人可以选择拥有一名室友或者拥有更多私密性	R2	Morgan & Stewart, 1999; Day, Carreon & Stump, 2000
2	设置单人间（尤其是对于临终关怀或者疾病晚期的认知症老人）	便于家属尽可能陪伴老人，减少与其他老人的冲突	R6+E3	Morgan & Stewart, 1998; Day, Carreon & Stump, 2000; Zeisel, Hyde & Levkoff, 1994; Russell, Middleton & Shanley, 2008; Wowchuk, McClement & Bond, 2007; Kaasalainen, Brazil, Ploeg & Martin, 2007; Lawton, Liebowitz & Charon, 1970; Van Haitsma, Curyto, Saperstein & Calkins, 2004; FGI, 2018; Department of Health, UK, 2015
3	半私密的双人间，采用L形平面、脚对脚的布置方式等，而非仅使用布帘分隔，例如使用隔墙、衣柜或卫生间划分居住区域	增加隐私感	E2	Van Haitsma, Curyto, Saperstein & Calkins, 2004; Calkins, 2001

居室空间

序号	环境特征	目标行为结果	证据支持	文献
4	不设置含有三张及以上床位的多人间	增加隐私感	R1	Cutler & Kane, 2002
5	为老人居室的装修风格（如墙的颜色、窗帘、床罩、家具风格等）提供选择	提供选择	E1	Calkins, 2001
6	房间足够大，可以添加家具或者选择家具的布置方式，便于老人安全地在室内移动。平面布可适应床的不同摆放方向，具有更多的视觉私密性，并且设置充分的空间供家人探望	控制房间布局	E3	Van Haitsma, Curyto, Saperstein & Calkins, 2004; Calkins, 2001; Ministry of Health, NZ, 2016
7	相邻房间设置酒店式的联通门，老人夫妇可以选择分住两间而把门打开	满足老人私密性、尊严和交往的需要	E1	Van Haitsma, Curyto, Saperstein & Calkins, 2004
8	设置有老人可以展示、存放家里带来的个人物品的地方（如置物搁架、凸窗、衣橱等），便于居室的个性化布置	控制房间布局，便于老人识别自己的房间	R2+E6	Zingmark, Sandman & Norberg, 2002; Powers, 2003; Torrington, 2009; Van Haitsma, Curyto, Saperstein & Calkins, 2004; Calkins, 2001; Department of Health, UK, 2015; Guideline Adaptation Committee, AUS, 2016; Ministry of Health, NZ, 2016
9	卫生间提供储物空间，如架子或壁龛，便于将洗漱用品放置于老人可见的位置	控制房间布局，促进独立盥洗	E2	Cohen & Weisman, 1991; Van Haitsma, Curyto, Saperstein & Calkins, 2004
10	设置半门（荷兰门）	控制来自走廊的声音和视觉刺激	E2	Van Haitsma, Curyto, Saperstein & Calkins, 2004; Calkins, 2001
11	在双人间中采用不同的墙面色彩、花纹对个人的居住区域进行界定	便于老人识别自己的区域	R1+E1	Cutler & Kane, 2002; Department of Health, UK, 2015

室外活动空间

序号	环境特征	目标行为结果	证据支持	文献
1	有可及、围合的花园	提升独立感、减少被关起来的感觉，减少激越和药物使用	R7+E6	Torrington, 2006; Van Hecke, Van Steenwinkel, & Heylighen, 2018; Duggan et al., 2008; Swanson, Maas & Buckwalter, 1993; Detweiler, Murphy, Myers & Kim, 2008; Rappe and Topo, 2007; Namazi & Johnson, 1992; Calkins, 2001; Kwack et al., 2008; Unwin et al., 2009; FGI,2018; Guideline Adaptation Committee, AUS, 2016; Ministry of Health, NZ, 2016

室外活动空间			
序号	环境特征	目标行为结果	证据支持	文献
2	老人可以选择坐在阳光下或阴凉处	鼓励老人在散步过程中休息	E2	Cooper Marcus, 2007; Department of Health, UK, 2015
3	老人可以在邻近建筑入口的半室外空间休息活动	鼓励那些不想离开建筑太远的老人户外活动	E2	Cooper Marcus, 2007; Department of Health, UK, 2015
4	设置凉亭、座椅休息或其他活动设施	便于老人开展多样的活动	E1	Cohen-Mansfield, 2007
5	老人可以从单元内看到花园内情况	员工更加鼓励老人使用花园，老人可以自主使用花园	R2+E5	Marquardt & Schmieg, 2009; Grant & Wineman, 2007; Van Haitsma, Curyto, Saperstein & Calkins, 2004; Cohen & Weisman,1991; Alden, 2010; Cohen-Mansfield, 2007; Ministry of Health, NZ, 2016
6	花园出入口邻近室内主要公共活动空间	便于老人在安全监护下自主进出户外	R1+E3	Grant & Wineman, 2007; Van Haitsma, Curyto, Saperstein & Calkins, 2004; Cooper Marcus, 2007; Ministry of Health, NZ, 2016
7	老人居室可直接通往花园	支持老人使用户外空间	E1	Chalfont, 2005
8	花园出入口没有台阶或较大的高差	支持老人独立使用户外空间	R1	Grant & Wineman, 2007
9	花园周围采用隐蔽的安全围护措施，隐藏从花园通往其他不安全区域的门	减少被限制感，减少老人尾随访客或员工出走	E4	Cooper Marcus, 2007; Calkins, 2001; Guideline Adaptation Committee, AUS, 2016; Ministry of Health, NZ, 2016
10	通过多感官刺激要素与活动用具，帮助老人克服行动、认知、感官交流能力上的障碍	鼓励老人锻炼和独立使用花园	E3	York, 2009; Department of Health, UK, 2015; Ministry of Health, NZ, 2016
11	花园出入口可以在花园内任何一点被观察到	减少在花园中行走时的迷惑，促进自主寻路	E1	Zeisel, 2007
12	花园有循环的散步道，从主入口的一端连接到另一端	增进老人在花园中的自然寻路（Natural Mapping），减少迷惑	R1+E5	Marquardt 2011; Zeisel, 2007; Cooper Marcus, 2007; Alden, 2010; Department of Health, UK, 2015; Ministry of Health, NZ, 2016
13	花园内有明显的标识物或地标	让老人可以找到花园主要空间与出入口	R1+E4	Van Schaik, 2008; Marshall, 2003; Zeisel, 2007; Kwack et al., 2005; Department of Health, UK, 2015

通用细节			
序号	环境特征	目标行为结果	证据支持	文献
1	采用隐蔽的方式将可能有危险的物品（如清洁剂、尖锐的工具、煤气炉）等隐藏起来，或者采用安全的清洁、烹饪工具(如可以定时的炉灶或设置隐蔽的总开关)，让老人可以在监护之下使用	支持自主使用厨房	E2	Calkins, 2018; Cohen & Weisman,1991
2	良好、充足的照明	支持老人开展日常活动	E3	Brawley, 2009; Department of Health, UK, 2015; Ministry of Health, NZ, 2016
3	清晰易懂、具有一致性的导视系统，强调重要信息，背景或其他信息刺激则尽可能减弱（如扶手与墙的色彩对比明确，空间导引标识清晰）	支持空间定向	R2+E5	Marquardt et al., 2011; Neargarder & Cronin-Golomb, 2005; Cohen & Weisman, 1991; Trotto, 2001; FGI, 2018; Department of Health, UK, 2015; Ministry of Health, NZ, 2016
4	补偿式设计让老人能够增加对物品的使用独立性（例如大面板开关、杠杆式门把手、单柄混水龙头）	增加对物品的使用独立性	E2	Cohen & Weisman, 1991; FGI, 2018
5	大面积的窗扇	增强时间、空间的导向	R2+E2	Milke et al., 2009; Oswald & Wahl, 2004; Van Haitsma, Curyto, Saperstein & Calkins, 2004; Department of Health, UK, 2015
6	有适合轮椅老人视线高度的观景窗扇	提升轮椅老人观景独立性	E2	Calkins, 2001; Van Haitsma, Curyto, Saperstein & Calkins, 2004
7	窗可以自主开启，但设置限位控制装置，避免老人逃走、保证安全	提高通风调节自主性	R1+E3	van Hoof et al., 2010; Calkins, 2001; Van Haitsma, Curyto, Saperstein & Calkins, 2004; FGI, 2018
8	提供减少眩光（直接与间接的眩光，包括天窗、窗户、照明、地面反射）调节照度的措施（如百叶、遮阳卷帘、纱帘等）	光线调节自主性	E2	Calkins, 2001; Department of Health, UK, 2015
9	提供减少噪声的措施（例如在较为喧闹的地方提供吸声材料，墙面采用吸声的墙面材质、柔软的家具）	噪声控制自主性	E4	Van Haitsma, Curyto, Saperstein & Calkins, 2004; Calkins and Brush 2002; Department of Health, UK, 2015; Ministry of Health, NZ, 2016

参考文献

[1]   Aged Care Quality Standards[R/OL]. 2019[2019-07-01]. https://agedcare.health.gov.au/sites/
      default/files/documents/10_2018/aged_care_quality_standards.pdf.

[2]   AGICH G J. Reassessing Autonomy in Long-Term Care[J]. The Hastings Center Report, 1990,
      20(6): 12.

[3]   ALDEN A. Welcome to Remodel/Renovation[J]. Long-Term Living: For the Continuing Care
      Professional, 2010, 59(9): S2-S17.

[4]   Alzheimer's Disease International. World Alzheimer Report 2019: Attitudes to dementia[EB/OL].
      (2019-09-21)[2020-01-04]. https://www.alzint.org/u/WorldAlzheimerReport2019.pdf.

[5]   ANCOLI-ISRAEL S, GEHRMAN P, MARTIN J L, et al. Increased light exposure consolidates
      sleep and strengthens circadian rhythms in severe Alzheimer's disease patients[J]. Behavioral
      sleep medicine, 2003, 1(1): 22-36.

[6]   ANDRESEN M, RUNGE U, HOFF M, et al. Perceived autonomy and activity choices among
      physically disabled older people in nursing home settings: a randomized trial[J]. Journal of Aging
      and Health, 2009, 21(8): 1133-1158.

[7]   ANNERSTEDT L. Group-living care: an alternative for the demented elderly[J]. Dementia and
      Geriatric Cognitive Disorders, 1997, 8(2): 136-142.

[8]   AROS M. Challenging tradition: unlocking the DSU[EB/OL]. [2018-9-19]. https://journalofdementiacare.
      com/challenging-tradition-unlocking-the-dsu/.

[9]   BAKKER R. Sensory Loss, Dementia, and Environments[J]. Generations, 2003, 27(1): 46-51.

[10] BANGERTER L R, HEID A R, ABBOTT K, et al. Honoring the everyday preferences of nursing home
      residents: Perceived choice and satisfaction with care[J]. The Gerontologist, 2016, 57(3): 479-486.

[11] BARNES S. Space, Choice and Control, and Quality of Life in Care Settings for Older People[J].
      Environment and Behavior, 2006, 38(5): 589-604.

[12] BARNES S, Design in Caring Environments Study Group. The design of caring environments and
      the quality of life of older people[J]. Ageing and Society, 2002, 22(06): 775-789.

[13] BARNES S, MCKEE K, MORGAN K, et al. SCEAM: The Sheffield Care Environment
      Assessment Matrix [M]. Sheffield: The University of Sheffield, 2003.

[14] BECKER G. The oldest old: Autonomy in the face of frailty[J]. Journal of Aging Studies, 1994,
      8(1): 59-76.

[15] BHARATHAN T, GLODAN D, RAMESH A, et al. What do patterns of noise in a teaching

hospital and nursing home suggest?[J]. Noise and Health, 2007, 9(35): 31.

[16]   BJØRKLØF G H, ENGEDAL K, SELBAEK G, et al. Coping and depression in old age: a literature review[J]. Dementia and Geriatric Cognitive Disorders, 2013, 35(3-4): 121-154.

[17]   BOOTH A, SUTTON A, PAPAIOANNOU D. Systematic approaches to a successful literature review[M]. Sage, 2016.

[18]   BRAWLEY E C. Designing Successful Gardens and Outdoor Spaces for Individuals with Alzheimer's Disease[J]. Journal of Housing For the Elderly, 2007, 21(3-4): 265-283.

[19]   BRAWLEY E C. Enriching lighting design[J]. NeuroRehabilitation, 2009, 25(3): 189-199.

[20]   BRONFENBRENNER U. Toward an experimental ecology of human development[J]. American Psychologist, 1977, 32(7): 513.

[21]   BROOKER D. Dementia Care Mapping [M] // ABOU-SALEH, M. T., KATONA, C. L., & KUMAR, A. Principles and Practice of Geriatric Psychiatry. John Wiley & Sons, Ltd; West Sussex, UK, 2011: 157-161.

[22]   BRUMMETT W J. The essence of home: Design solutions for assisted living housing[M]. John Wiley & Sons, 1997.

[23]   CALKINS M, BRUSH J. Honoring individual choice in long-term residential communities when it involves risk: A person-centered approach[J]. Journal of Gerontological Nursing, 2016, 42(8): 12-17.

[24]   CALKINS M P. Design for dementia[M]. National Health Pub., 1988.

[25]   CALKINS M P. Creating successful dementia care settings[M]. Health Professions Press, 2001a.

[26]   CALKINS M P. The physical and social environment of the person with Alzheimer's disease[J]. Aging & Mental Health, 2001, 5(Suppl2): 74-78.

[27]   CALKINS M P. Articulating environmental press in environments for people with dementia[J]. Alzheimer's Care Today, 2004, 5(2): 165-172.

[28]   CALKINS M P. Evidence-based long term care design[J]. NeuroRehabilitation, 2009, 25(3): 145-154.

[29]   CALKINS M P. Evidence-based design for dementia: Findings from the past five years[J]. Long-Term Living: For the Continuing Care Professional, 2011, 60(1): 42-45.

[30]   CALKINS M P. From Research to Application: Supportive and Therapeutic Environments for People Living With Dementia[J]. Gerontologist, 2018, 58: S114-S128.

[31]   CARSTENS D Y. Site planning and design for the elderly: Issues, guidelines, and alternatives[M]. John Wiley & Sons, 1993.

[32]   CHALFONT G E. Creating enabling outdoor environments for residents[J]. Nursing and Residential Care, 2005, 7(10): 454.

[33]   CHAN J. A Confucian perspective on human rights for contemporary China[J]. The East Asian challenge for human rights, 1999, 212.

[34]   CHAUDHURY H, COOKE H A, COWIE H, et al. The Influence of the Physical Envirnment on Residents With Dementia in Long-Term Care Settings: A Review of the Empirical Literature[J]. Gerontologist, 2017a.

[35]   CHMIELEWSKI E, EASTMAN P. Excellence in Design: Optimal Living Space for People with Alzheimer's Disease and Related Dementias[EB/OL]. (2014-06-01)[2015-10-09]. https://www. colleaga.org/sites/default/files/attachments/ExcellenceinDesign_Report.pdf.

[36]   CLEARY T A, CLAMON C, PRICE M, et al. A reduced stimulation unit: Effects on patients with

Alzheimer's disease and related disorders[J]. The Gerontologist, 1988, 28(4): 511-514.

[37] COHEN U, DAY K. Contemporary environments for people with dementia[M]. Baltimore: The Johns Hopkins University Press, 1993.

[38] COHEN U, WEISMAN G D. Holding on to home: Designing environments for people with dementia[M]. Johns Hopkins University Press, 1991.

[39] COHEN-MANSFIELD J. Outdoor wandering parks for persons with dementia[J]. Journal of Housing For the Elderly, 2007, 21(1-2): 35-53.

[40] COHEN-MANSFIELD J, MARX M S, DAKHEEL-ALI M, et al. Can agitated behavior of nursing home residents with dementia be prevented with the use of standardized stimuli?[J]. Journal of the American Geriatrics Society, 2010, 58(8): 1459-1464.

[41] COHEN-MANSFIELD J, MARX M S, ROSENTHAL A S. Dementia and agitation in nursing home residents: How are they related?[J]. Psychology and Aging, 1990, 5(1): 3.

[42] COLLOPY B J. Autonomy in long term care: Some crucial distinctions[J]. The Gerontologist, 1988, 28(Suppl): 10-17.

[43] COOPER MARCUS C. Alzheimer's Garden Audit Tool[J]. Journal of Housing For the Elderly, 2007, 21(1-2): 179-191.

[44] CUNNINGHAM C. Auditing design for dementia[J]. Journal of Dementia Care, 2009, 17(3): 31-32.

[45] DAVIES S, LAKER S, ELLIS L. Promoting autonomy and independence for older people within nursing practice: a literature review[J]. Journal of Advanced Nursing, 1997, 26(2): 408-417.

[46] DAY K, CARREON D, STUMP C. The therapeutic design of environments for people with dementia: A review of the empirical research[J]. Gerontologist, 2000, 40(4): 397-416.

[47] DE WAAL H, LYKETSOS C, AMES D, et al. Designing and delivering dementia services[M]. John Wiley & Sons, 2013.

[48] DECI E L, RYAN R M. Self-determination theory: A macrotheory of human motivation, development, and health[J]. Canadian psychology/Psychologie canadienne, 2008, 49(3): 182-185.

[49] Decision-Making Tool: Handbook - Supporting a Restraint Free Environment in Residential Aged Care[R/OL]. 2015[2015-09-18]. https://www.agedcarequality.gov.au/sites/default/files/media/Decision-Making%20 Tool%20-%20Supporting%20a%20restraint-free%20environment.pdf.

[50] Department of Health. Health Building Note 08-02 Dementia-friendly Health and Social Care Environments[EB/OL]. (2015-03-25)[2020-01-04]. https://www.england.nhs.uk/wp-content/uploads/2021/05/HBN_08-02.pdf.

[51] DETWEILER M B, MURPHY P F, MYERS L C, et al. Does a wander garden influence inappropriate behaviors in dementia residents?[J]. American Journal of Alzheimer's Disease & Other Dementias®, 2008, 23(1): 31-45.

[52] DIAZ MOORE K, GEBOY L D, WEISMAN G D. Designing a better day: Guidelines for adult and dementia day services centers[M]. Baltimore: Johns Hopkins University Press, 2006.

[53] DICKINSON J I, MCLAIN-KARK J. Wandering behavior and attempted exits among residents diagnosed with dementia-related illnesses: A qualitative approach[J]. Journal of Women & Aging, 1998, 10(2): 23-34.

[54] DICKINSON J I, MCLAINKARK J, MARSHALLBAKER A. The effect of visual varriers on exiting behavior in a dementia care unit[J]. Gerontologist, 1995, 35(1): 127-130.

[55] DOWLING G A, GRAF C L, HUBBARD E M, et al. Light treatment for neuropsychiatric

behaviors in A zheimer's disease[J]. Western Journal of Nursing Research, 2007, 29(8): 961-975.

[56]   DOYAL L, GOUGH I. A theory of human need[M]. London: Palgrave Macmillan, 1991.

[57]   DUGGAN S, BLACKMAN T, MARTYR A, et al. The impact of early dementia on outdoor life: A shrinking world?[J]. Dementia, 2008, 7(2): 191-204.

[58]   EDGERTON E A, RICHIE L. Improving physical environments for dementia care: making minimal changes for maximum effect[J]. Annals of Long Term Care, 2010, 18(5): 43-45.

[59]   ELF M, NORDIN S, WIJK H, et al. A systematic review of the psychometric properties of instruments for assessing the quality of the physical environment in healthcare[J]. Journal of Advanced Nursing, 2017, 73(12): 2796-2816.

[60]   FAULKNER M. A measure of patient empowerment in hospital environments catering for older people[J]. Journal of Advanced Nursing, 2001, 34(5): 676-686.

[61]   FAZIO S, PACE D, MASLOW K, et al. Alzheimer's Association Dementia Care Practice Recommendations[J]. Gerontologist, 2018, 58(suppl_1): S1-S9.

[62]   FEDDERSEN E, LÜDTKE I. Lost in space: Architecture and dementia[M]. Birkhäuser, 2014.

[63]   Federal Register of Legislation. Aged Care Quality Standards[EB/OL]. (2018-09-28)[2020-01-04]. https://www.legislation.gov.au/Details/F2018L01412.

[64]   FETVEIT A, BJORVATN B. Bright-light treatment reduces actigraphic-measured daytime sleep in nursing home patients with dementia: a pilot study[J]. The American Journal of Geriatric Psychiatry, 2005, 13(5): 420-423.

[65]   Fgi. 2018 Guidelines for Design and Construction of Residential Health, Care, and Support Facilities[M]. Washington, DC: The American Institute of Architects, 2018.

[66]   FIGUEIRO M G. A proposed 24 h lighting scheme for older adults[J]. Lighting Research & Technology, 2008, 40(2): 153-160.

[67]   FLEMING R. An environmental audit tool suitable for use in homelike facilities for people with dementia[J]. Australasian Journal on Ageing, 2011, 30(3): 108-112.

[68]   FLEMING R, BENNETT K. Assessing the quality of environmental design of nursing homes for people with dementia: Development of a new tool[J]. Australasian Journal on Ageing, 2015, 34(3): 191-194.

[69]   FLEMING R, PURANDARE N. Long-term care for people with dementia: environmental design guidelines[J]. International Psychogeriatrics, 2010, 22(7): 1084-1096.

[70]   FLEMING R, BENNETT K. Dementia Training Australia Environmental Design Resource[EB/OL]. (2017-03-13)[2020-01-04]. https://www.dta.com.au/wp-content/uploads/2017/02/Intro_Resource1-31.1.17.pdf.

[71]   GEBOY L. Linking person-centered care and the physical environment: 10 design principles for elder and dementia care staff[J]. Alzheimer's Care Today, 2009, 10(4): 228-231.

[72]   GIBSON J J. The ecological approach to visual perception: classic edition[M]. Psychology Press, 2014.

[73]   GIBSON M C, MACLEAN J, BORRIE M, et al. Orientation behaviors in residents relocated to a redesigned dementia care unit[J]. American Journal of Alzheimer's Disease & Other Dementias, 2004, 19(1): 45-49.

[74]   GRAF A, WALLNER C, SCHUBERT V, et al. The effects of light therapy on mini-mental state examination scores in demented patients[J]. Biological Psychiatry, 2001, 50(9): 725-727.

[75]   GRANT C F, WINEMAN J D. The garden-use model: An environmental tool for increasing the

use of outdoor space by residents with dementia in long-term care facilities[J]. Journal of Housing for the Elderly, 2007, 21(1-2): 89-115.

[76]　Guideline Adaptation Committee. Clinical Practice Guidelines and Principles of Care for People with Dementia[EB/OL]. (2016-02-01)[2020-03-20]. https://cdpc.sydney.edu.au/wp-content/uploads/2019/06/CDPC-Dementia-Guidelines_WEB.pdf.

[77]　HAMILTON D K, WATKINS D H. Evidence-based design for multiple building types[M]. John Wiley & Sons, 2008.

[78]　HAWES C, MOR V, PHILLIPS C D, et al. The OBRA - 87 nursing home regulations and implementation of the Resident Assessment Instrument: Effects on process quality[J]. Journal of the American Geriatrics Society, 1997, 45(8): 977-985.

[79]　HERTZ J E G. The Perceived Enactment of Autonomy Scale: Measuring the potential for self-care action in the elderly[D]. Austin: The University of Texas at Austin, 1991.

[80]　HOFLAND B F. When capacity fades and autonomy is constricted: a client-centered approach to residential care[J]. Generations (San Francisco, Calif.), 1994, 18(4): 31.

[81]　HUTCHINSON S, LEGER-KRALL S, WILSON H S. Toileting: a biobehavioral challenge in Alzheimer's dementia care[J]. Journal of Gerontological Nursing, 1996, 22(10): 18-27.

[82]　INNES A, KELLY F, DINCARSLAN O. Care home design for people with dementia: What do people with dementia and their family carers value?[J]. Aging & Mental Health, 2011, 15(5): 548-556.

[83]　JACOBS M L, SNOW A L, ALLEN R S, et al. Supporting autonomy in long-term care: Lessons from nursing assistants[J]. Geriatric Nursing, 2019, 40(2): 129-137.

[84]　JOGÉ BOUMANS L, VAN BOEKEL L C, BAAN C A, et al. How can autonomy be maintained and informal care improved for people with dementia living in residential care facilities: A systematic literature review[J]. The Gerontologist, 2018, 59(6): e709-e730.

[85]　KAASALAINEN S, BRAZIL K, PLOEG J, et al. Nurses' perceptions around providing palliative care for long-term care residents with dementia[J]. Journal of Palliative Care, 2007, 23(3): 173.

[86]　KANE R A, CAPLAN A L, URV - WONG E K, et al. Everyday matters in the lives of nursing home residents: wish for and perception of choice and control[J]. Journal of the American Geriatrics Society, 1997, 45(9): 1086-1093.

[87]　KANE R A, KLING K C, BERSHADSKY B, et al. Quality of Life Measures for Nursing Home Residents[J]. The Journals of Gerontology Series A: Biological Sciences and Medical Sciences, 2003, 58(3): m240- m 248.

[88]　KANE R A, LUM T Y, CUTLER L J, et al. Resident outcomes in small - house nursing homes: a longitudinal evaluation of the initial Green House program[J]. Journal of the American Geriatrics Society, 2007, 55(6): 832-839.

[89]　KASSER V G, RYAN R M. The Relation of Psychological Needs for Autonomy and Relatedness to Vitality, Well - Being, and Mortality in a Nursing Home[J]. Journal of Applied Social Psychology, 1999, 29(5): 935-954.

[90]　KURLAN R. Handbook of secondary dementias[M]. Taylor & Francis US, 2006.

[91]　KWACK H, RELF P D, RUDOLPH J. Adapting garden activities for overcoming difficulties of individuals with dementia and physical limitations[J]. Activities, Adaptation & Aging, 2005, 29(1): 1-13.

[92]　LAWTON M P. The physical environment of the person with Alzheimer's disease[J]. Aging &

Mental Health, 2001, 5(sup1): 56-64.

[93]   LAWTON M P, FULCOMER M, KLEBAN M H. Architecture for the mentally impaired elderly[J]. Environment and Behavior, 1984, 16(6): 730-757.

[94]   LAWTON M P, NAHEMOW L. Ecology and the aging process [M] // EISDORFER C E, LAWTON M. The psychology of adult development and aging. American Psychological Association, 1973: 619–674.

[95]   LAWTON M P, WEISMAN G D, SLOANE P, et al. Professional environmental assessment procedure for special care units for elders with dementing illness and its relationship to the therapeutic environment screening schedule[J]. Alzheimer Disease & Associated Disorders, 2000, 14(1): 28-38.

[96]   LAWTON M P, LIEBOWITZ B, CHARON H. Physical structure and the behavior of senile patients following ward remodeling[J]. Aging And Human Development, 1970, 1(3): 231-239.

[97]   LI J, POROCK D. Resident outcomes of person-centered care in long-term care: a narrative review of interventional research[J]. International Journal of Nursing Studies, 2014, 51(10): 1395-1415.

[98]   LIDZ C W, FISCHER L, ARNOLD R M. The erosion of autonomy in long-term care[M]. Oxford University Press, USA, 1992.

[99]   LIN L C, WU S C, KAO C C, et al. Single ability among activities of daily living as a predictor of agitation[J]. Journal of Clinical Nursing, 2009, 18(1): 117-123.

[100]   LIVINGSTON G, SOMMERLAD A, ORGETA V, et al. Dementia prevention, intervention, and care[J]. The Lancet, 2017, 390(10113): 2673-2734.

[101]   Luo H, Lin M, Castle N. Physical restraint use and falls in nursing homes: a comparison between residents with and without dementia[J]. American Journal of Alzheimer's Disease & Other Dementias®, 2011, 26(1): 44-50.

[102]   Lynch M F, La Guardia J G, Ryan R M. On being yourself in different cultures: Ideal and actual self-concept, autonomy support, and well-being in China, Russia, and the United States[J]. The Journal of Positive Psychology, 2009, 4(4): 290-304.

[103]   MAHENDIRAN S, DODD K. Dementia-friendly care homes[J]. Learning Disability Practice, 2009, 12(2).

[104]   MARQUARDT G, BUETER K, MOTZEK T. Impact of the Design of the Built Environment on People with Dementia: An Evidence-Based Review[J]. Health Environments Research & Design Journal, 2014, 8(1): 127-157.

[105]   MARQUARDT G, SCHMIEG P. Dementia-Friendly Architecture: Environments That Facilitate Wayfinding in Nursing Homes[J]. American Journal of Alzheimers Disease and Other Dementias, 2009, 24(4): 333-340.

[106]   MARSHALL M. The Iris Murdoch Building at Stirling[J]. Alzheimer's Care Today, 2003, 4(3): 167-171.

[107]   MARTICHUSKI D K, BELL P A. Treating excess disabilities in special care units: A review of interventions[J]. American Journal of Alzheimer's Care and Related Disorders & Research, 1993, 8(5): 8-13.

[108]   MAYER R, DARBY S J. Does a mirror deter wandering in demented older people?[J]. International Journal of Geriatric Psychiatry, 1991, 6(8): 607-609.

[109] MCCOLGAN G. A place to sit: Resistance strategies used to create privacy and home by people with dementia[J]. Journal of Contemporary Ethnography, 2005, 34(4): 410-433.

[110] MILES M B, HUBERMAN A M, HUBERMAN M A, et al. Qualitative data analysis: An expanded sourcebook[M]. Sage, 1994.

[111] MILKE D L, BECK C H, DANES S, et al. Behavioral mapping of residents' activity in five residential style care centers for elderly persons diagnosed with dementia: Small differences in sites can affect behaviors[J]. Journal of Housing For the Elderly, 2009, 23(4): 335-367.

[112] Ministry of Health. Secure Dementia Care Home Design: Information Resource[EB/OL]. (2016-08-01)[2020-01-20]. https://www. health. govt.nz/system/files/documents/publications/secure-dementia-care-home-design-information-resource.pdf.

[113] MOORE K D. Observed Affect in a Dementia Day Center: Does the Physical Setting Matter?[J]. Alzheimer's Care Today, 2002, 3(1): 67-73.

[114] MOORE K D. An ecological framework of place: Situating environmental gerontology within a life course perspective[J]. The International Journal of Aging and Human Development, 2014, 79(3): 183-209.

[115] MOORE K D, VERHOEF R. Special care units as places for social interaction: Evaluating an SCU's social affordance[J]. American Journal of Alzheimer's Disease, 1999, 14(4): 217-229.

[116] MOOS R H, LEMKE S. Assessing the physical and architectural features of sheltered care settings[J]. Journal of Gerontology, 1980, 35(4): 571-583.

[117] MORGAN D G, STEWART N J. The Physical Environment of Special Care Units: Needs of Residents with Dementia from the Perspective of Staff and Family Caregivers[J]. Qualitative Health Research, 1999, 9(1): 105-118.

[118] MORGAN D G, STEWART N J, D'ARCY K C, et al. Evaluating rural nursing home environments: dementia special care units versus integrated facilities[J]. Aging Ment Health, 2004, 8(3): 256-265.

[119] MORGAN S, WILLIAMSON T. How Can 'Positive Risk-Taking' Help Build Dementia-Friendly Communities[J]. Viewpoint, Joseph Rowntree Foundation, York, November, 2014.

[120] MORGAN-BROWN M, NEWTON R, ORMEROD M. Engaging life in two Irish nursing home units for people with dementia: Quantitative comparisons before and after implementing household environments[J]. Aging & Mental Health, 2013, 17(1): 57-65.

[121] MOYLE W, FETHERSTONHAUGH D, GREBEN M, et al. Influencers on quality of life as reported by people living with dementia in long-term care: a descriptive exploratory approach[J]. BMC Geriatrics, 2015, 15(1): 50-50.

[122] NAMAZI K. A design for enhancing independence despite Alzheimer's disease[J]. Nursing Homes Long Term Care Management, 1993, 42(7): 14-18.

[123] NAMAZI K H, ECKERT J K, ROSNER T T, et al. The meaning of home for the elderly in pseudo-familial environments[J]. Adult Residential Care Journal, 1991, 5(2): 81-96.

[124] NAMAZI K H, JOHNSON B D. The effects of environmental barriers on the attention span of Alzheimer's disease patients[J]. American Journal of Alzheimer's Care and Related Disorders & Research, 1992, 7(1): 9-15.

[125] NAMAZI K H, JOHNSON B D. Pertinent autonomy for residents with dementias: Modification of the physical environment to enhance independence[J]. American Journal of Alzheimer's Care and Related Disorders & Research, 1992, 7(1): 16-21.

[126] NEARGARDER S A, CRONIN-GOLOMB A. Characteristics of visual target influence detection of change in naturalistic scenes in Alzheimer disease[J]. Cognitive and Behavioral Neurology, 2005, 18(3): 151-158.

[127] NOLAN B A D, MATHEWS R M, TRUESDELL-TODD G, et al. Evaluation of the Effect of Orientation Cues on Wayfinding in Persons with Dementia[J]. Alzheimers Care Today, 2002, 3(1): 46-49.

[128] World Health Organization. Dementia: a public health priority[EB/OL]. (2012-01-01)[2016-07-04]. https://apps.who.int/iris/bitstream/handle/10665/75263/9789241564458_eng.pdf ; jsessionid=6255 D3CDB8C182DDB98BD0D7A40F52E3?sequence=1.

[129] OSWALD F, WAHL H-W. Housing and health in later life[J]. Reviews on environmental health, 2004, 19(3-4): 223-252.

[130] OTTOSSON J, GRAHN P. Measures of restoration in geriatric care residences: the influence of nature on elderly people's power of concentration, blood pressure and pulse rate[J]. Journal of Housing for the Elderly, 2006, 19(3-4): 227-256.

[131] PADILLA R. Effectiveness of environment-based interventions for people with alzheimer's disease and related dementias[J]. American Journal of Occupational Therapy, 2011, 65(5): 514-522.

[132] PARK-LEE E, SENGUPTA M, HARRIS-KOJETIN L D. Dementia special care units in residential care communities: United States, 2010[EB/OL]. (2013-11-01)[2016-01-01]. https://www.cdc.gov/nchs/data/databriefs/db134.pdf.

[133] PASTALAN L A. Environmental displacement: A literature reflecting old-person—environment transactions [M] // ROWLES, G.D., OHTA, R. J. Aging and milieu. Elsevier, 1983: 189-203.

[134] POLIT D F, BECK C T. Nursing research: Principles and methods[M]. Lippincott Williams & Wilkins, 2004.

[135] POWERS B A. The significance of losing things for nursing home residents with dementia and their families[J]. Journal of Gerontological Nursing, 2003, 29(11): 43-52.

[136] RANDERS I, MATTIASSON A C. Autonomy and integrity: upholding older adult patients' dignity[J]. Journal of Advanced Nursing, 2004, 45(1): 63-71.

[137] RAPPE E, TOPO P. Contact with outdoor greenery can support competence among people with dementia[J]. Journal of Housing for the Elderly, 2007, 21(3-4): 229-248.

[138] REEVE J, JANG H, CARRELL D, et al. Enhancing students' engagement by increasing teachers' autonomy support[J]. Motivation and emotion, 2004, 28(2): 147-169.

[139] REGNIER V, PYNOOS J. Environmental intervention for cognitively impaired older persons [M] // BIRREN, J. E., COHEN, G. D., SLOANE, R. B., et al., Handbook of mental health and aging. Elsevier, 1992: 763-792.

[140] REGNIER V. Housing design for an increasingly older population: redefining assisted living for the mentally and physically frail[M]. John Wiley & Sons, 2018.

[141] REIMER M A, SLAUGHTER S, DONALDSON C, et al. Special care facility compared with traditional environments for dementia care: A longitudinal study of quality of life[J]. Journal of the American Geriatrics Society, 2004, 52(7): 1085-1092.

[142] REISBERG B, FERRIS S H, DE LEON M J, et al. The Global Deterioration Scale for assessment of primary degenerative dementia[J]. The American journal of psychiatry, 1982, 139(9): 1136-1139.

[143] RODGERS V, NEVILLE S. Personal autonomy for older people living in residential care: an overview[J]. Nursing Praxis in New Zealand, 2007, 23(1): 29.

[144] RODIN J. Sense of control: Potentials for intervention[J]. The Annals of the American Academy of Political and Social Science, 1989, 503(1): 29-42.

[145] ROSEN T, LACHS M S, BHARUCHA A J, et al. Resident-to-resident aggression in long-term care facilities: Insights from focus groups of nursing home residents and staff[J]. Journal of the American Geriatrics Society, 2008, 56(8): 1398-1408.

[146] RUSSELL C, MIDDLETON H, SHANLEY C. Dying with dementia: the views of family caregivers about quality of life[J]. Australasian Journal on Ageing, 2008, 27(2): 89-92.

[147] SALDAÑA J. The coding manual for qualitative researchers[M]. Sage, 2015.

[148] SANBORN B. Dementia day care: A prototype for autonomy in long term care[J]. American Journal of Alzheimer's Care and Related Disorders & Research, 1988, 3(4): 23-33.

[149] SCHWARZ B, CHAUDHURY H, TOFLE R B. Effect of design interventions on a dementia care setting[J]. American Journal of Alzheimer's Disease & Other Dementias®, 2004, 19(3): 172-176.

[150] SEEDHOUSE D. Ethics: the heart of health care[M]. John Wiley & Sons, 2008.

[151] Centers for Medicare & Medicaid Services State Operations Manual. Appendix PP Guidance to surveyors for long-term care facilities[EB/OL]. (2017-08-30)[2018-07-30]. https://www.cms.gov/Regulations-and-Guidance/Guidance/Manuals/downloads/som107ap_pp_guidelines_ltcf.pdf.

[152] SHEPLEY M M. 循证设计的研究方法：建成评估 [J]. 中国医院建筑与装备, 2012（10）: 42-45.

[153] SKEA D, LINDESAY J. An evaluation of two models of long-term residential care for elderly people with dementia[J]. International Journal of Geriatric Psychiatry, 1996, 11(3): 233-241.

[154] SLETTEBØ Å. Safe, but lonely: Living in a nursing home[J]. Vård i Norden, 2008, 28(1): 22-25.

[155] SLIVINSKE L, FITCH V. The effect of control enhancing interventions on the well-being of elderly individuals living in retirement communities[J]. The Gerontologist, 1987, 27(2): 176-181.

[156] SLOANE P D, IVEY J, HELTON M, et al. Nutritional issues in long-term care[J]. Journal of the American Medical Directors Association, 2008, 9(7): 476-485.

[157] SLOANE P D, MITCHELL C M, PREISSER J S, et al. Environmental correlates of resident agitation in Alzheimer's disease Special Care Units[J]. Journal of the American Geriatrics Society, 1998, 46(7): 862-869.

[158] SLOANE P D, MITCHELL C M, WEISMAN G, et al. The therapeutic environment screening survey for nursing homes (TESS-NH): An observational instrument for assessing the physical environment of institutional settings for persons with dementia[J]. Journals of Gerontology Series B-Psychological Sciences and Social Sciences, 2002, 57(2): s69-s78.

[159] SMITH M, GERDNER L A, HALL G R, et al. History, development, and future of the progressively lowered stress threshold: a conceptual model for dementia care[J]. Journal of the American Geriatrics Society, 2004, 52(10): 1755-1760.

[160] STICHLER J F. Weighing the evidence[J]. Health Environments Research & Design Journal, 2010, 3(4): 3-7.

[161] SU Y L, REEVE J. A meta-analysis of the effectiveness of intervention programs designed to support autonomy[J]. Educational Psychology Review, 2011, 23(1): 159-188.

[162] TE BOEKHORST S, DEPLA M F, DE LANGE J, et al. The effects of group living homes on older

people with dementia: a comparison with traditional nursing home care[J]. International Journal of Geriatric Psychiatry, 2009, 24(9): 970-978.

[163]   TOPO P, KOTILAINEN H. Designing enabling environments for people with dementia, their family carers and formal carers[J]. Dementia, Design and Technology: Time to get involved, 2009: 45-59.

[164]   TOPO P, KOTILAINEN H, ELONIEMI-SULKAVA U. Affordances of the care environment for people with dementia-an assessment study[J]. Health Environments Research & Design Journal, 2012, 5(4): 118-138.

[165]   TORRINGTON J. What has architecture got to do with dementia care? Explorations of the relationship between quality of life and building design in two EQUAL projects... Extending Quality of Life[J]. Quality in Ageing, 2006, 7(1): 34-48.

[166]   TORRINGTON J. Extra care housing: environmental design to support activity and meaningful engagement for people with dementia[J]. Journal of Care Services Management, 2009, 3(3): 250-257.

[167]   TROTTO N. They all fall down[J]. Contemporary Longterm Care, 2001, 24(4): 38-42.

[168]   TU Y C, WANG R H, YEH S H. Relationship between perceived empowerment care and quality of life among elderly residents within nursing homes in Taiwan: A questionnaire survey[J]. International Journal of Nursing Studies, 2006, 43(6): 673-680.

[169]   TYSON M M. Healing landscape[M]. McGraw-Hill, 1998.

[170]   ULRICH R S, ZIMRING C, ZHU X, et al. A review of the research literature on evidence-based healthcare design[J]. Health Environments Research & Design Journal, 2008, 1(3): 61-125.

[171]   ULRICH R S. View through a window may influence recovery from surgery[J]. Science, 1984, 224(4647): 420-421.

[172]   UNWIN B K, ANDREWS C M, ANDREWS P M, et al. Therapeutic home adaptations for older adults with disabilities[J]. American Family Physician, 2009, 80(9): 963-968.

[173]   VAN HAITSMA K, CRESPY S, HUMES S, et al. New toolkit to measure quality of person-centered care: Development and pilot evaluation with nursing home communities[J]. Journal of the American Medical Directors Association, 2014, 15(9): 671-680.

[174]   VAN HAITSMA K, CURYTO K, SPECTOR A, et al. The preferences for everyday living inventory: Scale development and description of psychosocial preferences responses in community-dwelling elders[J]. The Gerontologist, 2012, 53(4): 582-595.

[175]   VAN HECKE L, VAN STEENWINKEL I, HEYLIGHEN A. How Enclosure and Spatial Organization Affect Residents' Use and Experience of a Dementia Special Care Unit: A Case Study[J]. HERD: Health Environments Research & Design Journal, 2019. 12(1): 145-159.

[176]   VAN HOOF J, JANSSEN M L, HEESAKKERS C M C, et al. The Importance of Personal Possessions for the Development of a Sense of Home of Nursing Home Residents[J]. Journal of Housing for the Elderly, 2016, 30(1): 35-51.

[177]   VAN HOOF J, KORT H S M, HENSEN J L M, et al. Thermal comfort and the integrated design of homes for older people with dementia[J]. Building and Environment, 2010, 45(2): 358-370.

[178]   VAN HOOF J, VAN VANDIJCK-HEINEN C, JANSSEN B, et al. The environmental design of

residential care facilities: A sense of home through the eyes of nursing home residents[J]. The environmental design of residential care facilities: A sense of home through the eyes of nursing home residents, 2014, 10(4): 57-69.

[179] VERBEEK H, VAN ROSSUM E, ZWAKHALEN S M, et al. Small, homelike care environments for older people with dementia: a literature review[J]. International Psychogeriatrics, 2009, 21(2): 252-264.

[180] VERBEEK H, ZWAKHALEN S M G, VAN ROSSUM E, et al. Dementia Care Redesigned: Effects of Small-Scale Living Facilities on Residents, Their Family Caregivers, and Staff[J]. Journal of the American Medical Directors Association, 2010, 11(9): 662-670.

[181] WALKER K. My life? My choice? Ethics, autonomy, and evidence-based practice in contemporary clinical care [M]// DAVE H, STUART J. M. Critical interventions in the ethics of healthcare. Routledge, 2016:31-48.

[182] WANG J, WANG J, CAO Y, et al. Perceived empowerment, social support, and quality of life among Chinese older residents in long-term care facilities[J]. Journal of Aging and Health, 2018, 30(10): 1595-1619.

[183] WELFORD C, SWEENEY C. AUTONOMY [M] //MURPHY K. Nursing Case Studies on Improving Health-Related Quality of Life in Older Adults. Springer Publishing Company, 2015: 29.

[184] WILLIAMS G C. Improving Patients' Health through Supporting the Autonomy of Patients and Providers [M] // DECI E. L., RYAN R. M. Handbook of self-determination research. University Rochester Press, 2002:233.

[185] With Seniors in Mind. Senior Living Sustainability Guide[EB/OL]. (2011-05-05)[2020-01-04]. http://www. withseniorsinmind. org/slsg-download.

[186] WOWCHUK S M, MCCLEMENT S, BOND JR J. The challenge of providing palliative care in the nursing home[J]. International Journal of Palliative Nursing, 2007, 13(7): 345-350.

[187] YORK S L. Residential design and outdoor area accessibility[J]. NeuroRehabilitation, 2009, 25(3): 201-208.

[188] YU S, LEVESQUE-BRISTOL C, MAEDA Y. General need for autonomy and subjective well-being: A meta-analysis of studies in the US and East Asia[J]. Journal of Happiness Studies, 2018, 19(6): 1863-1882.

[189] ZEISEL J. Inquiry by design: Environment/Behavior/Neuroscience in Architecture, Interiors, Landscape, and Planning[M]. New York: W. W. Norton & Co., 2006.

[190] ZEISEL J. Creating a Therapeutic Garden That Works for People Living with Alzheimer's[J]. Journal of Housing for the Elderly, 2007, 21(1-2): 13-33.

[191] ZEISEL J. I'm still here: a new philosophy of Alzheimer's care[M]. Penguin, 2009.

[192] ZEISEL J, HYDE J, LEVKOFF S. Best practices: An Environment Behavior (EB) model for Alzheimer special care units[J]. American Journal of Alzheimer's Care and Related Disorders & Research, 1994, 9(2): 4-21.

[193] ZEISEL J, SILVERSTEIN N M, HYDE J, et al. Environmental correlates to behavioral health outcomes in Alzheimer's special care units[J]. Gerontologist, 2003, 43(5): 697-711.

[194] ZEISEL J, TYSON M. Alzheimer's treatment gardens [M] // MARCUS C. C., BARNES M. Healing gardens: Therapeutic benefits and design recommendations. John Wiley & Sons, 1999: 437-504.

[195] ZINGMARK K, SANDMAN P-O, NORBERG A. Promoting a good life among people with Alzheimer's disease[J]. Journal of Advanced Nursing, 2002, 38(1): 50-58.

[196] 安呈元，安国．关于智力衰退患者住宅环境与看护机构规划设计的系统研究[J]．齐鲁师范学院学报，2016（1）：111-115.

[197] 安圻．基于失智老人行为特征的养老机构环境设计研究[D]．大连：大连理工大学，2015.

[198] 北京养老行业协会，北京标准化协会．北京市养老机构服务质量星级评定实施办法（试行）[EB/OL]．（2019-01-11）[2020-01-04]．http://www.bjyanglao.org.cn/index.php?menu=94&id=380.

[199] 沈立洋．失智老人小单元居家式照料的设计实践——上海市第三社会福利院失智老人照料中心建筑设计[J]．建筑技艺，2014（3）：72-76.

[200] 陈传锋，何承林，陈红霞，等．我国老年痴呆研究概况[J]．宁波大学学报（教育科学版），2012，34（2）：45-50.

[201] 陈利钦．养老机构老年人生活质量表的编制及信效度检验[D]．济南：山东大学，2016.

[202] 陈秀琴，吕良勇．日本的认知症老人之家介绍[J]．中华现代护理杂志，2008，14（23）：2539-2540.

[203] 崔新影．认知障碍老人的行为特点与空间需求研究[D]．北京：北方工业大学，2019.

[204] 大原一興，オーヴェ·オールンド．痴呆性高齢者の住まいのかたち[M]．東京：ワールドプランニング，2000.

[205] 代杏子．Bronfenbrenner生态系统学说及演化：交互作用发展观探索[D]．上海：华东师范大学，2011.

[206] 戴靓华，周典．日本失智老人居住空间环境设计研究与启示[J]．建筑与文化，2017（1）：222-224.

[207] 児玉桂子，古賀誉章，沼田恭子．PEAP にもとづく認知症ケアのための施設環境づくり実践マニュアル[M]．中央法規出版，2010.

[208] 児玉桂子，下垣光，潮谷有二，等．認知症高齢者が安心できるケア環境づくり[M]．東京都：彰国社，2009.

[209] 凡芸，杜兆辉，丁燕．Barthel指数在老年分级护理评估中的应用[J]．中国老年学，2012，32（20）：4545-4546.

[210] 凯瑟琳·马歇尔，格雷琴·B.罗斯曼．设计质性研究[M]．王慧芳，译．长沙：湖南美术出版社，2008.

[211] 宮崎和加子，田辺順一．認知症の人の歴史を学びませんか[M]．中央法規出版，2011.

[212] 广东省民政局．养老机构失智老人照顾指南（试行）[EB/OL]．（2018-09-10）[2020-01-04]．http://smzt.gd.gov.cn/attachment/0/395/395734/3026980.pdf.

[213] 国家标准全文公开系统．养老机构服务质量基本规范[EB/OL]．[2017-12-09]．http://openstd.samr.gov.cn/bzgk/gb/newGbInfo?hcno=2C11068489F37FE1717286F39DED7A44.

[214] 厚生労働省．身体拘束ゼロへの手引き[C]．厚生労働省「身体拘束ゼロ作戦推進会議」，2001.

[215] 胡征凯．失智老年人机构养老问题探究[D]．保定：河北大学，2015.

[216] 黄慧莉，林惠贤．老人知觉自主性量表中文修订版的信效度评估[J]．测验年刊，2002，49（2）：183-197.

[217] 解恒革，王鲁宁，于欣，等．北京部分城乡社区老年人和痴呆患者神经精神症状的调查[J]．中华流行病学杂志，2004，25（10）：829-832.

[218] 柯淑芬，李红. 中文修订版护理院治疗性环境筛查量表的信效度检验[J]. 护理学杂志，2015（1）：75-79.

[219] 李斌，李庆丽. 老年人特别护理福利院家庭化生活单元的构建[J]. 建筑学报，2010（3）：46-51.

[220] 李佳婧. 失智养老设施的类型体系与空间模式研究[J]. 新建筑，2017（1）：76-81.

[221] 李佳婧，周燕珉. 失智特殊护理单元公共空间设计对老人行为的影响——以北京市两所养老设施为例[J]. 南方建筑，2016（6）：10-18.

[222] 李小卫，郝薇，王志稳. 北京市城区痴呆老年人照顾环境调查[J]. 中国护理管理，2015，15（11）：1290-1293.

[223] 连菲，邹广天，陈旸. 记忆照护设施的空间设计策略与导则[J]. 建筑学报，2016（10）：98-102.

[224] 练燕，Xiao L D，任辉. 社会生态系统理论对建设我国以人为中心阿尔茨海默病照护者支持体系的启示[J]. 中国全科医学，2016，9（19）：14-18，22.

[225] 刘伟. 香港老年痴呆护理服务机构概况[J]. 卫生职业教育，2013，31（7）：158-159.

[226] 柳琳琳. 武汉市老年痴呆患者的家庭照顾者生活质量状况及社区护理需要的研究[D]. 武汉：湖北中医药大学，2010.

[227] 龙灏，况毅. 基于循证设计理论的住院病房设计新趋势——以美国普林斯顿大学医疗中心为例[J]. 城市建筑，2014（22）：28-31.

[228] 卢少萍，张月华，徐永能，等. 老年性痴呆患者医院-社区-家庭全程护理模式评价[J]. 中国临床康复，2005，9（28）：70-73.

[229] 罗韶华. 老年痴呆症养老院建筑设计初探[D]. 重庆：重庆大学，2015.

[230] 马芝霈，陈政友. 台北市小型养护机构高龄住民自主性与生活品质及其相关因素研究[J]. 健康促进与卫生教育学报，2013（40）：35-67.

[231] 钮文英. 质性研究方法与论文写作[M]. 台北：双叶书廊，2014.

[232] 青岛市民政局. 青岛市养老机构等级评定规范. 青民福〔2016〕30号[EB/OL].（2016-12-20）[2020-01-04]. http://www.qdylw.org/newsview.aspx?nid=817697B6CBA17130&cid=82369B1E2495607B.

[233] 上海市民政局. 认知症照护床位设置工作方案（试行）[EB/OL].（2018-04-19）[2020-01-04]. https://www.shanghai.gov.cn/nw12344/20200813/0001-12344_55600.html.

[234] 石莹. 养老机构失智护理单元公共空间研究[D]. 北京：北京建筑大学，2019.

[235] 史静琤，莫显昆，孙振球. 量表编制中内容效度指数的应用[J]. 中南大学学报（医学版），2012，37（2）：152-155.

[236] 王静，王君俏，曹育玲，等. 上海市养老机构老年人生活体验的质性研究[J]. 中华护理杂志，2014，49（1）：11-15.

[237] 王甜甜. 从约束到关怀：关怀照顾训练对改善机构老人自主性的成效研究[D]. 南京：南京理工大学，2018.

[238] 王湘，邓瑞姣. 老年性痴呆患者护理模式的国内外比较及其启示[J]. 解放军护理杂志，2006，23（1）：44-46.

[239] 王晓梅. 个体自主性的实现[J]. 自然辩证法研究，2016，32（3）：57-62.

[240] 吴孟珊. 以日本［认知症高龄者环境设施评估尺度］运用在台湾失智症单元照顾环境评估尺度之初探[D]. 台南：成功大学老年学研究所，2012.

[241] 吴奇璋，黄惠满，高家常，等. 养护机构内老年人自主性及其相关因素之探讨[J]. 长期照护杂志，2010，14（1）：27-41.

[242] 吴仕英，董碧蓉，丁光明，等. 成都市养老机构对老年性痴呆的接收和照护现状[J]. 现代预防医学，2011（3）：88-90.

[243] 吴毅，吴刚，马颂歌. 扎根理论的起源，流派与应用方法述评——基于工作场所学习的案例分析[J]. 远程教育杂志，2016，3：32-41.

[244] 杨素，敬德芳. 供需视角下失智老人照护服务现状研究——基于天津市的调查[J]. 劳动保障世界，2019（20）：20-22.

[245] （美）罗伯特·K. 殷. 案例研究：设计与方法[M].,周海涛，史少杰，译. 重庆：重庆大学出版社，2017.

[246] 张云. 上海市失智老人社会支持体系研究[D]. 上海：复旦大学，2010.

[247] 张再云. 关系主义的个体——城市老年人入住养老机构的个体化理论阐释[J]. 老龄科学研究，2016（10）：25-37.

[248] 赵益. 痴呆症老人居住环境设计研究[D]. 成都：西南交通大学，2015.

[249] 中国痴呆与认知障碍指南写作组，中国医师协会神经内科医师分会认知障碍疾病专业委员会. 2018中国痴呆与认知障碍诊治指南（一）：痴呆及其分类诊断标准[J]. 中华医学杂志（13）：965-970.

[250] 中华人民共和国住房和城乡建设部. 老年人照料设施建筑设计标准JGJ 450—2018. 北京：中国建筑工业出版社，2018.

[251] 竹内孝仁. 竹内失智症照护指南[M]. 台北：原水文化出版社，2015.

后记

在对老年居住空间与环境的研究与设计工作中，我一直关注老年认知症人群，他们因认知衰退而对照护与空间环境有更为特殊的需求。通过对国内外认知症照料设施的调研，我发现在发达国家和地区往往十分重视认知症老人的自主性，更多地关注其尚存机能而非疾病本身。在支持自主性的空间环境中，认知症老人能享有更高的生活质量。因此，我尝试在本书中回答两个问题：空间环境是否能够支持认知症老人的自主性？空间环境与照护环境如何相互影响，共同支持认知症老人的自主性？

随着研究的深入，我愈发感到，包容认知衰退、支持个人生活自主性的空间环境设计对一般老年人、甚至是普通人也同样具有重要意义。衰老不可避免地会带来认知能力的衰退，而头痛发烧、熬夜疲劳，甚至只是到了陌生环境中，也都可能使个体的认知能力暂时下降。自主性是人的基本需求，周围环境是否提供了足够的选择、能够支持行为自由、独立性，使人拥有掌控感等，都对人的环境使用体验相当重要。因此，本书也希望从借由对支持认知症老人自主性的生活环境探讨，引发更多关于包容认知衰退、支持自主性的空间环境的思考。

本书基于我的博士论文改写而成，在研究与成书工作中得到了多方的帮助与支持，谨在此表示感谢。

衷心感谢我的导师周燕珉老师，她引领我进入老年环境研究领域，让我领略到其中的乐趣与意义。她严谨的治学态度、宽广的学术视野、细腻而深刻的思考方法、满怀激情的工作状态、如母亲般温厚无私的待人方式，一直给我源源不断的鼓舞，也是我永远的榜样。

感谢在美国德州农工大学访学期间的合作导师苏珊·罗迪克（Susan Rodiek）教授，与她每周一次的研究讨论中不仅学习到了宝贵的科研经验与方法，更被她对老年环境研究和教学的热情深深感动。

感谢约翰·泽塞尔（John Zeisel）博士带领我进入认知症照护与环境营造的新天地，感悟到认知症照护的艺术与奥妙，正是与泽塞尔博士一次次的深谈，使本书的研究思路得以厘清。

感谢彼得·施密格教授（Peter Schmieg）、玛格丽特·卡尔金斯老师（Margaret P. Calkins）、金恩京博士、林文洁教授、王志稳教授、哈比卜·乔杜里教授（Habib Chaudhury）以及克里斯汀·库克（Christine Cook）、露斯·萨恩斯（Rose Saenz）、安妮·凯丽（Anne R. Kelly）等认知症照料环境专家在研究工作中的无私帮助。特别感谢洪立老师——我在认知症照护方面的启蒙老师，她多次为我提供宝贵的学习机会。

感谢在调研中所有老年人照料设施的工作人员、老年人与家属，他们的理解与帮助让本研究得以顺利开展，也正是他们的热情与关爱使我一直期盼为这一领域作出自己的贡献。感谢与我一起调研的小伙伴们，辛苦了！感谢多年以来周燕珉工作室所有伙伴对我的包容与帮助。

感谢我的姥姥姥爷，是他们让我坚定研究养老建筑的志趣，也是他们对生活的热爱让我能够怀着希望和勇气看待年老。感谢我的爸爸妈妈与爱人毫无保留的爱与支持，始终鼓励我追寻学术理想，在逆境时给予我宽慰和力量。也要感谢我刚出生的女儿，她使我对照护的内涵有了更深刻的理解。

最后要特别感谢本书的编辑刘丹老师，她的专业、高效与热忱使得本书得以顺利出版。

内容简介

在人口快速老龄化的背景下，我国老年认知症人群迅速增长，其家庭对专业化照料设施有着迫切需求。围绕"自主性"这一核心概念，梳理了认知症照料设施的类型与发展沿革，以及相关的设计理论与实证研究结果。基于对国内外认知症照料设施的深入调研，本书识别提取了支持自主生活的空间环境设计要素，构建了支持认知症老人自主生活的照料环境体系，最终总结提出了支持老年人自主性的照料空间与环境设计策略。本书内容可为老年人照料设施空间环境的设计、评估及改善提供参考。

建工出版社微信

各地建筑书店

建筑与规划中心

责任编辑：刘　丹
书籍设计：锋尚设计

经销单位：各地新华书店 / 建筑书店（扫描上方二维码）
网络销售：中国建筑工业出版社官网 http://www.cabp.com.cn
　　　　　中国建筑出版在线 http://www.cabplink.com
　　　　　中国建筑工业出版社旗舰店（天猫）
　　　　　中国建筑工业出版社官方旗舰店（京东）
　　　　　中国建筑书店有限责任公司图书专营店（京东）
　　　　　新华文轩旗舰店（天猫）　凤凰新华书店旗舰店（天猫）
　　　　　博库图书专营店（天猫）　浙江新华书店图书专营店（天猫）
　　　　　当当网　京东商城
图书销售分类：建筑学（A20）

ISBN 978-7-112-28319-4

9 787112 283194 >

(40690)定价：58.00元